Linux环境下C程序设计

黄继海 石彦华 ◎ 主编
刘秋菊 杨雅军 ◎ 副主编

人 民 邮 电 出 版 社
北 京

图书在版编目（CIP）数据

Linux环境下C程序设计 / 黄继海，石彦华主编. -- 北京 : 人民邮电出版社，2021.3
（Linux创新人才培养系列）
ISBN 978-7-115-50674-0

Ⅰ. ①L… Ⅱ. ①黄… ②石… Ⅲ. ①Linux操作系统—程序设计②C语言—程序设计 Ⅳ. ①TP316.89 ②TP312.8

中国版本图书馆CIP数据核字(2019)第019514号

内 容 提 要

本书由浅入深，从基本概念到实际操作，从原理到具体实践，全面细致地讲述了 Linux 环境下 C 程序设计。第 1 章介绍 Linux 操作系统的基本知识和 Linux 常用命令；第 2 章介绍常用的 C 语言库函数；第 3 章介绍 Linux 的编程环境；第 4 章至第 9 章介绍 Linux 系统编程，包括文件操作、标准 I/O 库、进程和信号以及进程间通信等方面的知识；第 10 章介绍网络编程；第 11 章介绍 GTK+编程。本书所有案例都是基于 Linux 环境下网络数据传输软件项目编写的。

本书可作为高等院校计算机相关专业“Linux 环境下 C 程序设计”的教学用书，也可供有关技术人员参考、学习、培训使用。

◆ 主　　编　黄继海　石彦华
　副 主 编　刘秋菊　杨雅军
　责任编辑　张　斌
　责任印制　王　郁　马振武
◆ 人民邮电出版社出版发行　　北京市丰台区成寿寺路 11 号
　邮编　100164　　电子邮件　315@ptpress.com.cn
　网址　https://www.ptpress.com.cn
　固安县铭成印刷有限公司印刷
◆ 开本：787×1092　1/16
　印张：16.25　　2021 年 3 月第 1 版
　字数：454 千字　　2024 年 7 月河北第 4 次印刷

定价：59.80 元

读者服务热线：(010)81055256　印装质量热线：(010)81055316
反盗版热线：(010)81055315
广告经营许可证：京东市监广登字 20170147 号

前言 FOREWORD

Linux 是一个自由开放并且跨硬件平台的操作系统，也是一个符合可移植操作系统 POSIX 标准的类 UNIX 操作系统。Linux 系统的应用正变得越来越广泛，从庞大的数据中心到可放于掌心的嵌入式设备，都能看到它的身影。在 Linux 系统下，比较有效的开发方式就是采用 C 语言进行开发。目前，基于 Linux 系统的开发人员的需求量在不断增加，尤其对 Linux 环境下 C 语言程序设计人员的需求尤为明显。

尽管 Linux 环境下 C 程序设计越来越被企业和开发人员所认同，而且关注的人数也越来越多，但实际上真正了解和掌握 Linux 环境下 C 程序设计的人员却不多。这可能是由于 Linux 环境下 C 程序设计对于大多数人来说并不是一件容易的事，开发人员要在陌生的“战场”（Linux 操作系统），使用陌生的“武器”（GCC 和 VI 等开发工具）与陌生的“敌人”（要遇到操作系统层面的相关技术）“作战”。基于上述情况，作者基于多年 Linux 环境下的 C 语言教学和开发实践的经验，精心组织编写了本书。本书内容深入浅出，通俗易懂，集理论与实践于一体，力求帮助每一个编程爱好者快速掌握在 Linux 平台下进行 C 语言程序设计的方法和技巧。

本书将知识与技能有机地结合在一起，并且在组织结构上以实践为主线，强调想学好编程就要多实战，即知识的学习在于运用。

全书共分 11 章，具体内容如下。

第 1 章介绍 Linux 的基础知识，包括 Linux 操作系统概述、Linux 目录与文件管理、Shell 命令以及 Linux 常用的命令等。

第 2 章介绍常用的 C 语言库函数，包括字符和字符串操作函数、内存管理函数、日期与时间函数和随机函数等。

第 3 章介绍 Linux 的编程环境，包括 VIM 编辑器、GCC 编译器、GDB 程序调试器和 make 工程管理器。

第 4 章介绍文件操作，包括基于文件描述符的 I/O 操作和文件系统等。

第 5 章介绍标准 I/O 库，包括流的打开和关闭、缓冲区的操作、直接输入/输出、格式化输入/输出、基于字符和行的输入/输出操作等。

第 6 章介绍 Linux 环境下进程的操作，包括进程的创建、等待、终止、system 函数的操作等。

第 7 章介绍 Linux 环境下线程的操作，包括线程的创建、终止、同步、私有数据的操作等。

第 8 章介绍 Linux 环境下进程间相互通信的方法，包括共享内存、信号量、管道通信、命名管道、消息队列等。

第 9 章介绍信号的概念、信号的处理等。

第 10 章介绍网络编程的知识，包括套接字地址结构、创建套接字、建立连接、绑定套接字、在套接字上监听以及接收连接等。

第 11 章介绍 GTK+图形界面编程，包括 GTK+程序结构、常用构件、窗口布局和 GTK+的信号与事件等。

本书由黄继海和石彦华任主编，刘秋菊和杨雅军任副主编，具体编写分工如下：刘秋菊编写第 1 章，杨雅军编写第 2 章和第 9 章，石彦华编写第 4 章至第 8 章，黄继海编写第 3、10、11 章和全书各章的项目实训。

本书编写过程中，参考了一些文献资料，在此向相关作者表示感谢。由于编者水平和经验有限，书中难免存在不足，恳请读者批评指正。

编 者

2020 年 6 月

目录 CONTENTS

01

第1章　Linux操作系统基础

Linux 操作系统为开发者提供了丰富的开发工具和友好的开发环境，这使其成为优秀的开发平台。本章将简单介绍 Linux 的基础知识。通过本章的学习，读者将熟悉 Linux 开发平台，对所要学习的知识有清晰的认识，为后续学习打下扎实的基础。

本章学习目标：

- 熟悉 Linux 操作系统的历史、内核和功能
- 掌握 Linux 文件及目录操作命令
- 掌握 Linux 用户账号的添加、删除与修改的方法
- 掌握 Linux 用户密码的管理方法
- 掌握 Linux 用户组的管理方法
- 掌握 Linux 文件权限的管理方法

1.1 GNU 简介

GNU 是 GNU's Not UNIX 的递归缩写，之所以取这个名字，主要是为了表明其不同于 UNIX 操作系统。GNU 计划最早是由理查德·斯托曼（Richard Stalman）在 1983 年 9 月公开发起的，其主要目标是开发一个非私有的、开放的操作系统。

GNU 计划中有一个著名的条款 GPL（General Public License，通用公共许可协议）。该条款的主要目的是保证 GNU 软件可以被自由地传播和使用，使用者不必向软件开发者付费，即可自由地修改，并可以将修改后的软件再发布出去。当然，发布后的软件也必须遵守 GPL 条款。

除了操作系统的内核之外，一个完整的操作系统还应该包括编辑器、编译器、调试器、浏览器、音乐播放器、电子邮件等多种软件。到了 20 世纪 90 年代，GUN 已经开发了很多成功的软件，例如，功能强大的文字编辑器 Emacs、Bash Shell 程序、GNU 编译器套件 GCC、GNU 调试工具 GDB 等，就是缺少一个操作系统的内核，Linux 就是在这样的背景下产生的。GNU 为 Linux 的产生提供了重要的条件，而 Linux 则大大丰富了 GNU 软件。

1.2 Linux 简介

Linux 操作系统是 UNIX 操作系统的一种克隆系统，诞生于 1991 年 10 月 5 日（这是第一次正式向外公布的时间）。借助于 Internet，并在全世界计算机爱好者的共同努力下，Linux 已成为世界上使用较多的一种 UNIX 操作系统，并且被认为是微软公司 Windows NT 系列操作系统的一个强有力的竞争对手。Linux 的标志是可爱的企鹅。

1.2.1 Linux 的内核版本与发行版本

1. 内核版本

内核是系统的“心脏”，是运行程序的核心程序，也是管理磁盘和打印机等硬件设备的核心程序，它提供了一个在裸设备与应用程序间的抽象层。例如，程序本身不需要了解用户的主板芯片集或磁盘控制器的细节就能在高层次上读写磁盘。

内核的开发和规范一直由林纳斯·本纳第克特·托瓦兹（Linus Benedict Torvalds）领导的开发小组控制着，版本也是唯一的。开发小组每隔一段时间就会公布一个新的版本或其修订版，使其功能越来越强大。

Linux 内核的版本号的命名是有一定规则的，版本号的格式通常为“主版本号.次版本号.修正号”。主版本号和次版本号标志着重要的功能变动，修正号表示较小的功能变更。以 2.6.22 版本为例，2 代表主版本号，6 代表次版本号，22 代表修正号。其中次版本号还有特定的意义，如果是偶数，就表示该内核是一个可以放心使用的稳定版；如果是奇数，则表示该内核加入了某些测试的新功能，是一个内部可能存在着 bug 的测试版，如 2.5.74 表示是一个测试版的内核，2.6.22 表示是一个稳定版的内核。

2. 发行版本

仅有内核而没有应用软件的操作系统是无法使用的，所以许多公司或社团将内核、源代码及相关的应用程序组织构成一个完整的操作系统，让一般的用户可以简便地安装和使用 Linux，这就是所谓的发行版本（Distribution）。我们一般说的 Linux 系统便是针对这些发行版本的。目前 Linux 的各种发行版本有数十种，它们的发行版本号各不相同，使用的内核版本号也可能不一样，下面为读者介绍目前比较知名的几个发行版本。

（1）Red Hat Linux

Red Hat 是最成功的 Linux 发行版本之一，它的特点是安装和使用简单。Red Hat 可以让用户很快享受到 Linux 的强大功能而免去烦琐的安装与设置工作。Red Hat 是全球流行的 Linux，已经成为 Linux 的代名词，许多人一提到 Linux 就会毫不犹豫地想到 Red Hat。它曾被权威计算机杂志 InfoWorld 评为最佳 Linux。基于 Red Hat 企业版开发的 CentOS 也是当前主流的 Linux 发行版本。

（2）Slackware Linux

Slackware 是历史最悠久的 Linux 发行版本，由于它尽量采用原版的软件包而不进行任何修改，所以软件出现新 bug 的概率低了很多。在其他主流发行版本强调易用性的时候，Slackware 依然固执地追求最原始的效率——所有的配置均要通过配置文件来进行。

（3）Mandriva Linux

Mandriva 的原名是 Mandrake，它的特点是集成了轻松愉快的图形化桌面环境以及自行研制的图形化配置工具。Mandrake 在易用性方面的确是下了不少功夫，从而迅速成为设置易用实用的代名词。Red Hat 默认采用 GNOME 桌面系统，而 Mandriva 将之改为 KDE。

（4）Debian Linux

Debian 可以算是迄今为止最遵循 GNU 规范的 Linux 系统，它的特点是使用了 Debian 系列特有的软件包管理工具 dpkg，使安装、升级、删除和管理软件变得非常简单。Debian 是完全由网络上的 Linux 爱好者负责维护的发行套件。这些志愿者的目的是制作一个可以同商业操作系统相媲美的免费操作系统，并且其所有的组成部分都是自由软件。当前热门的 Ubuntu 便是基于 Debian 开发的。

（5）SuSE Linux

SuSE 是德国人开发的 Linux 发行版本，在全世界范围内也享有较高的声誉，它的特点是使用了自主开发的软件包管理系统 YaST。

（6）红旗 Linux

红旗 Linux 是我国基础软件在产业化征程中具有里程碑意义的产品，它是我国第一个土生土长的 Linux 发行版本，对中文支持好，而且界面和操作的设计都符合中国人的习惯。

1.2.2　Linux 系统的特点

（1）开放性：是指系统遵循国际标准规范，特别是遵循开放系统互连（Open System Interconnect，OSI）国际标准。

（2）多用户：是指系统资源可以被不同用户使用，Linux 支持多个用户从相同或不同的终端上同时使用同一台计算机，每个用户对自己的资源（如文件、设备）有特定的权限，互不影响。

（3）多任务：是指计算机同时执行多个程序，并且各个程序的运行互相独立。

（4）良好的用户界面：Linux 向用户提供了两种界面——用户界面和系统调用。Linux 利用鼠标、菜单、窗口、滚动条等，给用户呈现出一个直观、易操作、交互性强的友好的图形化的界面。

（5）设备独立性：是指操作系统把所有外部设备统一当成文件来看待，只要安装它们的驱动程序，任何用户都可以像使用文件一样，操纵、使用这些设备，而不必知道它们的具体存在形式。Linux 是具有设备独立性的操作系统，它的内核具有高度适应性。

（6）提供了丰富的网络功能：完善的内置网络是 Linux 的一大特点。

（7）可靠的安全系统：Linux 采取了许多安全技术措施，包括对读写控制、带保护的子系统、审计跟踪、核心授权等，这为网络多用户环境中的用户提供了必要的安全保障。

（8）良好的可移植性：是指将操作系统从一个平台转移到另一个平台，使它仍然能按其自身的方式运行的能力。Linux 是一种可移植的操作系统，能够在从微型计算机到大型计算机的任何环境中和任何平台上运行。

（9）支持多种文件系统。

（10）完善的虚拟存储技术。

1.3 Shell 命令概述

Shell 是系统的用户界面，它提供了用户与内核进行交互操作的一种接口。实际上 Shell 是一个命令解释器，它解释由用户输入的命令并把它们送到内核去执行。不仅如此，Shell 还有自己的用于对命令进行编辑的编程语言，它允许用户编写由 Shell 命令组成的程序。

1.3.1 目录的组织结构

文件系统用于存储系统的各种信息，例如 Linux 内核映像文件、Shell 脚本、配置文件和各种应用程序等。不同的 Linux 发行版本，文件系统在内容组织上可能存在一定的差异，但和 UNIX 系统一样，文件的组织和命名都遵从一定的标准。从用户的角度看，文件系统的组成元素是文件，目录是一种特殊的文件，目录中存放的是有关文件的信息。Linux 内核支持多种文件系统，系统中可同时存在多种类型的文件系统。Linux 系统启动时，选择一个分区作为根文件系统，其他分区的文件系统可根据需要动态挂载至某个目录，形成一棵目录树，其结构如图 1-1 所示。

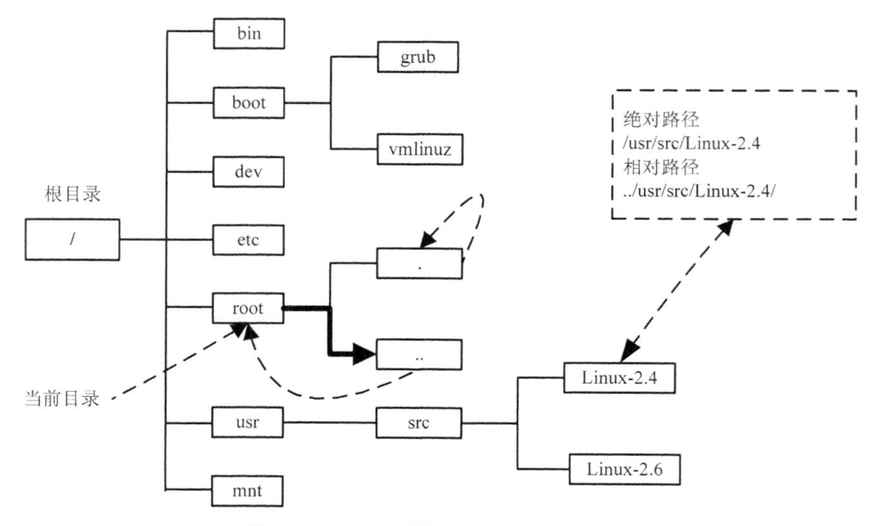

图 1-1　Linux 系统根文件系统目录结构

图 1-1 中，“/” 表示根目录。为了便于管理，每个目录中存放两个特殊的目录，分别表示当前目录 “.” 和父目录 “..”。根文件系统定义了一些具有特殊用途的目录，例如，/dev 目录存放系统中所有的设备文件，/etc 目录存放系统的配置文件。表 1-1 给出了 Linux 根文件系统中常用目录的定义。

表 1–1　　　Linux 根文件系统目录结构

目录名	内容描述
/bin	所有用户可使用的可执行文件
/sbin	系统管理员使用的执行文件
/boot	Linux 内核映像文件和与引导加载有关的文件
/dev	所有设备文件，包括字符设备和块设备
/etc	系统配置文件
/lib	共享库文件，供/bin 和/sbin 下的文件使用
/mnt	挂载点，常用于挂载文件系统或加载设备
/proc	基于内存的文件系统，用于显示内核信息
/usr	/usr/bin　用户命令工具 /usr/include　C 头文件 /usr/lib　函数库 /usr/src/　源代码目录 /usr/sbin　系统命令工具

1.3.2　用户主目录和文件的路径

1. 用户主目录

每个用户在登录进入系统时，都位于某个目录，该目录称为用户主目录。用户主目录在创建用户时定义，例如 root 的用户主目录是/root，普通用户的用户主目录通常是/home/username。不同用户的用户主目录一般互不相同，这样既便于管理又提高了系统的安全性。工作目录是指用户当前所处的目录，工作目录可由用户动态改变，而用户主目录由系统定义，在用户使用计算机的过程中一般不变。

路径表示文件在文件系统中的位置，是一系列由 “/” 分隔的目录名组成的字符串，例如/usr/src。当 “/” 位于字符串首位时，表示根目录，当 “/” 位于两个目录名之间时，表示分隔符。为了描述文件在系统中的准确位置，根据定位方式的不同，路径可分为绝对路径和相对路径。

2. 绝对路径

绝对路径表示从根目录开始到目标文件所经历的一系列目录名构成的字符串，目录名之间用 “/” 分隔。

绝对路径的写法由根目录 “/” 写起，例如/usr/src/linux-2.6，这就是绝对路径。

```
$ cd  /home/test                #切换到 home 目录下的 test 子目录
```

3. 相对路径

相对路径指从当前目录开始到目标文件所经历的一系列目录序列。如图 1-1 所示，若当前用户的工作目录为/root，绝对路径为/usr/src/Linux-2.4 的目录，则相对路径可表示为../usr/src/Linux-2.4/。

相对路径的写法不是由根目录 “/” 写起，例如，首先用户进入 “/”，然后进入 home，再进入 home 目录下的 test 目录。具体操作如下。

```
$ cd  /home          #切换到根目录下的 home 目录下
$ cd  test           #切换到当前home目录下的test子目录,此时如果写绝对路径应该是$ cd  /home/test
```

第一个 cd 命令后跟/home，第二个 cd 命令后跟 test，并没有“/”，这个 test 是相对于/home 目录来讲的，所以叫作相对路径。

1.3.3 Linux 命令的语法结构

在使用 Linux 系统时，用户可通过 Shell 的用户交互接口访问 Linux 系统。Shell 是架构于 Linux 内核上的命令解析器，运行中的 Shell 循环等待并解释执行用户从终端上输入的命令。Shell 有多个版本，例如 csh、bash 和 ksh 等，Linux 系统中常用的 Shell 版本是 bash。这里以 bash 为例，对各种常用命令进行分类介绍，命令使用的语法结构定义如下。

```
$命令名   [选项]   [参数列表]
```

其中，$为提示符，提示符可通过环境变量重新设置；命令名代表命令的名称。选项表示用户对功能的特定要求，不同的选项具有不同的含义，在实际应用过程中，可通过选项组合表达用户需求。选项格式有短选项和长选项两种，例如，-f 和-zxvf 为短选项格式，--filesize=512 为长选项格式。参数列表表示要操作的对象列表，对象可以是文件、目录、用户和用户组等，对象的性质由命令决定。

【例 1-1】Linux 语法格式。

```
$ ls -l /home              #以详细列表方式显示目录/home 下的所有文件
$ cp -rf /demo/  /test     #将/demo 目录下的所有文件复制至/test 目录
```

1.3.4 Shell 命令的分类

根据 Shell 命令实现方式的不同，Shell 命令可分为内部命令和外部命令。

1. 内部命令

内部命令由 Shell 实现，具有较高的执行效率，运行于当前进程。用户可通过命令 type 判断是否为内部命令。

```
$type  -t  ls              #判断命令 ls 是否为内部命令
$type  -t  cd              #判断命令 cd 是否为内部命令
```

2. 外部命令

外部命令是指存储于文件系统中的可执行二进制映像文件。Shell 创建子进程，在子进程中加载并执行外部命令。用户可通过 file 命令来查看外部命令的相关信息。

```
$ file  cp                 #查看外部命令 cp 的相关信息
```

1.3.5 联机帮助

有些命令的选项较多，为了获得这些命令的使用细节，Linux 提供了联机帮助命令，例如 man 和 info 等。下面给出这些命令的使用实例。

```
$man  ls                   #利用 man 命令查询 ls 命令的操作文档
$info  cp                  #获得命令 cp 的相关信息
$ls  --help                #通过选项--help 获得 ls 命令的相关信息
```

1.4　文件与目录操作

本节主要讲解文件与目录的创建、删除、复制和属性修改的相关操作。首先来了解几个操作命令 pwd、cd、ls，我们在后续的操作中也会经常用到这些命令。

1.4.1　目录操作

在 Linux 系统中，目录是一种特殊的文件，其中包含了指向文件或子目录的链接信息，它是建立层次型文件系统的基础。下面给出与目录操作相关的几个命令。

1. 查看当前目录（pwd）

pwd 命令的作用是查看“当前工作目录”的完整路径，如果用户不知道自己当前所处的目录，就可使用它进行查看。语法：

```
pwd  [选项]
```

一般情况下不带任何选项或参数，用于显示当前工作目录的绝对路径。

如果目录是链接时，pwd　-p 显示出实际路径，而非使用链接（link）路径。

【例 1-2a】查看当前工作目录。

```
$ pwd                          #显示当前目录的绝对路径
```

【例 1-2b】分析题目。

```
$ cd  /usr/local/lib           #切换到/usr/local/lib 目录下
$ pwd                          #显示当前目录的绝对路径
$ cd  ./                       #切换到./目录下
$ pwd                          #显示当前目录的绝对路径
$ cd  ../                      #切换到../目录下
$ pwd                          #显示当前目录的绝对路径
```

在例 1-2b 中，首先进入/usr/local/lib/目录下，然后再进入“./”，其实还是进入当前目录下，用 pwd 命令查看当前目录，并没有发生变化，然后再进入“../”，则是进入了/usr/local/目录下，即/usr/local/lib 目录的上一级目录。

【例 1-3】选项-p 的使用。

```
$ ln  -s  /home/test  link-test #为/home/test 创建软链接 link-test
$ cd  link-test                #切换到 link-test 下
$ pwd                          #显示当前目录的绝对路径
$ pwd  -p                      #显示当前实际路径
```

2. 切换工作目录（cd）

语法：

```
cd  [目录路径名]
```

cd 命令的作用是改变当前工作目录，其中的目录路径名为改变到的工作目录，可为绝对路径或相对路径。具体的使用说明如下。

（1）该命令将当前目录改变至指定路径的目录。若没有指定路径，则回到用户主目录（也就是刚登录时所在的目录）。为了改变到指定目录，用户必须拥有对指定目录的执行和读权限。

（2）该命令可以使用通配符。

（3）可使用“~”回到用户主目录。

（4）用“.”和“./”表示当前所在的目录，用“..”和“../”表示当前目录的上一层目录。

【例 1-4a】由当前目录跳到/usr/bin。

```
$ cd  /usr/bin                  #切换到/usr/bin 目录下
```

【例 1-4b】跳到当前目录的上一层。

```
$ cd  ..                        #切换到父目录
```

【例 1-4c】进入系统根目录。

```
$ cd  /
```

【例 1-4d】返回进入此目录之前所在的目录。

```
$ cd  -                         #返回之前所在的目录
```

【例 1-4e】随时进入当前用户主目录。

```
$ cd  ~                         #切换至用户主目录，这里 ~ 表示用户主目录
```

或者

```
$cd
```

【例 1-4f】进入其他用户的主目录。

```
$ cd  ~username                 #切换至用户主目录的 username 目录
```

注意：前面提到的“用户主目录”和“系统根目录”是两个不同的概念。

3. 显示目录内容（ls）

ls 命令是 Linux 中最常用的命令。ls 命令就是 list 的缩写，默认 ls 用来输出当前目录的清单。如果 ls 指定其他目录，那么就会显示指定目录里的文件及文件夹清单。通过 ls 命令不仅可以查看 Linux 文件夹包含的文件，而且可以查看文件权限、查看目录信息等。ls 命令在日常的 Linux 操作中使用很多。

ls 命令的语法：

```
ls  [选项]  目录或文件（默认为当前目录）
```

以下是 ls 的选项，在这里只是列出了平时使用较多的选项。其他选项可以通过 man ls 查询。

（1）ls 后无选项：显示当前目录或指定目录下的文件和目录（隐藏文件除外），Linux 文件系统中同样也有隐藏文件。这些隐藏文件的文件名是以“.”开头的，例如.test、/root/.123、/root/.ssh 等，隐藏文件可以是目录也可以是普通文件。

```
$ ls  /usr               #显示 usr 目录下的文件和目录，不包括隐藏文件
```

（2）选项-a：列举当前目录或者指定目录下的所有文件，包括 dot 文件（.开头的文件）和.目录及..目录。（Linux 中隐藏文件是以“.”开头的，如果存在“..”代表存在着父目录）

```
$ ls  -a  ./             #列出当前目录下的所有文件，包括隐藏文件
```

（3）选项-A：列举当前目录或者指定目录下的所有文件，包括 dot 文件（.开头的文件），但不包括.目录和..目录。

```
$ ls  -A  /mnt           #列出 mnt 目录下的所有文件，除了当前目录及其父目录
```

（4）选项-l：列举当前目录或指定目录中文件或者子目录的详细信息，包括大小、创建者、创建日期、所属主、所属组、文件的读写权限列表等。一行显示一个文件或目录的信息。ll 这个命令等同于 ls -l。

```
$ ls  -l   ~/                    #详细列出用户主目录下所有文件的信息
```

（5）选项-t：按文件的修改时间列举文件，最近修改的在前。

```
$ ls  -t                         #按文件的修改时间将根目录下的文件显示出来
```

（6）选项-R：将当前目录或指定目录下所有的子目录的文件都列出来，相当于我们编程中的“递归”实现。

```
$ ls  -R  /mnt                   #显示 mnt 目录下的所有子目录的文件
```

（7）选项-latr：组合选项，即各个选项可以结合使用，除了互相排斥的选项，例如-a 和-A。

```
$ ls  -latr  /home               #按时间顺序反向显示/home 目录下的所有文件的信息
```

ls 也可以结合管道符“|”来进行一些复杂的操作，例如 ls | less 用于实现文件列表的分页查看。

下面简单介绍 Linux 中一些文件颜色的含义（见图 1-2，此处无法在图片中区分颜色，在实际显示时会看到相应颜色）。

① 绿色：代表可执行文件（绿色代表通行证的意思）。

② 红色：代表压缩文件。

③ 深蓝色：代表目录。

④ 浅蓝色：代表链接文件。

⑤ 灰色：代表其他一些文件。

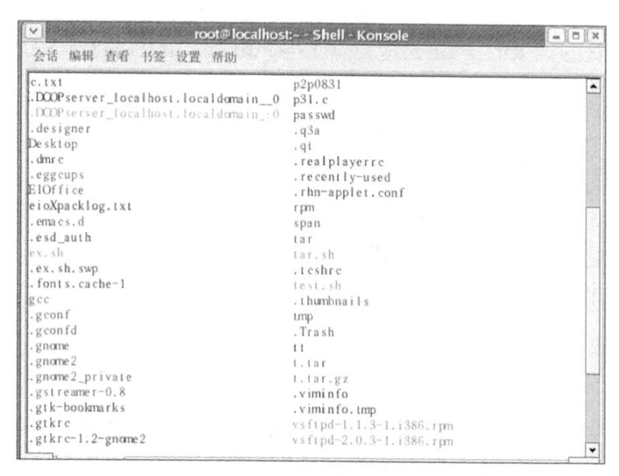

图 1-2　文件颜色

提示：Linux 中可执行文件不是与 Windows 一样通过文件扩展名来标识的，而是通过设置文件相应的可执行属性来实现的。

1.4.2　文件/目录的创建

1. 创建目录（mkdir）

mkdir 命令的作用是创建由目录名命名的一个或多个目录。mkdir 其实就是 make directory 的缩写。语法：

```
mkdir  [选项]  [路径]目录名
```

如果在目录名前面没有加任何路径名，则在当前目录下创建子目录；如果给出了一个存在的路径，将会在指定的路径下创建。路径可以为绝对路径，也可以为相对路径。

mkdir 常用选项如下。

（1）选项-m：创建指定目录的同时指定该目录的使用权限，也可以用 chmod 命令设置。

（2）选项-p：创建一个完整的目录结构，即用-p 选项时可在指定的目录下逐级创建目录。

【例 1-5a】在用户主目录下创建名为 newdir 的目录。

```
$cd                          # 确保当前所在目录是用户的工作目录
$ mkdir  newdir              #创建子目录 newdir，该目录的访问权限是默认的
```

【例 1-5b】在用户主目录下创建一个指定访问权限的目录。

```
$cd                          #确保当前所在目录是用户的工作目录
$ mkdir  -m  770  newdir     #创建一个访问权限为 770 的 newdir 目录
```

【例 1-5c】用默认访问权限创建一个完整的目录结构。

```
$ mkdir -p  /home/zhang/newdir
```

执行该命令后，若目录/home/zhang 存在，则在该目录中创建目录 newdir；若这些上级目录不存在，则-p 选项将使该命令逐级建立/home、/home/zhang 目录，然后再创建/home/zhang/newdir 目录。

【例 1-6a】在当前目录下创建目录。

```
$ mkdir  mydir               #在当前目录下创建 mydir 目录
```

【例 1-6b】在某个目录下创建目录。

```
$ mkdir  /tmp/test-dir       #在/tmp 目录下创建 test-dir 目录
```

【例 1-6c】在根目录下创建 dir1，dir1 包含子目录 dir2，dir2 包含子目录 dir3。

```
$ mkdir  -p  /dir1/dir2/dir3  #在/根目录下创建 dir1 目录，在 dir1 目录下创建 dir2 子目录，在 dir2
                               子目录下创建 dir3 子目录
```

【例 1-6d】使用 mkdir 命令同时创建多个目录。

```
$ mkdir  docs  pub           #在当前目录下创建 docs 和 pub 两个目录
```

注意：mkdir 成功创建目录后不会输出任何信息。

2. 创建文件（touch）

touch 命令的作用是修改文件的存取和修改时间，或者新建一个不存在的文件。语法：

```
touch  [选项]  文件名
```

（1）选项-r：把指定文档或目录的日期时间，设成与参考文档或目录的日期时间相同。

（2）选项-t：使用指定的时间值 time 作为指定文件相应时间戳的新值。此处的 time 规定为如下形式的十进制数。

```
[[CC]YY]MMDDhhmm[.SS]
```

这里，CC 为年数中的前两位，即“世纪数”；YY 为年数的后两位，即某世纪中的年数。如果不给出 CC 的值，则 touch 将把年数 CCYY 限定在 1969～2068。MM 为月数，DD 为天数，hh 为小时数（几点），mm 为分钟数，SS 为秒数，此处秒的设定范围是 0～61，这样可以处理闰秒。这些数字组成的时间是环境变量 TZ 指定的时区中的一个时间，由于系统的限制，早于 1970 年 1 月 1 日的时间是错误的。

【例 1-7a】创建不存在的文件。

```
$ touch  log1.log  log2.log       #创建 log1.log 和 log2.log 文件
$ touch  log3.log                 #创建 log3.log 文件
```

【例 1-7b】更新 log1.log 的时间和 log3.log 时间戳相同。

```
$ touch  -r  log1.log  log3.log   #设置 log3.log 的日期时间和 log1.log 的日期时间相同
```

【例 1-7c】设定文件的时间戳。

```
$ touch  -t  201502142234.50  log1.log   #将log1.log的日期时间设置为2015-02-14
```

1.4.3 文件/目录的删除

1. **删除目录（rmdir）**

当目录不再被使用时或磁盘空间已达到使用限定值时，就需要从文件系统中删除失去使用价值的目录，用到命令 rmdir。rmdir 其实是 remove directory 的缩写，作用是从一个目录中删除一个或多个空的子目录。

语法：

```
rmdir  [选项]  目录名
```

（1）选项-p：递归删除目录，子目录被删除后父目录为空时，父目录也一同被删除，如果是非空目录，则保留。

（2）选项-i：在删除过程中，以询问方式完成删除操作。

【例 1-8a】当前新建目录 mkdir -p d1/d2/d3，接着输入命令 rmdir -p d1/d2/d3 相当于删除了 d1、d1/d2、d1/d2/d3。

```
$ mkdir  -p  d1/d2/d3              #逐级建立目录d1,d1/d2,d1/d2/d3
$ rmdir  -p  d1/d2/d3              #逐级删除目录d1/d2/d3,d1/d2,d1
```

【例 1-8b】如果其中一个目录中还有目录，那么当用户使用 rmdir 删除该目录时，提示该目录不为空，不能删除。

```
$ mkdir  -p  d1/d2/d2              #逐级建立目录d1,d1/d2,d1/d2/d3
$ mkdir  d1/d11                    #在d1目录下建立d11子目录
$ rmdir  -p  d1/d2/d3              #逐级删除d1/d2/d3，但是d1中还有d11目录，d1不能删除
```

【例 1-8c】删除多级目录。假设在/usr 目录下有 zhang 目录，在 zhang 目录下又有 testdir 目录，且这两个目录中的文件和子目录都已被删除，则在命令中可以使用-p 选项将它们一次删除。

```
$ cd  /usr                         #跳转到被删除目录的父目录上
$ rmdir  -p  zhang/testdir         #删除usr目录下zhang子目录以及zhang目录下的testdir子目录
```

【例 1-8d】在当前目录下删除 mydir 目录。

```
$ rmdir  mydir                 #删除当前目录下的mydir目录
$ rmdir  -p  /dir1/dir2        #删除dir1下的dir2目录,若dir1中除了dir2没有其他文件和目录,则dir1
                                一并被删除（提示：这两个目录要先创建mkdir  -p  /dir1/dir2）
```

如果非要删除不为空的目录，可以用下面要讲到的 rm 命令。rmdir 只能删除目录但不能删除文件，要想删除一个文件，也要用 rm 命令。

2. **删除文件或目录（rm）**

rm 命令的作用是删除一个目录中的一个或多个文件或目录，也可将某个目录及其下的所有文件和子目录均删除。对于链接文件，删除的只是整个链接文件，而原有文件均保持不变。

语法：

```
rm  [选项]  文件列表
```

rm 是一个“危险”的命令，使用的时候要特别当心，尤其对于新手，否则整个系统就有可能毁在这个命令上（如在根目录下执行 rm * -rf）。所以，在执行 rm 之前最好先确认一下当前处在哪

个目录，到底要删除什么东西，操作时保持头脑高度清醒。

rm 同样也有很多选项，可通过 man rm 来获得详细帮助信息，在这里只列举较常用的几个选项。

（1）选项-f：强制的意思，如果不加这个选项，当删除一个不存在的文件时会报错。

```
$ rm  -f   /tmp/111          #强制删除文件/tmp/111，且文件不存在不会报错
```

（2）选项-i：当用户删除一个文件时提示用户是否真的删除。

```
$ rm  -i   install.log      #删除 install.log 文件，并给出提示
```

如果删除，输入 y，否则输入 n。

（3）选项-r：当删除目录时，如果不加这个选项会报错。rm 是可以删除不为空的目录的。

```
$ rm  -r   /tmp/test         #递归删除，用于删除目录/tmp/test，以及目录中的文件
```

关于 rm，使用最多的是-rf 两个选项合用。不管删除文件还是目录都可以，但是方便的同时也要多注意，如果在根目录（/）下操作不当，会把系统文件全部删除。

```
$ rm  -rf  d1                #强制删除目录 d1
```

1.4.4 文件/目录的复制、移动和重命名

1. 复制文件或目录（cp）

cp 命令是 copy 的简写，即复制（拷贝），作用是将源文件或目录复制至目标文件或目录中。如果参数中指定了两个以上的文件和目录，且最后一个是目录，则 cp 命令视最后一个为目标目录，将前面指定的文件和目录复制到该目录下；如果最后一个不是已存在的目录，则 cp 命令将给出错误信息。

语法：

```
cp  [选项]  源文件或目录  目标文件或目录
```

常用的选项有以下几个。

（1）选项-r：如果要复制一个目录，必须加-r 选项，否则是复制不了的。

```
$ cp  -r  123  1234          #复制目录 123 中的内容到 1234 中
```

（2）选项-i：如果遇到一个存在的文件，会询问是否覆盖。在 Red Hat/CentOS 系统中，使用的 cp 其实是 cp -i。目标文件存在时，会询问是否覆盖，如图 1-3 所示。

```
$ cp   install.log   123    #复制 install.log 到 123 中，若 install.log 已存在，提示是否覆盖
```

```
[root@localhost root]# which cp
alias cp='cp -i'
        /bin/cp
[root@localhost root]#
```

图 1-3 -i 选项复制

如果希望覆盖，输入 y，否则输入 n。

下面再做一个实例，一个文件覆盖另一个文件的内容。通过该实例加深对-i 选项作用的理解。

【例 1-9】文件覆盖。

```
$ cd  123                    #切换到 123 目录下
$ ls                         #显示 123 目录下的内容
$ touch  111                 #创建文件 111
$ touch  222                 #创建文件 222
$ cp  -i  111  222           #复制 111 到 222 中，提示是否覆盖 222
```

```
$ echo  abc>111            #把 abc 写入文件 111 中
$ echo  def>222            #把 def 写入文件 222 中
$ cat  111                 #读出 111 的内容并显示到屏幕上
$ cat  222                 #读出 222 的内容并显示到屏幕上
$ cp  -i  111   222        #复制 111 到 222 中，提示是否覆盖 222
$ cat  222                 #读出 222 的内容并显示到屏幕上
```

上例中，echo 命令其实就是显示，在这里 echo 的内容“abc”和“def”并没有显示在屏幕上，而是分别写进了文件 111 和 222，起写入作用的就是这个“>”，在 Linux 中叫作重定向，即把前面产生的输出写入到后面的文件中，后续会做详细介绍。cat 命令是读一个文件，并把读出的内容显示到当前屏幕上。该命令后续会详细介绍。

【例 1-10】文件复制。

```
$ cp  file1  file2       #将文件 file1 复制为文本文件 file2
$ cp  -r  dir1  dir2     #复制目录 dir1 到目录 dir2，-r 选项表示递归复制目录
```

2. 移动/重命名文件和目录（mv）

mv 是 move 的简写，作用是移动文件或目录，还可在移动的同时修改文件名或目录名。

语法：

```
mv  [选项]  源文件或目录  目标文件或目录
```

常用的选项有以下几个。

（1）选项-f：force，强制的意思，如果目标文件已经存在，不会询问而是直接覆盖。

（2）选项-i：和 cp 的-i 选项一样，当目标文件存在时会询问用户是否要覆盖。在 Red Hat/CentOS 系统中，使用的 mv 其实是 mv　-i。

① 情况一，源文件是文件，目标文件不是目录而且不存在，mv 命令将源文件重命名为目标文件。

② 情况二，源文件是文件，目标文件不是目录但是目标文件存在，mv 命令将源文件重命名为目标文件。

【例 1-11】文件重命名。

```
$mv  aa  cc                #把 aa 重命名为 cc
$mv  bb  cc                #把 bb 重命名为 cc
```

③ 情况三，源文件是文件，目标文件是目录而且存在，mv 命令将源文件移动到目标文件目录中。

【例 1-12】文件移动。

```
$mv  b  dir                #把文件 b 移动到目录 dir 下
```

④ 情况四，源文件是目录，目标文件是目录但是目标文件不存在，mv 命令将源文件重命名为目标文件。

【例 1-13】目录重命名。

```
$mv  dir  dir1             #把 dir 重命名为 dir1
```

⑤ 情况五，源文件是目录，目标文件是目录而且存在，mv 命令将源文件移动到目标文件目录中。

【例 1-14】目录移动。

```
$mv  dir1  dir2            #把目录 dir1 移动到目录 dir2 中
```

Windows 下的重命名，在 Linux 中用 mv 就可以。

1.4.5 文件/目录的属性修改

Linux 系统为每一个文件都分配了一个文件所有者，即文件主。对文件的控制取决于文件主和超级用户。文件或目录的创建者对创建的文件或目录拥有特别的使用权，但是这种所有关系是可以改变的，也就是说，可以将文件或目录的所有权转让给其他用户。如果改变了文件或目录的所有权，则原文件主将不再拥有对该文件或目录的权限。

用户组由多个用户组成。属于同一个用户组的用户具有用户组所拥有的一切权限。如果一个文件属于一个用户组，则这个用户组内的全部成员对这个文件拥有相同的权限。

例如，test 文件的所属主是 user0，而 test1 文件的所属主是 user1，那么 user1 是不能查看 test 文件的，相应的 user0 也不能查看 test1 文件。我们希望创建一个文件能同时让 user0 和 user1 来查看。

这时“所属组”就派上用场了，即创建一个组 users，让 user0 和 user1 同属于 users 组，然后建立一个文件 test2，且其所属组为 users，则 user0 和 user1 都可以访问 test2 文件。

为了实现对文件的安全存储和访问，Linux 为不同的文件赋予了不同的权限，每个文件都拥有下面三种权限。

① 所有者权限：文件所有者能够进行的操作。

② 组权限：文件所属用户组能够进行的操作。

③ 外部权限（其他权限）：其他用户可以进行的操作。

可以使用 ls -l 命令查看与文件权限相关的信息，例如：

```
$ ls -l /dev/hda*          #查看/dev 下所有以 hda 开头的文件信息
```

显示的 Linux 文件或目录的属性主要包括：文件或目录的节点、种类、权限模式、链接数量、所归属的用户和用户组、最近访问或修改的时间等内容，如图 1-4 所示。

图 1-4 中显示的前 10 位主要描述了该文件的类型和所属主、所属组以及其他用户对该文件的访问权限。

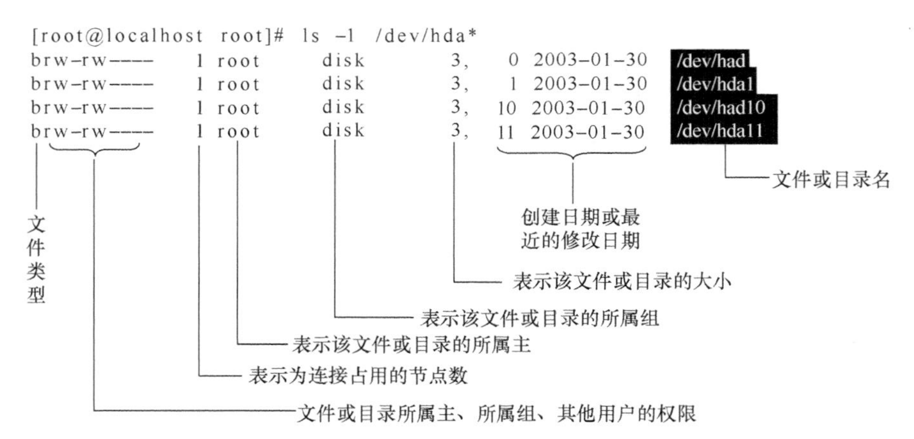

图 1-4 文件信息

第 1 位为文件类型，主要用“d”“-”“l”“b”“c”“s”等表示，具体介绍如下。

（1）d：表示该文件为目录。

（2）-：表示该文件为普通文件。

（3）l：表示该文件为链接文件，上边提到的软链接即为该类型。

（4）b：表示该文件为块设备文件，如磁盘分区#ls　-l　/dev/hda*。

（5）c：表示该文件为串行端口设备，如键盘、鼠标。

（6）s：表示该文件为套接字文件，用于进程间通信。

紧接着后边的 9 位，每三个为一组，均为 rwx 三个参数的组合。每个字符都代表不同的权限，分别为读取（r）、写入（w）和执行（x）。r 表示用户能够读取文件信息，查看文件内容；w 表示用户可以编辑文件，可以向文件写入内容，也可以删除文件内容；x 表示用户可以将文件作为程序来运行。

第一组字符（2~4）表示文件所有者的权限，第二组字符（5~7）表示文件所属用户组的权限，第三组字符（8~10）表示所有其他用户的权限。

例如，一个文件的属性为-rwxr-xr--，它代表的意思是：该文件为普通文件，文件所有者可读、可写、可执行，文件所属组对其可读、不可写、可执行，其他用户对其只可读。

对于一个目录来讲，打开这个目录即为执行这个目录，所以任何一个目录必须有 x 权限才能打开并查看该目录。例如一个目录的属性为 drwxr--r--，其所属主为 root，那么除了 root 外的其他用户是不能打开这个目录的。

在 Linux 中，每个存储设备或存储设备的分区（存储设备是硬盘、U 盘等）被格式化为文件系统后，应该有两部分，一部分是 inode（索引节点），另一部分是 block（块）。block 是用来存储数据的。inode 就是用来存储这些数据的信息，包括文件大小、属主、归属的用户组、读写权限等。inode 为每个文件进行信息索引，所以就有了 inode 的数值。操作系统根据指令，能通过 inode 值最快地找到相对应的文件。

存储设备或分区就相当于一本书，block 相当于书中的每一页，inode 就相当于这本书前面的目录，一本书有很多的内容，如果想查找某部分的内容，可以先查目录，通过目录能很快找到想要看的内容。

当用 ls 查看某个目录或文件时，如果加上-i 参数，就可以看到 inode 了。

命令：

```
$ ls  -li  /etc/passwd
```

可得/etc/passwd 的 inode 值是 236480。

更改文件权限也就是更改所属主、所属组及其对应的读写执行权限。下面介绍几个更改文件权限的命令。

1. 改变用户对文件的读写执行权限（chmod）

chmod（change mode）命令的作用是改变或设置文件或目录的访问权限。根据表示权限的方式不同，该命令支持两种设定权限的方法：字符模式设置权限和八进制数设置权限。

（1）字符模式设置权限

语法：

```
chmod  [who]  [+| - | =] [mode]  文件名
```

其中，who 可以是下述字母中的任一个或者它们的组合。

- u：表示用户（user），即文件或目录的所有者。
- g：表示同组（group）用户，即与文件主有相同 GID（GroupID，组标识号）的所有用户。
- o：表示其他（others）用户。

- a：表示所有（all）用户，它是系统默认值。

操作符号“+”表示在原有权限上为文件或目录添加某个权限；“-”表示在原有权限上为文件或目录取消某个权限；“=”表示赋予给定权限，并取消以前所有权限。

例如：

```
chmod  u=rwx,go=rx  .bashrc
chmod  a+x  .bashrc
chmod  u+x  .bashrc
```

【例 1-15a】将文件 script 的权限设为可执行。

```
$ chmod  a=rx  script
```

执行成功后用 ls　-l　script 命令查看文件属性，结果如下：

```
-r-xr-xr-x  1  user  group  0  Feb  10  09:42  script
```

【例 1-15b】将文件 text 的权限设为文件属主可读、可写、可执行，文件所属同组的用户可读，其他用户不可读，其命令如下：

```
$ chmod  u=rwx,g=r,o=  text      #注意“,”后无空格，“o=”后有空格
```

执行成功后用 ls　-l　text 命令查看文件属性，结果如下：

```
-rwxr-----  1  user  group  0  Feb  10  09:42  text
```

需要说明的是，其他用户如果只有 r 的权限，没有 x 的权限，若是目录的话，是进不了那个文件夹的；若是文件，可以打开读，但没有其他权限。

（2）八进制数设置权限

语法：

```
chmod   xxx  文件名   #这里的 xxx 表示数字
```

文件和目录的权限还可用八进制数模式来表示，3 个八进制数分别代表 ugo 的权限，读、写、执行权限所对应的数值分别为 4、2 和 1。其他表示如表 1-2 所示。

表 1-2　　八进制数字模式

数字	说明	权限
0	没有任何权限	---
1	执行权限	--x
2	写入权限	-w-
3	执行权限和写入权限：1（执行）+2（写入）=3	-wx
4	读取权限	r--
5	读取和执行权限：4（读取）+1（执行）=5	r-x
6	读取和写入权限：4（读取）+2（写入）=6	rw-
7	所有权限：4（读取）+2（写入）+1（执行）=7	rwx

例如，-rwxrwx---用数字表示就是 770。

值得一提的是，在 Linux 系统中，一个目录的默认权限为 755，而一个文件的默认权限为 644，这个在后面还会讲解。

若创建了一个目录，而该目录不想让其他人看到内容，则只需设置成 rwxr-----（740）即可。

【例 1-16】设置 a.out 文件的权限。

```
$ chmod  a+x  a.out          #对所有用户增加 a.out 的执行权限，a（All）表示所有用户
```

```
$ chmod u=rwx  a.out       #设置属主的权限为读、写和执行，u（user）表示属主用户
$ chmod g+rw  a.out        #增加同组用户的读写权限，g（group）表示同组用户
$ chmod o-w  a.out         #减少其他用户的写权限，o（others）表示其他用户
$ chmod go=  a.out         #清除同组和其他用户的所有权限
$ chmod ugo+r  file1.txt   #将文件 file1.txt 设为所有人皆可读取
$ chmod ug+w,o-w  file1.txt  file2.txt  #将文件 file1.txt 与 file2.txt 设为该文件所有者，与其
                                          所属同组者可写入，其他人不可写入
$ chmod u+x  ex1.py        #将 ex1.py 设定为只有该文件所有者可以执行
$ chmod -R  a+r  *         #将当前目录下的所有档案与子目录都设为任何人可读取
$ chmod 750  a.out         #改变 a.out 的权限为 750
$ chmod ug=rwx,o=x  file   #和 chmod  771  file 效果相同
```

2. 更改文件/目录的所有者或所属组（chown）

chown 命令用于改变某个文件/目录的所有者或所属组，即可以向某个用户授权，使其变成指定文件/目录的所有者或改变文件/目录所属组，用户可以是用户名或者用户 ID；组可以是组名或者组 ID；文件/目录是以空格分开的要改变权限的文件/目录列表，支持通配符。系统管理员经常使用 chown 命令，在将文件复制到另一个用户的目录下后，让用户拥有使用该文件的权限。普通用户不能将自己的文件/目录改变成其他的所有者，该操作权限一般为管理员所有。

语法：

```
chown  [选项]  [用户名]:[组名]  文件名
```

其中：

-R 选项表示只作用于目录，处理指定目录及其子目录下的所有文件，即不仅更改当前目录，连目录里的子目录或者文件全部更改。

-v 选项用于显示详细的处理信息。

【例 1-17a】更改 file1 文件的所有者和所属组。

```
$ chown  test : test  file1        #更改 file1 的所有者为 test，所属组为 test
$ chown  tom : test  file1         #更改 file1 的所有者为 tom，所属组为 test
```

【例 1-17b】更改 dir 目录及其子目录的所有者和所属组。

```
$ chown  -R  tom : test  dir       #更改 dir 目录及其子目录的所有者和所属组
```

【例 1-17c】改变所有者和所属组。

```
$ chown  user:user  file2          #将 file2 的所有者和所属组都改为 user
```

【例 1-17d】改变文件所有者。

```
$ chown  root:  file2              #将文件 file2 的所有者改为 root
```

【例 1-17e】改变文件所属组。

```
$ chown  : root  file2             #将文件 file2 的所属组改为 root
```

【例 1-17f】改变指定目录及其子目录下的所有文件的所有者和所属组。

```
$ chown  -R  -v  test:test  file1  #更改 file1 及其子目录下的所有文件的所有者和所属组
```

3. 更改文件/目录的所属组（chgrp）

chgrp 命令是 change group 的缩写，作用是更改文件/目录的所属组，这种方式采用组名称或 GID 都可以。要被改变的组名必须在/etc/group 文件中存在才行，使用权限归超级用户所有。

语法：

chgrp [选项] [组名] [文件名]

其中：

-R 选项表示处理指定目录及其子目录下的所有文件。

-v 选项表示运行时显示详细的处理信息。

--reference=<文件或者目录>选项表示参考指定文件或目录的所属组。

【例 1-18a】改变文件的所属组属性。

```
$ chgrp  -v  bin  file                #将 file 文件所属组由 root 改为 bin
```

【例 1-18b】根据指定文件改变文件的所属组属性。

```
$ chgrp  --reference= file1  file    #改变文件 file 的所属组属性，使文件 file 的所属组属性和
                                       参考文件 file1 的所属组属性相同
```

【例 1-18c】改变指定目录及其子目录下的所有文件的所属组属性。

```
$ chgrp  -R  bin  dir                 #将 dir 目录及其子目录下的所有文件的所属组属性改为 bin
```

【例 1-18d】通过所属组 GID 改变文件所属组属性。

```
$ chgrp  -R  100  dir      #通过所属组 GID 改变文件所属组属性，100 为某个所属组的 GID，具体所属
                             组和所属组 GID 可以去/etc/group 文件中查看
```

4. Linux 默认权限的设置（umask）

上面提到了默认情况下，目录权限值为 755，普通文件权限值为 644。那么这个值是由谁规定呢？追究其原因就涉及了 umask。

语法：

```
umask  xxx    #这里的 xxx 代表三个数字
```

先看下面的规则。

① 若用户建立的是普通文件，则预设“没有可执行权限”，只有 rw 两个权限，最大为 666（-rw-rw-rw-）。

② 若用户建立的是目录，则预设所有权限均开放，即 777（drwxrwxrwx）。

umask 数值代表的含义为：上面两条规则中的默认值（文件为 666，目录为 777）需要减掉的权限。所以目录的权限为(rwxrwxrwx) – (----w--w-) = (rwxr-xr-x)，普通文件的权限为(rw-rw-rw-) – (----w--w-) = (rw-r--r--)。umask 的值是可以自定义的，例如设定 umask 为 002，再创建目录或者文件时，默认权限分别为(rwxrwxrwx) – (-------w-) = (rwxrwxr-x)和(rw-rw-rw-) – (-------w-) = (rw-rw-r--)，如图 1-5 所示。

```
[root@localhost ~]# umask
0022
[root@localhost ~]# umask 002
[root@localhost ~]# mkdir test3
[root@localhost ~]# ll -d test3
drwxrwxr-x 2 root root 4096 May  4 13:24 test3
[root@localhost ~]# touch test4
[root@localhost ~]# ll test4
-rw-rw-r-- 1 root root 0 May  4 13:24 test4
```

图 1-5 umask 权限

umask 可以在/etc/bashrc 里面更改，预设情况下，root 的 umask 为 022，而一般用户则为 002，可写的权限非常重要，因此预设会去掉写权限。

1.5 系统运行常用命令

Linux 系统运行的常用命令有与进程操作相关的查看进程命令 ps 和 top、结束进程命令 kill，以及管道和重定向命令。

1.5.1 进程操作

系统中正在运行的程序称为进程。程序的内存使用量、处理器处理时间和 I/O 资源都是通过进程进行管理与监控的。Linux 是一个多进程（多任务）操作系统。每个程序启动时，可以创建一个或多个进程，与其他程序创建的进程共同运行在内核空间中。每个进程都可以是一个独立的任务，系统根据内核制度的规则，轮换调度进程被 CPU 执行。

1. 静态显示系统进程信息（ps）

ps 命令是 Linux 系统标准的进程查看工具，通过它可以查看系统中进程的详细信息。

语法：

```
ps [选项]
```

相关选项如下。

① -a：显示所有用户的所有进程。

② -e：显示当前用户的所有进程。

③ -f：以全格式方式显示进程信息。

④ -l：以长格式方式显示进程信息。

⑤ -p：显示特定 PID（Process Identification，进程标识符）的进程信息。

⑥ -r：显示真正执行的进程信息。

⑦ -x：显示没有控制终端的进程。

⑧ -u：显示特定用户的进程。

【例 1-19】进程显示。

```
$ ps                #显示当前用户进程
$ ps  -aux          #显示所有用户有关进程的所有信息
```

2. 动态显示系统进程信息（top）

top 命令的功能相当于 Windows 系统的任务管理器，top 是一个动态显示过程，即可以通过用户按键不断刷新当前状态。如果在前台执行该命令，它将独占前台，直到用户终止该程序。准确地说，top 命令提供了实时的对系统处理器的状态监视，它将显示系统中 CPU 最“敏感”的任务列表。该命令可以按 CPU 使用、内存使用和执行时间对任务进行排序，而且该命令的很多特性都可以通过交互式命令或者在个人定制文件中进行设定。

语法：

```
top  [-d] |  top [-bnp]
```

（1）相关选项如下。

① -d：后面可以接秒数，就是整个程序画面更新的秒数，预设是 5 秒。

② -b：以批次的方式执行 top，还有更多的参数可以使用。

（2）通常会搭配数据流重导向将批次的结果输出为档案。

① -n：与-b 搭配，意义是需要进行几次 top 的输出结果。

② -p：指定某些 PID 来进行观察监测。

（3）在 top 执行过程中可以使用的按键指令。

① ?：显示在 top 中可以输入的按键指令。

② P：以 CPU 的使用资源排序显示。

③ M：以 Memory 的使用资源排序显示。

④ N：以 PID 来排序。

⑤ T：由该过程使用的 CPU 时间累积（TIME+）排序。

⑥ k：给某个 PID 一个信号（signal）。

⑦ r：给某个 PID 重新制订一个值。

3. 终止进程（kill）

Linux 中的 kill 命令用来终止指定的进程（terminate a process）的运行，是 Linux 中进程管理的常用命令。通常，终止一个前台进程可以使用 Ctrl+C 组合键。但是，对于一个后台进程就必须用 kill 命令来终止。我们需要先使用 ps/pidof/pstree/top 等工具获取进程 PID，然后使用 kill 命令终止该进程。kill 命令是通过向进程发送指定的信号结束相应进程的。root 用户将影响用户的进程，非 root 用户只能影响自己的进程。

语法：

```
kill [参数] [进程号]
```

（1）命令参数如下。

① -l：信号，如果不加信号的编号参数，则使用“-l”参数会列出全部的信号名称。

② -a：当处理当前进程时，不限制命令名和进程号的对应关系。

③ -p：指定 kill 命令只输出相关进程的进程号，而不发送任何信号。

④ -s：指定发送信号。

⑤ -u：指定用户。

（2）使用 kill 命令时，有以下注意事项。

① kill 命令可以带信号号码选项，也可以不带。如果没有信号号码，kill 命令就会发出终止信号（15），这个信号可以被进程捕获，使进程在退出之前可以清理并释放资源。也可以用 kill 向进程发送特定的信号，例如：

```
kill -2 123
```

它的效果等同于在前台运行 PID 为 123 的进程时按 Ctrl+C 组合键。但是，普通用户只能使用不带 signal 参数的 kill 命令或最多使用–9 信号。

② kill 可以带有进程 ID 作为参数。当用 kill 向这些进程发送信号时，必须是这些进程的主人发送的。如果试图撤销一个没有权限撤销的进程或撤销一个不存在的进程，就会得到一个错误信息。

③ 可以向多个进程发信号或终止它们。

④ 当 kill 成功地发送了信号后，Shell 会在屏幕上显示出进程的终止信息。有时这个信息不会马上显示，只有当按 Enter 键使 Shell 的命令提示符再次出现时，它才会显示出来。

⑤ 信号使进程强行终止，这常会带来一些副作用，如数据丢失或者终端无法恢复到正常状态。发送信号时必须小心，只有在万不得已时，才用 kill 信号（9），因为进程不能首先捕获它。要撤销所有的后台作业，可以输入 kill 0。因为有些在后台运行的命令会启动多个进程，跟踪并找到所有要终止的进程的 PID 很麻烦。这时，使用 kill 0 来终止所有由当前 Shell 启动的进程，是个有效的方法。

1.5.2 管道和重定向

1. 管道命令

管道将一条命令执行后产生的结果数据通过标准输出送给后一条命令，作为该命令的输入数据。它仅能处理经由前面一个指令传出的正确输出信息，也就是 standard output（STDOUT）的信息，对 standard error 信息没有直接处理能力。然后，传递给下一个命令，作为标准的输入 standard input（STDIN），如图 1-6 所示。管道命令操作符是“|”。

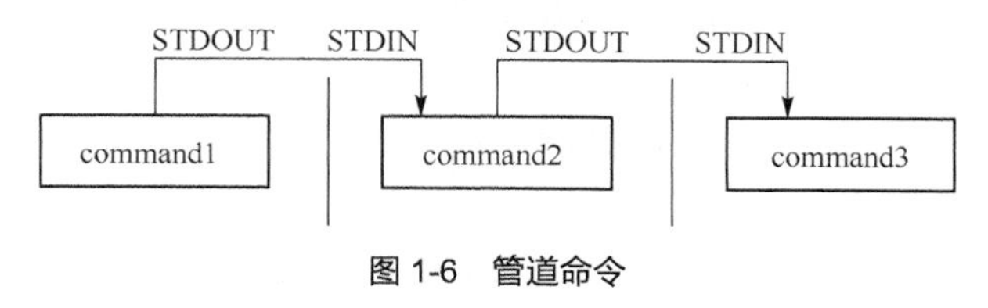

图 1-6 管道命令

command1 正确输出作为 command2 的输入，然后 command2 的输出作为 command3 的输入，command3 输出就会直接显示在屏幕上面了。

通过管道之后，command1、command2 的正确输出不显示在屏幕上面。

注意：

（1）管道命令只处理前一个命令的正确输出，不处理错误输出。

（2）管道命令的后一条命令，必须能够接收标准输入流命令才行。

2. 重定向命令

文件重定向是指在执行命令时指定命令的输入/输出和错误的输入/输出方式。文件重定向的常用方法如下。

（1）command > filename，把标准输出重定向到一个新文件中。

（2）command >> filename，把标准输出重定向到一个文件中（追加）。

（3）command 1 > filename，把标准输出重定向到一个文件中。

（4）command > filename 2>&1，把标准输出和标准错误一起重定向到一个文件中。

（5）command 2 > filename，把标准错误重定向到一个文件中。

（6）command 2 >> filename，把标准输出重定向到一个文件中（追加）。

（7）command >> filename 2>&1，把标准输出和标准错误一起重定向到一个文件中（追加）。

（8）command < filename >filename2，把 command 命令以 filename 文件作为标准输入，以 filename2 文件作为标准输出。

（9）command < filename，把 command 命令以 filename 文件作为标准输入。

（10）command << delimiter，表示把 delimiter 分界符之前的内容作为标准输入。

（11）command <&m，把文件描述符 m 作为标准输入。

（12）command >&m，把标准输出重定向到文件描述符 m 中。

（13）command <&-，关闭标准输入。

【例 1-20】重定向命令。

```
$ mail  -s "mail test" test@gzu521.com < file1   #将文件 file1 当作信件的内容，主题名称为
                                                   mail test，送给收信人
$ ls -l > list              #将执行“ls  -l” 命令的结果写入文件 list 中
$ ls -lg >! list            #将执行“ls  -lg”命令的结果覆盖写入文件 list 中
$ cc file1.c >& error       #将编译 file1.c 文件时所产生的任何信息写入文件 error 中
$ ls - lag>>list            #将执行“ls  -lag” 命令的结果附加到文件 list 中
$ cc  file2.c>>& error      #将编译 file2.c 文件时屏幕所产生的任何信息附加到文件 error 中
```

3. 管道与重定向的区别

（1）管道命令“|”左边的命令应该有标准输出，右边的命令应该接受标准输入；重定向“>”左边的命令应该有标准输出，右边只能是文件；重定向“<”左边的命令应该有标准输入，右边只能是文件。

（2）管道触发两个子进程执行“|”两边的程序，而重定向在一个进程内执行。

1.6 查找操作命令

查找操作命令主要有两个，一个是针对文本查找的 grep 命令，另一个是针对文件名查找的 find 命令。

1.6.1 grep

grep 命令用来在文本文件中查找指定模式的单词或短语，并在标准输出上显示包括给定字符串模式的所有行。grep 命令只能搜索每次指定的模式。

语法：

```
grep [选项] 文件名
```

常用选项介绍如下。

（1）-a：将二进制文件以文本文件的方式搜寻数据。

（2）-c：计算找到“搜寻字符串”的次数。

（3）-i：忽略大小写的不同，所有大小写视为相同。

（4）-n：顺便输出行号。

（5）-v：反向选择，即显示出没有“搜寻字符串”内容的那一行。

（6）--color=auto：可以将找到的关键词部分加上颜色的显示。

【例 1-21】用 grep 命令进行搜索。

```
$ grep  'test'  d*             #显示所有以 d 开头的文件中包含 test 的行
$ grep  'test'  aa  bb  cc     #显示在 aa、bb、cc 文件中匹配 test 的行
$ grep  root  /etc/passwd      #将/etc/passwd 中出现 root 的行取出来
$ grep  -n  root  /etc/passwd  #将/etc/passwd 中出现 root 的行取出来，同时显示这些行在
                                 /etc/passwd 中的行号
```

```
$ grep -v root /etc/passwd  #将/etc/passwd中没有出现 root 的行取出来
```

1.6.2 find

find 命令是个使用频率比较高的命令，作用是在指定目录里搜索文件，它的使用权限是所有用户。

语法：

```
find [路径] [选项] [-print]
```

说明：路径可以是绝对路径和相对路径，若路径为空，那么默认为当前工作目录，其中“~”表示$HOME 目录、“.”表示当前目录、“/”表示根目录。-print 表示将结果输出到标准输出。

find 常用选项说明如下。

（1）-name：在目录列表中搜索和文件名相匹配的文件。

（2）-type x：在目录列表中搜索类型为 x 的文件，例如 d 表示目录。

（3）-size n：查找所有大小为 n 的文件，c 在 n 后表示字节数。

（4）-mtime n：查找所有在前 n 天内修改过的文件。

（5）-atime n：查找所有在前 n 天内访问过的文件。

（6）-user：根据文件属主来查找。

（7）-group：根据文件所属组来查找。

（8）-perm：按照权限查找。

【例 1-22】用 find 命令进行搜索。

```
$ find . -name '[A-Z]*.txt' -print         #在当前目录及子目录中，查找大写字母开头的 txt 文件
$ find /etc -name 'host*' -print           #在/etc 及其子目录中，查找以 host 开头的文件
$ find . -type l -print                    #在当前目录及子目录下，查找符号链接文件
$ find . -type d -print                    #在当前目录里查找所有目录文件
$ find /etc -size -150c -print             #在/etc 下查找所有小于 150 字节的文件
$ find / -size +1M -type f -print          #在根目录查找超过 1MB 的文件
$ find . -size 6c -print                   #在当前目录及子目录下查找等于 6 字节的文件
$ find . -size -32k -print                 #在当前目录及子目录下查找小于 32KB 的文件
$ find . -mtime -2 -type f -print          #在当前目录及子目录下查找 2 天内被更改过的文件
$ find . -mtime +2 -type f -print          #在当前目录及子目录下查找 2 天前被更改过的文件
$ find . -atime -1 -type f -print          #在当前目录及子目录下查找一天内被访问的文件
$ find . -atime +1 -type f -print          #在当前目录及子目录下查找一天前被访问的文件
$ find / -user www -type f -print          #在根目录查找属主是 www 的文件
$ find / -group mysql -type f -print       #在根目录查找所属组是 mysql 的文件
$ find . -perm 755 -print #在当前目录及子目录中，查找属主具有读写执行权限、其他具有读执行权限的文件
```

1.7 其他常用命令

1.7.1 文件系统操作

1. 显示文件内容（cat）

cat 命令的作用是用来显示文件内容，或者将几个文件连接起来显示，或者从标准输入读取内容并显示，它常与重定向符号配合使用。cat 主要有以下三大功能。

- 一次显示整个文件：cat filename。
- 从键盘创建一个文件：cat > filename 只能创建新文件，不能编辑已有文件。
- 将几个文件合并为一个文件：cat file1 file2>file。

语法：

```
cat  [选项]  文件名1  [文件名2]
```

下面介绍几个常用的选项。

（1）-n：查看文件时，把行号也显示到屏幕上。

```
$ echo  "123">dir/aa         #把 123 写入 dir/aa 中
$ echo  "456">>dir/aa        #把 456 追加写入 dir/aa 中
$ cat  -n  dir/aa            #读出 dir/aa 中的内容以及行号并显示到屏幕上
```

上例中出现了一个“>>”，这个符号与前面介绍的“>”的作用都是重定向，即把前面输出的内容输入到后边的文件中，只是“>>”是追加的意思。若用“>”，如果文件中有内容则会删除文件中内容，而“>>”则不会。

（2）-A：显示所有内容，包括特殊字符。

```
$ cat  -A  dir/aa            #读出 dir/aa 中的内容包括特殊字符并显示到屏幕上
```

（3）tac：其实是 cat 的反写，所以它的作用跟 cat 相反，cat 是由第一行到最后一行连续显示在屏幕上，而 tac 则是由最后一行到第一行反向在屏幕上显示出来。

```
$ tac  dir/aa                #读出 dir/aa 中的内容，并把内容反向显示在屏幕上
```

【例 1-23】创建文件 file1 和 file2 并输入内容，用 cat 将文件内容显示出来。

```
$ touch  file1  file2        #创建文件 file1 和 file2
$ echo  "111">file1          #把 111 写入文件 file1 中
$ echo  "222">file2          #把 222 写入文件 file2 中
$ cat  file1  file2          #读出 file1 和 file2 的内容并显示在屏幕上
```

2. 显示文件内容的最前部分（head）

head 命令的作用是用来显示开头或结尾某个数量的文字区块。默认 head 命令显示其相应文件的开头 10 行。

语法：

```
head  [选项]  文件名
```

常用选项介绍如下。

（1）-q：隐藏文件名。

（2）-v：显示文件名。

（3）-c<字节>：显示字节数。

（4）-n<行数>：显示行数。

【例 1-24a】显示文件的前 5 行。

```
$head  -n  5  /etc/inittab             #显示文件/etc/inittab 的前 5 行
```

【例 1-24b】显示文件前 20 个字节。

```
$ head  -c  20  /etc/inittab           #显示文件/etc/inittab 的前 20 个字节
```

【例 1-24c】显示文件除了最后 32 个字节以外的内容。

```
$ head  -c -32  /etc/inittab           #显示文件/etc/inittab 除了最后 32 个字节以外的内容
```

【例 1-24d】显示文件除了最后 6 行的全部内容。

```
$ head -n -6 /etc/inittab          #显示文件/etc/inittab除了最后 6 行以外的全部内容
```

3. 显示文件内容的最尾部分（tail）

tail 命令从指定点开始将文件写到标准输出设备上。默认情况下，tail 命令显示文件最后 10 行内容，若指定的文件多于一个，那么 tail 在显示文件之前先显示文件名。

语法：

```
tail [选项] 文件名
```

常用选项介绍如下。

（1）-f：循环读取。动态显示文件的最后 10 行。

（2）-q：不显示处理信息。

（3）-v：显示详细的处理信息。

（4）-c<数目>：显示字节数。

（5）-n<行数>：显示行数。

例如：

```
$tail -f /var/log/messages
```

【例 1-25a】显示文件末尾 5 行的内容。

```
$ tail -n 5 /etc/passwd
```

【例 1-25b】显示文件末尾 10 行的内容。

```
$ tail /etc/passwd
```

【例 1-25c】循环查看文件内容。

```
$ ping 192.168.120.204 > test.log &
$ tail -f test.log
$ ping 192.168.120.204 > test.log &
```

在后台 ping 远程主机并输出文件到 test.log，这种做法也用于一个以上的档案监视。用 Ctrl + C 组合键来终止。

【例 1-25d】从第 5 行开始显示文件。

```
$ tail -n +5 /etc/passwd
```

4. 逐页显示文件内容（more）

如果文件太长，用 cat 命令只能看到文件最后一页，而用 more 命令时可以逐页显示，最基本的指令是按空格键（space）往下一页显示，按 b 键往回（back）一页显示，而且还有搜寻字符串的功能。more 命令从前向后读取文件，因此在启动时就加载整个文件，还支持直接跳转行等功能。

语法：

```
more [选项] 文件名
```

（1）下面介绍几个常用的选项。

① +n：从第 n 行开始显示。

② -n：定义屏幕大小为 n 行。

③ +/pattern：在每个档案显示前搜寻该字符串，然后从该字符串前两行之后开始显示。

④ -c：从顶部清屏，然后显示。

⑤ -s：把连续的多个空行显示为一行。

（2）more 常用操作命令如下。

① Enter：向下 n 行，需要定义，默认为 1 行。

② Ctrl+F：向下滚动一屏。

③ 空格键：向下滚动一屏。

④ =：输出当前行的行号。

⑤ q：退出 more。

【例 1-26a】显示文件中从第 3 行起的内容。

```
$ more +3 /etc/passwd
```

【例 1-26b】从文件中查找第一个出现“user”字符串的行，并从该处前两行开始显示输出。

```
$ more +/ user /etc/passwd
```

【例 1-26c】设定每屏显示行数。

```
$ more -5 /etc/passwd
```

该命令显示了该屏展示的内容占文件总行数的比例，按 Ctrl+F 组合键或者空格键将会显示下一屏 5 条内容，百分比也会跟着变化。

（3）若 ls 列出的一个目录下的文件内容太多，一屏幕显示不完整，则可以用 more 命令来分页显示。这就和管道 | 结合起来了。

```
ls -l | more -5
```

每页显示 5 条文件信息，按 Ctrl+F 组合键或者空格键将会显示接下来的 5 条文件信息。

5. **逐页显示文件内容（less）**

less 工具也是对文件或其他输出进行分页显示的工具，功能极其强大。less 的用法比 more 更加有弹性，less 可以拥有更多的搜索功能，不只可向下搜，也可向上搜。

语法：

```
less [选项] 文件名
```

（1）下面介绍几个常用的选项。

① -i：忽略搜索时的大小写。

② -m：显示类似 more 命令的百分比。

③ -N：显示每行的行号。

④ -o <文件名>：将 less 输出的内容在指定文件中保存起来。

（2）less 常用操作命令如下。

① /字符串：向下搜索“字符串”。

② ?字符串：向上搜索“字符串”。

③ n：重复前一个搜索（与“/”或“?”有关）。

④ N：反向重复前一个搜索（与“/”或“?”有关）。

⑤ b：向后翻一页。

⑥ d：向后翻半页。

⑦ h：显示帮助界面。

⑧ Q：退出 less 命令。

⑨ u：向前滚动半页。

⑩ y：向前滚动一行。

⑪ 空格键：滚动一行。

⑫ 回车键：滚动一页。

⑬ [pagedown]：向下翻动一页。

⑭ [pageup]：向上翻动一页。

【例1-27a】分页查看文件/etc/inittab。

```
$ less  /etc/inittab
```

【例1-27b】查看历史使用记录并通过less分页显示。

```
$ history  |less
```

【例1-27c】同时浏览多个文件。

```
$ less  /etc/inittab  /etc/passwd
```

6. 文件内容统计（wc）

文件内容的统计需要用到wc命令。该命令可以统计指定文件的字节数、字数、行数，并输出结果。如果没有给出文件名，则从标准输入读取数据；如果多个文件一起进行统计，则最后给出所有指定文件的总统计数。

语法：

```
wc  [选项]  文件列表
```

wc命令输出列的顺序和数目不受选项顺序和数目的影响，格式输出如下：

```
行数  字数  字节数  文件名
```

主要选项介绍如下。

（1）-l：统计行数。

（2）-w：统计字数。

（3）-c：统计字节数。

【例1-28a】查看文件的字节数、字数、行数。

```
$ wc  /etc/passwd
```

【例1-28b】用来统计用户主目录下的文件数。

```
$ cd
$ ls  -l | wc  -l
```

【例1-28c】用wc命令实现只显示统计数字不显示文件名。

```
$ wc  -l  /etc/passwd
$ cat  /etc/passwd|wc  -l
```

7. ln命令

ln是Linux中一个非常重要的命令。它的功能是为某一个文件在另外一个位置建立一个同步的链接。当需要在不同的目录用到相同的文件时，我们不用在每一个目录下都放一个相同的文件，只要在某个固定的目录下放入该文件，然后在其他的目录下用ln命令链接（link）它就可以了，不必重复地占用磁盘空间。

链接可分为两种：硬链接（hard link）与软链接（symbolic link）。硬链接的意思是一个档案可以有多个名称；而软链接的意思则是产生一个特殊的档案，该档案的内容指向另一个档案的位置。硬链接存在同一个文件系统中，软链接可以跨越不同的文件系统。

软链接以路径的形式存在，类似Windows操作系统中的快捷方式，可以跨文件系统，可以对一个不存在的文件名进行链接，也可以对目录进行链接。

硬链接以文件副本的形式存在，但不占用实际空间，不允许给目录创建硬链接，只有在同一个文件系统中才能创建。

这里有两点要注意。

① ln 命令会保持每一处链接文件的同步性，也就是说，无论改动了哪一处，其他的文件都会发生相同的变化。

② 软链接（如 ln -s 源文件 目标文件）只会在用户选定的位置上生成一个文件的镜像，不会占用磁盘空间；硬链接（如 ln 源文件 目标文件，没有参数-s）会在用户选定的位置上生成一个和源文件大小相同的文件，无论是软链接还是硬链接，文件都保持同步变化。

ln 指令如同时指定两个以上的文件或目录，且最后的目的地是一个已经存在的目录，则会把前面指定的所有文件或目录复制到该目录中。若同时指定多个文件或目录，且最后的目的地并非一个已存在的目录，则会出现错误信息。

语法：

```
ln  [选项]  [源文件或目录][目标文件或目录]
```

常用选项说明如下。

① -b：删除，覆盖以前建立的链接。

② -d：允许超级用户制作目录的硬链接。

③ -f：强制执行。

④ -i：交互模式，文件存在则提示用户是否覆盖。

⑤ -n：把符号链接视为一般目录。

⑥ -s：软链接（符号链接）。

⑦ -v：显示详细的处理过程。

【例 1-29a】给文件创建软链接。

```
#为/etc/passwd 文件创建软链接 link-passwd，如果/etc/passwd 丢失，link-passwd 将失效
$ ln  -s  /etc/passwd  link-passwd
```

【例 1-29b】给文件创建硬链接。

```
$ ln  /etc/passwd  ln-passwd
```

为/etc/passwd 创建硬链接 ln-passwd，/etc/passwd 与 ln-passwd 的各项属性相同。命令中 ln-passwd 是一个新的文件，这一命令在当前目录中建立了/etc/passwd 的链接文件 ln-passwd。以后访问 ln-passwd 就等价于访问/etc/passwd，就像一个文件有两个文件名。若删除其中一个文件，另一个文件不受影响。

【例 1-29c】将文件链接为另一个目录中的相同名字。

```
#在 tmp 目录中创建了 file1 的硬链接，修改 tmp 目录中的 file1 文件，同时也会同步到源文件
$ ln  /root/file1  /tmp
```

【例 1-29d】给目录创建软链接。

```
$ ln  -sv  /home/tom  /tmp/linktom
```

说明如下。

（1）目录只能创建软链接。

（2）目录创建链接必须用绝对路径，相对路径创建会不成功，会提示“符号连接的层数过多”这样的错误。

（3）在链接目标目录中修改文件都会在源文件目录中同步变化。

8. **以树状图显示目录内容（tree）**

tree 命令的作用是以树的形式显示指定目录下的内容。

语法：

```
tree
```

tree 命令不带任何参数或选项，以树的形式显示当前目录下的文件和子目录，会递归到各个子目录。

例如，以树的形式显示当前目录 root 下的文件和子目录，代码如下：

```
$ tree
```

1.7.2　用户管理

Linux 系统是一个多用户多任务的分时操作系统，任何一个要使用系统资源的用户，都必须首先向系统管理员申请一个账号，然后以这个账号的身份进入系统。用户的账号一方面可以帮助系统管理员对使用系统的用户进行跟踪，并控制他们对系统资源的访问权限，不同用户之间既有共享资源，又有各自独立的资源空间；另一方面也可以帮助用户组织文件，并为用户提供安全性保护。每个用户账号都拥有唯一的用户名和各自的密码。用户在登录时键入正确的用户名和密码后，就能够进入系统和自己的主目录。

在 Linux 系统中，用户在系统中是分角色的，由于角色不同，权限和所完成的任务也不同，值得注意的是角色是通过 UID 识别的。在系统管理中，系统管理员一定要坚守 UID 唯一的特性。Linux 系统主要有超级用户、系统用户和普通用户 3 类。

1. 超级用户

Linux 系统在安装时就建立了超级用户 root（安装 Linux 时，需要设置 root 的密码）。安装好 Linux 系统后，系统默认的用户名是 root。root 用户可以控制所有的程序，访问所有文件，使用系统上的所有功能。root 的权限是至高无上的，账号一定要通过安全的密码来保护。

在没有特殊情况下，用户不应该使用 root 身份来处理日常的事务。其他用户也可以被赋予 root 特权，但一定要谨慎，通常可以配置一些特定的程序由某些用户以 root 身份去运行，而不必赋予他们 root 权限。

超级用户的用户编号为 0。

2. 系统用户

系统用户是一种受限用户，为满足系统进程对文件资源的访问控制而建立，系统用户不能用来登录，有时也称为伪用户或虚拟用户，如 bin、daemon、adm 等。

系统用户的用户编号 UID 为 1～499。

典型系统用户如下：

```
bin:x:1:1:bin:/bin:/sbin/nologin
daemon:x:2:2:daemon:/sbin:/sbin/nologin
adm:x:3:4:adm:/var/adm:/sbin/nologin
shutdown:x:6:0:shutdown:/sbin:/sbin/shutdown
halt:x:7:0:halt:/sbin:/sbin/halt
mail:x:8:12:mail:/var/spool/mail:/sbin/nologin
uucp:x:10:14:uucp:/var/spool/uucp:/sbin/nologin
operator:x:11:0:operator:/root:/sbin/nologin
games:x:12:100:games:/usr/games:/sbin/nologin
gopher:x:13:30:gopher:/var/gopher:/sbin/nologin
ftp:x:14:50:FTP  User:/var/ftp:/sbin/nologin
nobody:x:99:99:Nobody:/:/sbin/nologin
```

为什么会有系统用户？Linux 系统的大部分权限和安全的管理依赖于对文件权限（读、写、执行）的管理，而用户是能够获取系统资源的权限的集合，文件权限的拥有者为用户。当应用需要访问/操作/拥有系统的资源时，Linux 就通过用户来控制/实现，这些用户就是系统用户。

例如：

```
sys: The sys user owns the default mounting point for the Distributed File
Service (DFS) cache, which must exist before you can install or configure DFS on
a client.
The /usr/sys directory can also store installation images.
ftp: Used for anonymous FTP access.
nobody: Owns no files and is sometimes used as a default user for
unprivileged operations.
```

3. 普通用户

与系统用户一样，普通用户也是受限用户。这类用户由系统管理员创建，能登录 Linux 系统，只能操作自己目录内的文件。

普通用户的用户编号 UID 为 500～60000。

（1）建立用户（useradd）

useradd 命令是添加用户账号，就是在系统中创建一个新账号，然后为新账号分配用户号、用户组、主目录和登录 Shell 等资源。刚添加的账号是被锁定的，无法使用。

语法：

```
useradd [选项] 用户名
```

其中各选项含义如下。

① -c：comment，指定一段注释性描述。

② -d：目录，指定用户主目录，如果此目录不存在，则同时使用-m 选项，可以创建主目录。

③ -g：用户组，指定用户所属的主用户组。

④ -G：用户组，指定用户所属的附加用户组。

⑤ -s：Shell 文件，指定用户的登录 Shell。

⑥ -u：用户号，指定用户的 ID，若同时有-o 选项，则可以重复使用其他用户的 ID。

⑦ -p：指定该用户的密码。

【例 1-30】建立用户。

```
#创建一个用户 sam，其中-d 和-m 选项用来为登录名 sam 产生一个主目录/usr/sam（/usr 为默认的用户主目录所在的父目录）
$ useradd -d /usr/sam -m sam
#新建一个用户 tom，该用户的登录 Shell 是/bin/sh，它属于 group 用户组，同时又属于 adm 和 root 用户组，其中 group 用户组是其主组
$ useradd -s /bin/sh -g group -G adm,root tom
```

这里可能要新建组$groupadd group 及 groupadd adm。

增加用户账号就是在/etc/passwd 文件中为新用户增加一条记录，同时更新其他系统文件，如/etc/shadow 和/etc/group 等。

```
$ useradd newuser      #系统将创建一个新用户 newuser，该用户的 Home 目录为/home/newuser
#系统将创建一个用户 oracle，oracle 用户的主组为 oinstall，附加组为 dba，Home 目录为/home/oracle，密码为 ora123
$ useradd oracle -g oinstall -G dba -d /home/oracle -p ora123
```

（2）更改用户密码（passwd）

指定和修改用户密码的Shell命令是passwd。创建完账户后，账户默认是没有设置密码的，虽然没有密码，但该账户同样登录不了系统。只有设置好密码后方可登录系统。

用户在创建密码时，为了安全起见，尽量设置复杂一些。用户可以按照这样的规则来设置密码：①长度大于10个字符；②密码中包含大小写字母、数字以及特殊字符（*&等）；③不规则性（不要出现root、happy、love、linux、123456、111111等单词或者数字）；④不要带有自己名字、公司名字、自己电话、自己生日等。

只有超级用户可以使用“passwd 用户名”修改其他用户的密码，普通用户只能用不带参数的passwd命令修改自己的密码。

语法：

```
passwd [选项] 用户名
```

可使用的选项如下。

① -l：锁定密码，即禁用账号。

② -u：密码解锁。

③ -d：使账号无密码。

④ -f：强迫用户下次登录时修改密码。

如果默认用户名，则修改当前用户的密码。

例如，当前用户是sam，则可用下面的命令修改该用户自己的密码。

```
$ passwd
Old password:******
New password:*******
Re-enter new password:*******
```

如果是超级用户，可以用下列形式指定任何用户的密码。

```
$ passwd sam
New password:*******
Re-enter new password:*******
```

普通用户修改自己的密码时，passwd命令会先询问原密码，验证后再要求用户输入两遍新密码，如果两次输入的密码一致，则将这个密码指定给用户；而超级用户为用户指定密码时，就不需要知道原密码。

为用户指定空密码时，执行下列形式的命令。

```
$ passwd -d sam
```

此命令将用户sam的密码删除，这样用户sam下一次登录时，系统就不再询问密码。

passwd命令还可以用-l（lock）选项锁定某一用户，使其不能登录，例如：

```
$ passwd -l sam
```

（3）更改用户信息（usermod）

usermod命令用来修改已有用户账号的信息，就是根据实际情况更改用户的有关属性，如用户号、主目录、用户组、登录Shell等。

语法：

```
usermod [选项] 用户名
```

常用的选项包括-c、-d、-m、-g、-g、-s、-u及-o等，这些选项的意义与useradd命令中的选项一样，可以为用户指定新的资源值。另外，有些系统可以使用如下选项。

```
-l  新用户名  //这个选项指定一个新的账号，即将原来的用户名改为新的用户名
```

例如：

```
$ usermod  -s  /bin/ksh                #将用户 sam 的登录 Shell 修改为 ksh
$ usermod  -d  /home/zz                #主目录改为/home/zz
$ usermod  -g  developer  sam          #用户组改为 developer
```

（4）删除用户（userdel）

userdel 命令用来删除一个已有的用户账号，如果一个用户的账号不再使用，可以从系统中删除。删除用户账号就是要将/etc/passwd 等系统文件中的该用户记录删除，必要时还删除用户的主目录。

语法：

```
userdel  [选项]  用户名
```

常用的选项是-r，它的作用是把用户的主目录一起删除。例如：

```
$ userdel  -r  tom
```

此命令删除用户 tom 在系统文件（主要是/etc/passwd、/etc/shadow、/etc/group 等）中的记录，同时删除用户的主目录。

（5）切换用户

大部分 Linux 发行版的默认账户是普通用户，而更改系统文件或者执行某些命令，需要 root 身份才能进行，这就需要从当前用户切换到 root 用户，Linux 中切换用户的命令是 su 或 sudo。

① su 命令

在 Linux 系统中，root 用户是一个权限非常大的用户，正因为其权限大到能危及操作系统的安全，所以平时操作系统都用普通用户名，只有在某些场合需要设置超级用户权限，才临时用 su 命令切换到 root 用户。

用 test 账号登录 Linux 系统，可以使用 echo $LOGNAME 来查看当前登录的用户名，然后使用命令 su - 或者 su - root 就可以切换成 root 身份，前提是知道 root 的密码。

命令：

```
su  -
```

语法：

```
su  [-]  username
```

root 用户同样可以用 su 命令切换到普通用户。

```
$ su  -  test        #切换成普通用户 test
$ su  test           #切换到 test 用户，但当前目录还是切换前的/root
```

加“-”后会连同用户的环境变量一起切换过来。用 su - test 切换用户后则到了 test 的主目录/home/test。然后用 su test 命令，虽然切换到了 test 用户，但是当前目录还是切换前的/root 目录，当用 root 切换普通用户时，是不需要输入密码的。这也体现了 root 用户至高无上的权利。

② sudo 命令

用 su 命令可以切换用户身份，每个普通用户都能切换到 root 身份，如果某个用户不小心泄露了 root 的密码，那岂不是系统非常不安全？没错，为了改进这个问题，所以产生了 sudo 这个命令。使用 sudo 执行一个 root 才能执行的命令是可以办到的，但是需要输入密码，这个密码并不是 root 的密码，而是用户自己的密码。默认只有 root 用户能使用 sudo 命令，普通用户想要使用 sudo，是需要 root

预先设定的，即使用 visudo 命令去编辑相关的配置文件/etc/sudoers。如果没有 visudo 这个命令，则使用“yum install -y sudo”安装。

默认 root 能够 sudo 是因为这个文件中有一行“root ALL=(ALL) ALL”，在该行下面加入“test ALL=(ALL)　ALL”就可以让 test 用户拥有 sudo 的权利了。如果每增加一用户就设置一行，过于烦琐，所以可以按图 1-7 所示进行设置。

```
## Allows people in group wheel to run all commands
# %wheel        ALL=(ALL)       ALL
```

图 1-7　sudo 权限设置

把图 1-7 中的第二行前面的“#”去掉，让这一行生效。它的意思是，wheel 这个组的所有用户都拥有了 sudo 的权利。接下来就需要把希望让其拥有 sudo 权利的所有用户加入到 wheel 这个组中，如图 1-8 所示。

```
[root@localhost ~]# su test
[test@localhost root]$ touch 1.txt
touch: cannot touch `1.txt': Permission denied
[test@localhost root]$ sudo touch 1.txt
[test@localhost root]$ ls -l 1.txt
ls: 1.txt: Permission denied
[test@localhost root]$ sudo ls 1.txt
1.txt
[test@localhost root]$ sudo ls -l 1.txt
-rw-r--r-- 1 root root 0 May 10 15:30 1.txt
```

图 1-8　sudo 赋予所有用户

（6）用户的相关命令操作

① 查看所有用户

```
$ cat  /etc/passwd
```

/etc/passwd 里每一行是一个用户的信息，查看其内容可以用 cat、more、less 等命令。

② 查看单个用户

- id 命令

id 命令的作用是显示用户标识符，语法：

```
id [选项] [用户名]
```

其中，[用户名]是想要了解的用户名，常用选项介绍如下。

-a：报告用户标识信息的所有内容，包括用户名、用户 ID 及用户所属组的信息。

-g：只显示组 ID。

-u：只显示用户 ID。

【例 1-31a】报告当前用户标识的所有信息，输出的信息包括了用户 ID 和组 ID 的内容。

```
$ id  -a
```

【例 1-31b】查看 user 用户的信息。

```
$ id  user
```

- finger 命令

finger 命令可以查看用户的主目录、启动 Shell、用户名、地址、电话等信息。finger 命令的语法：

```
finger  用户名
```

【例 1-32】查看 tom 用户的信息。

```
$ finger  user
```

③ 修改用户密码时效（chage）

在 Linux 系统中，密码时效是通过 chage 命令来管理的。它可以设置密码使用的最小天数、最大天数、提前收到警告信息的天数、用户账户到期日期等。

语法：

```
chage  [选项]  用户名
```

其中常用选项介绍如下。

- -m：密码可更改的最小天数。为 0 时代表任何时候都可以更改密码。
- -M：密码保持有效的最大天数。
- -W：用户密码到期前，提前收到警告信息的天数。
- -E：账号到期的日期。过了这个日期，此账号将不可用。
- -d：上一次更改的日期。
- -i：停滞时期。如果一个密码已过期 i 天，那么此账号将不可用。
- -l：列出当前的设置。由非特权用户来确定其密码或账号何时过期。

【例 1-33】修改 test 用户账户的密码更改的最小天数为 30 天。

```
$ chage  -m  30  test
```

④ 显示当前登录系统的用户信息（who）

who 命令简单显示当前登录系统用户的信息，可以轻松获取当前登录系统的用户列表，包含使用终端登录。另外，whoami 命令只能输出用户账号，而 who 或 who am i 不仅显示账号，还显示终端文件名、时间、来源 IP 等。

格式一：who

格式二：who am i

格式三：who -a

格式四：who -aH

- -a：显示所有用户的所有信息。
- -H：显示表头（显示列标题）。

⑤ 显示当前及过去登录系统的用户信息（last）

单独执行 last 指令，它会读取位于/var/log 目录下名称为 wtmp 的文件，并把该文件的内容记录的登入系统的用户名单全部显示出来。

语法：

```
last  [选项]
```

常用的选项介绍如下。

- -a：把登入系统的主机名称或 IP 地址显示在最后一行。
- -d：将 IP 地址转换成主机名称。
- -f：指定记录文件。
- -n 或-：设置列出名单的显示列数。
- -R：不显示登入系统的主机名称或 IP 地址。

（7）建立用户组（groupadd）

groupadd 命令用于在系统中创建一个新的用户组账户，默认该用户组账户的 GID 大于 500。

语法：

```
groupadd [选项] 用户组
```

可使用的选项介绍如下。

- -g gid：除非使用-o 参数，不然该值必须是唯一的，不可相同，数值不可为负。
- -o：允许设置相同 GID 的组。
- -r：建立系统组。
- -f：强制执行，默认不允许创建相同 GID 的组，使用此参数就可以，而且不用-o 选项。

【例 1-34a】向系统中增加了一个新组 group1，新组的 GID 是在当前已有的最大 GID 的基础上加 1。

```
$ groupadd group1
```

【例 1-34b】向系统中增加了一个新组 group2，同时指定新组的 GID 是 101。

```
$ groupadd -g 101 group2
```

（8）更改用户组（groupmod）

groupmod 命令的作用是修改一个已有用户组的属性，例如更改组的 GID 或名称。

语法：

```
groupmod [选项] 用户组
```

常用的选项介绍如下。

- -g：为用户组指定新的 GID。
- -o：与-g 选项同时使用，用户组的新 GID 可以与系统已有用户组的 GID 相同。
- -n：新用户组，将用户组的名字改为新名字。

【例 1-35a】将组 group2 的 GID 修改为 102。

```
$ groupmod -g 102 group2
```

【例 1-35b】将组 group2 的 GID 改为 10000，组名修改为 group3。

```
$ groupmod -g 10000 -n group3 group2
```

（9）删除用户组（groupdel）

需要从系统上删除用户组时，可以用 groupdel 命令来完成。若该用户组仍包括某些用户，则必须先删除这些用户后，才能删除用户组。

语法：

```
groupdel 用户组
```

【例 1-36】从系统中删除组 group1。

```
$ groupdel group1
```

（10）切换用户组（newgrp）

如果一个用户同时属于多个用户组，那么用户可以在用户组之间切换，以便具有其他用户组的权限。用户可以在登录后使用命令 newgrp 切换到其他用户组，这个命令的参数就是目的用户组。

【例 1-37】将当前用户切换到 root 用户组，前提条件是 root 用户组确实是该用户的主组或附加组。

```
$newgrp root
```

类似用户账号的管理，用户组的管理也可以通过集成的系统管理工具来完成。

（11）管理用户组中的用户（gpasswd）

gpasswd 命令的作用是管理组，向已有用户组添加、删除组成员、指定组管理员等。

语法：

```
gpasswd [选项] 用户名 组名
```

常用选项介绍如下。

- -a：添加用户到组。
- -d：从组删除用户。
- -A：指定管理员。
- -r：删除密码。

【例 1-38a】把 user1 用户添加到 users 组。

```
$ gpasswd -a user1 users
```

【例 1-38b】user1 用户退出 users 组。

```
$ gpasswd -d user1 users
```

【例 1-38c】设置 peter 为 users 组的管理员。

```
$ gpasswd -A peter users
```

这样 peter 就是 users 组的管理员，就可以执行下面的操作，把其他用户添加到 users 组里了。

```
$ gpasswd -a mary users
$ gpasswd -a allen users
```

（12）用户组其他相关命令

① 查看所有组+查看某个组内的用户

```
cat /etc/group
```

/etc/group 里每一行是一个用户组的信息，查看其内容可以用 cat、more、less 等命令。

② id 命令

id 命令用来查看用户的组信息。

【例 1-39】查看用户 test 的信息，如图 1-9 所示。

```
$ id test
```

```
[root@localhost root]# id test
uid=505(test) gid=505(test) groups=505(test)
```

图 1-9 查看用户 test 的信息

gid 是主组，groups 是附加组。

③ groups 命令

groups 命令在标准输入/输出（Input/Output，I/O）的基础上输出指定用户所在组的组成员，每个用户属于/etc/passwd 中指定的一个组和在/etc/group 中指定的其他组。

【例 1-40】显示 root 用户所属的组。

```
$ groups root
```

1.7.3 网络相关命令

1. ifconfig 命令

ifconfig 命令用来对用户的网络接口进行配置，它把一个 IP 地址分配给一个网络接口，然后用户的系统就会知道存在这样一个网络接口，并且知道它对应着某个特定的 IP 地址。

该命令的执行参数包括：一个网络接口的名字、一个 IP 地址和其他参数选项。其中，用户可以定义该 IP 地址为主机地址或网络地址，以及使用此 IP 地址的域名。这个 IP 地址及域名都要保存在

/etc/hosts 文件中。

（1）功能

① 显示网络接口的配置信息。

② 激活/禁用某个网络接口。

③ 配置网络接口 IP 地址。

（2）语法

```
$ ifconfig   [接口名]
$ ifconfig   <接口名>  <up/down>
$ ifconfig   <接口名> ip 地址 netmask 子网掩码
```

2. ping 命令

功能：向目标主机发送 ICMP 数据包，检测 IP 连通性。

语法：

```
ping [参数] IP 地址/主机名
-c n   //指定得到 n 个应答后中断操作
```

【例 1-41】检测与 192.168.0.1 的连通性。

```
$ ping 192.168.0.1
```

3. traceroute 命令

功能：跟踪路由。

【例 1-42】测试与 www.baidu.com 的路由连通情况。

```
$ traceroute  www.baidu.com
```

4. hostname 命令

功能：显示或修改主机名。

【例 1-43】hostname 命令显示或修改主机名。

```
$ hostname   newname
```

5. route 命令

功能：显示路由表、添加路由、删除路由、添加/删除默认网关。

语法：

```
route #显示路由表
route add  -net  网络地址  netmask  子网掩码  dev  网卡设备名 #添加路由
route del   -net  网络地址  netmask  子网掩码 #删除路由
route add  default  gw  网关 IP 地址  dev 网卡设备名 #添加默认网关
route del   default  gw  网关 IP 地址 #删除默认网关
```

1.8 Linux 应用软件包管理

1.8.1 应用软件包的分类

建立一个 Linux 系统除了 Linux 内核外，还需要安装大量的应用软件。应用软件通常不是一个可执行程序，而是由一组相关文件构成的集合。若以手工方式管理这些软件的安装与卸载，显然很不方便。为此，Linux 系统提供了软件包管理机制。软件包是由若干文件通过某种格式组织的文件，可借助工具对软件包进行自动安装、升级、卸载和查询。在 Linux 系统中，主要有以下两种类型的软件包。

1. RPM

RPM（Red Hat Package Management，Red Hat 软件包管理器）是由 Red Hat 公司推出的软件包管理器，被 Fedora、Red Hat、Mandriva 和 SuSE 等主流发行版本采用。RPM 通常包含可执行文件和其他相关文件。RPM 的命名方式为 packagename_version_arch.rpm，其各部分分别表示软件包名、版本号、运行平台和软件包扩展名，例如 bash-3.0-19.2.i386.rpm。

2. APT

APT（Advanced Package Tool，高级软件包工具）是 Debian 软件包管理工具，它很好地解决了软件包的依赖关系，方便软件的安装和升级。软件包的命名规则与 RPM 相同，只是后缀名为 deb。

1.8.2 RPM 软件包的管理

1. rpm 命令

功能：RPM 软件包管理工具，负责安装、升级、查询和卸载 RPM 软件包。

语法：

```
rpm [选项]    软件包名或文件名
```

rpm 选项如表 1-3 所示。

表 1-3 rpm 选项

选项	功能
-i	安装软件包
-q	查询软件包
-e	卸载软件包
-u	升级软件包
-f	查询包含文件的软件包
-s	显示包含文件的软件包
-a	查询所有已安装的软件包
-h	显示安装进度
--v	验证软件包
l	查询包中的文件列表
i	查询详细信息
p	查询软件包文件

【例 1-44a】安装软件包 vim-common-6.3.035-3.i386.rpm，显示安装进度。

```
$ rpm  -ivh  vim-common-6.3.035-3.i386.rpm
```

【例 1-44b】查询指定 RPM 软件包文件 bash 的信息。

```
$ rpm  -qi  bash
```

【例 1-44c】查询指定 RPM 软件包文件的信息。

```
$ rpm   -qpl  bash-3.0-13.2.i386.rpm
```

【例 1-44d】删除已安装 RPM 软件包 vim-enhanced。

```
$ rpm -e vim-enhanced
```

【例 1-44e】升级软件包。

```
$ rpm -U vim-enhanced-6.3.035-3.i386.rpm
```

2. 应用软件包的安装

应用软件包在 Linux 系统的安装位置遵从一定的规范，不同性质的文件所安装的位置不同，表 1-4 给出应用软件包的安装目录。

表 1-4 软件包的安装目录

文件类型	安装目录
普通执行程序文件	/usr/bin
服务器执行程序文件和管理程序文件	/usr/sbin
应用程序配置文件	/etc
应用程序文档文件	/usr/share/doc
应用程序手册文件	/usr/share/man

1.9 项目实训：Linux 基本命令

1.9.1 实训描述

练习使用 Linux 常用命令，达到熟练应用的目的。要求如下。

（1）掌握 Linux 各类命令的使用方法。

（2）熟悉 Linux 操作环境。

1.9.2 实训步骤

1. 子项目 1：文件和目录类命令的使用

（1）启动计算机，利用 root 用户登录到系统，进入字符提示界面。练习使用 cd 命令。

（2）用 pwd 命令查看当前所在的目录。

（3）用 ls 命令列出此目录下的文件和目录。

然后，使用 ls 命令，并用-a 选项列出此目录下包括隐藏文件在内的所有文件和目录。最后，用 man 命令查看 ls 命令的使用手册。

（4）在当前目录下，创建测试目录 test。利用 ls 命令列出文件和目录，确认 test 目录创建成功。然后进入 test 目录，利用 pwd 命令查看当前工作目录。

（5）利用 cp 命令复制系统文件/etc/profile 到当前目录下。

（6）复制文件 profile 到一个新文件 profile.bak，作为备份。

（7）用 ll 命令以长格式形式列出当前目录下的所有文件，注意比较每个文件的长度和创建时间的不同。

（8）用 less 命令分屏查看文件 profile 的内容，注意练习 less 命令的各个子命令，如 b、p、q 等，并查找 then 关键字。

（9）用 grep 命令在 profile 文件中查询关键字 then，并与上面的结果比较。

（10）给文件 profile 创建一个软链接 lnsprofile 和一个硬链接 lnhprofile。

（11）长格式形式显示文件 profile、lnsprofile 和 lnhprofile 的详细信息。注意比较 3 个文件链接数的不同。

（12）删除文件 profile，用长格式形式显示文件 lnsprofile 和 lnhprofile 的详细信息，比较文件 lnhprofile 的链接数的变化。

（13）用 less 命令查看文件 lnsprofile 的内容，看看有什么结果。

（14）删除文件 lnsprofile，显示当前目录下的文件列表，回到上层目录。

（15）查找 root 用户自己主目录下的所有名为 newfile 的文件。

（16）删除 test 子目录下的所有文件。

（17）利用 rmdir 命令删除空子目录 test。

2. 子项目 2：进程管理类命令的使用

（1）使用 ps 命令查看和控制进程。

- 显示本用户的进程：#ps。
- 显示所有用户的进程：#ps -au。
- 在后台运行 cat 命令：#cat &。
- 查看进程 cat：# ps aux |grep cat。
- 终止进程 cat：#kill -9 cat。
- 再次查看进程 cat，看看是否被终止。

（2）使用 top 命令查看和控制进程。

- 用 top 命令动态显示当前的进程。
- 只显示用户 user01 的进程（利用 U 键）。
- 利用 kill 命令，终止指定进程号的进程。

（3）挂起和恢复进程。

- 执行命令 cat。
- 按 Ctrl+Z 组合键，挂起进程 cat。

（4）find 命令的使用。

- 在/var/lib 目录下查找所有者是 games 用户的文件。
- 在/var 目录下查找所有者是 root 用户的文件。
- 查找所有文件，其所有者不是 root、bin 和 student 用户，并用长格式显示（如 ls -l 的显示结果）。

3. 子项目 3：用户、用户组及权限的管理

（1）新建用户，用户名为自己名字的汉语拼音（如 gaofengguang），为新用户设置密码，使用 su 命令进行用户之间的切换。

（2）新建 user2 用户，UID=800，其余默认，为用户设置密码为 654321。

（3）新建 user3 用户，默认主目录为/abc，其余默认，为用户设置密码为 654321。

（4）新建用户组 network，将用户 user2、user3 加入到该组。

（5）在~/dir1/<自己学号>目录下创建一个新文件 newfile，将其访问权限设置为 766，将文件 newfile 的文件所有者改为 user3。

（6）在~/dir1/<自己学号>目录下创建一个目录 mulu，将其权限设置为所有用户可读，只有文件所有者和同组用户可以进入该目录添加删除文件。

（7）应用 umask 命令，使新建目录的默认权限均为 rw-r-xr--。

4. 子项目 4：RPM 软件包的管理

（1）查询系统是否安装了软件包 squid。

（2）查看软件包安装的目录。

5. 子项目 5：网络相关命令

（1）配置当前网络的地址。

（2）设置当前主机名为 newlocalhost。

6. 子项目 6：其他命令的使用

利用 touch 命令，在当前目录创建一个新的空文件 newfile。

1.9.3 实训报告要求

（1）实训目的。

（2）实训内容。

（3）实训步骤。

（4）实训中的问题和解决方法。

（5）回答实训思考题。

（6）实训心得与体会。

（7）建议与意见。

1.10 本章小结

本章是全书的基础部分，首先介绍了 Linux 的相关内容，包括 Linux 的概念、Linux 与 GUN、Linux 的内核版本与发行版本、Linux 系统的特点；接着介绍了 Shell 命令、Linux 文件与目录操作、系统运行常用命令、查找操作命令；还介绍了其他常用命令。要求读者重点掌握 Linux 文件与目录操作常用命令、系统运行常用命令，为以后的学习打好基础。

习题

一、简答题

1. 简述 Linux 系统及其发展。
2. 简述 Linux 系统的特点。
3. 简述 Linux 系统的用户。
4. 简述 Linux 系统的目录结构。
5. 简述路径的概念及其分类。

二、选择题

1. 存放用户账号的文件是（　　）。

A. shadow　　B. group　　C. passwd　　D. gshadow

2. 删除一个非空子目录 /tmp 的命令是（　　）。

A. del /tmp/*　　B. rm -rf /tmp　　C. rm -Ra /tmp/*　　D. rm rf /tmp/*

3. 如果执行命令 #chmod 746 file.txt，那么该文件的权限是（　　）。

A. rwxr--rw-　　B. rw-r--r--　　C. --xr--rwx　　D. rwxr--r--

4. Linux 文件系统的文件都按其作用分门别类地放在相关的目录中，对于外部设备文件，一般应将其放在（　　）目录中。

A. /bin　　B. /etc　　C. /dev　　D. /lib

5. Linux 有三个查看文件的命令，若希望在查看文件内容过程中可以通过光标上下移动来查看文件内容，应使用（　　）命令。

A. cat　　B. more　　C. less　　D. menu

6. chmod o-r 命令的含义是（　　）。

A. 给文件所有者去除读权限　　B. 给文件所有者所在组去除读权限

C. 给其他用户去除读权限　　D. 上述三种说法均不对

7. 交换分区的大小一般是计算机内存大小的（　　）倍。

A. 1　　B. 2　　C. 3　　D. 4

8. 进入上一层目录的 cd 命令的快捷用法是（　　）。

A. cd ..　　B. cd ~　　C. cd -　　D. cd /

9. 确定用户当前目录在整个系统中的位置的命令是（　　）。

A. date　　B. cd　　C. pwd　　D. where

三、操作题

1. 以 root 用户身份登录。

2. 使用 pwd 命令查看当前的工作目录，然后用 ls 命令查看当前目录下的内容，尝试使用-a、-l、-F、-A、-lF 等不同选项并比较其不同之处。

3. 在 root 状态下给/etc/passwd 建立一个备份/etc/passwd.old，使用 useradd 和 passwd 命令增加一个以自己名字命名的账户，切换虚拟终端重新以自己的账户登录，查询现有登录用户情况。

4. 在当前目录下建立一个名为 test 的新目录，然后将工作目录切换到 test 下，尝试将/etc 目录下的文件 passwd 复制（cp）到该目录下。查看当前目录下的 passwd 文件的属主和文件权限。

5. 尝试对当前目录下的 passwd 文件和/etc/passwd 文件分别写入一些新内容（可使用 echo“字符串”>>文件的命令），看看操作能否成功，如果不能成功，说明原因。用 cat 命令浏览文件 password 的内容，用 more 命令进行浏览翻页操作，再用 less 命令浏览文件的内容。比较这几个命令的不同之处。

6. 用 mv 命令更改文件 password 的文件名为 test.txt，尝试用 chown 和 chgrp 更改文件的属主为 root、组为 root，看能否成功，如果不能成功，说明原因。尝试用 chomd 将文件权限修改为“-rw-------”，看能否成功，如果不能成功，说明原因。

7. 切换回 root 账户登录终端，尝试用 chown 更改/etc/passwd.old 文件的属主为用户自己的账户，再切换到用户自己的账户终端，尝试对/etc/passwd.old 文件分别写入一些新内容，是否可行，说明原因。

8. 在自己的账户下查看/root 下的文件信息，是否可行，说明原因。如果使用 root 账户将文件/etc/passwd.old 移动到/root 下，重复步骤 7，是否可行，说明原因。

9. 用 rm 命令删除 test 目录下的所有文件，再用 rmdir 命令删除 test 目录。（想一想，有没有一条命令将目录及目录下的所有文件删除，写出这条命令，在 root 下能否删除？）

10. 创建一个以自己姓名的拼音缩写为用户名的用户，设置密码为 123456；添加一个用户组，名称为 group1。

11. 分屏显示/etc/httpd/conf/httpd.conf 文件的命令。复制文件/etc/group 到用户主目录，文件名不变。

12. 在当前目录下创建一个普通文件/home/abc，并设置文件的权限，所有者有读（r）和写（w）的权限，其他用户只有读权限。

13. 设置当前的网络地址，查看路由。

14. 查看当前的运行状态。

15. 设置当前主机名为 newhost。

16. 设置系统 10 分钟后关机。

02 第2章　常用的C语言库函数

函数是 C 语言程序的基本单位，任何一个 C 语言的源程序都是由若干个函数构成的。用户可以自己编写函数，也可以使用库函数。C 语言的库函数并不是 C 语言本身的一部分，它一般是指编译器提供的可在 C 源程序中调用的函数。库函数可分为两类，一类是 C 语言标准规定的库函数，另一类是编译器特定的库函数。

C 语言的标准库函数内容非常丰富，包括数学类函数、输入/输出类函数、字符处理类函数、动态存储分配类函数等。例如，常用的 printf 函数和 scanf 函数就是输入/输出类函数。一般的 C 语言编译环境都为用户提供了对这些库函数的强大支持，需要时可以查阅 C 语言编译软件的帮助文件或相关书籍。C 语言的库函数极大地方便了用户，同时也弥补了 C 语言本身的不足。在编写 C 语言程序时，使用库函数，既可以提高程序的运行效率，又可以提高编程的质量。

本章将介绍 Linux 环境下 C 语言常用的库函数。

本章学习目标：

- 熟悉 Linux 环境下 C 语言常用的库函数。
- 掌握常用 C 语言中库函数的调用方法。

2.1　字符和字符串操作函数

在程序设计中，很大一部分工作都是在对字符进行相应的操作。C 语言专门提供了针对字符和字符串操作的函数库，如 ctype.h、string.h 和 mem.h，下面介绍常用的字符操作函数和字符串操作函数。

2.1.1　字符操作函数

C 语言的标准库函数定义了一批字符操作函数，主要包括字符的类型判断和字符的转换两大类函数，主要包含在头文件 ctype.h 中。

字符的类型判断函数原型均为“int is***(int a);”，只能正确处理[0，127]之间的数值，参数为 int，任何实参均被提升成整型字符映射函数；字符的转换函数原型为“int to***(int a)”，主要对参数进行检测，符合范围则转换，否则不变。调用字符函数时，要求在源文件中包含命令行#include <ctype.h>。

常用字符操作函数如表 2-1 所示。

表 2–1　常用字符操作函数

函数原型说明	功　　能	返回值
int isalnum(int ch)	检查 ch 是否为字母或数字	是，返回 1；否则返回 0
int isalpha(int ch)	检查 ch 是否为字母	是，返回 1；否则返回 0
int iscntrl(int ch)	检查 ch 是否为控制字符	是，返回 1；否则返回 0
int isdigit(int ch)	检查 ch 是否为数字	是，返回 1；否则返回 0
int isascii(int ch)	检查 ch 是否为 ASCII 字符	是，返回 1；否则返回 0
int isgraph(int ch)	检查 ch 是否为 ASCII 值在 ox21 到 ox7e 的可打印字符（即不包含空格字符）	是，返回 1；否则返回 0
int islower(int ch)	检查 ch 是否为小写字母	是，返回 1；否则返回 0
int isprint(int ch)	检查 ch 是否为包含空格符在内的可打印字符	是，返回 1；否则返回 0
int ispunct(int ch)	检查 ch 是否为除空格、字母、数字外的可打印字符	是，返回 1；否则返回 0
int isspace(int ch)	检查 ch 是否为空格、制表或换行符	是，返回 1；否则返回 0
int isupper(int ch)	检查 ch 是否为大写字母	是，返回 1；否则返回 0
int isxdigit(int ch)	检查 ch 是否为十六进制数	是，返回 1；否则返回 0
int tolower(int ch)	把 ch 中的字母转换成小写字母	返回对应的小写字母
int toupper(int ch)	把 ch 中的字母转换成大写字母	返回对应的大写字母
int toascii(int c)	把整型数 c 转换成 ASCII 字符值	返回转换成功的 ASCII 字符值

字符操作函数示例程序如下。

【例 2-1】输入一串字符，分别计算字符串中的英文字母、数字字符的个数，并把所有的英文字符转换成大写字母。

```
#include <stdio.h>
#include <ctype.h>
int main()
{
    char s[50];
    int i,ncount=0,ccount=0;
    printf("Input string:\n");
    gets(s);
```

```
    for(i=0;s[i]!='\0';i++)
    {
        if(isdigit(s[i])) ncount++;    /*计算数字字符的个数*/
        if(isalpha(s[i]))
        {
            s[i]=toupper(s[i]);        /*转换成大写字母*/
            ccount++;                /*计算英文字母的个数*/

        }
    }
    printf("digit:%d,letter:%d\n",ncount,ccount);
    printf("Output string:");
    puts(s);
    return 0;
}
```

程序运行结果：

```
Input string:
wrr2334ef
digit:4,letter:5
Output string:WRR2334EF
```

2.1.2 字符串操作函数

C 语言中常用的字符串操作函数既有计算字符串长度、字符串复制、字符串连接、字符串比较等对字符串整体操作的函数，也有字符串查找、字符串转换等对部分字符操作的函数，下面介绍一些常用的字符串操作函数，这些函数主要包含在头文件 string.h 中。

1. 字符串长度计算函数

strlen 函数是计算字符串长度的库函数，函数原型如下：

```
int strlen(char *s);
```

该函数的功能是用来计算指定的字符串 s 的长度，不包括结束字符"\0"，返回字符串中包含的字符个数。

示例代码段如下：

```
char *str = "12345678";
printf("str length = %d\n", strlen(str)); /*执行结果为: str length = 8*/
```

2. 字符串复制函数

字符串的复制不能使用赋值运算符"="，必须使用字符串复制有关的函数（如 strcpy 函数、strncpy 函数、memcpy 函数等，后面会陆续讲到）。

（1）strcpy 函数

strcpy 函数是字符串复制函数，函数原型如下：

```
char *strcpy(char *dest, char *src);
```

该函数的功能是将参数 src 字符串复制至参数 dest 所指的地址，返回参数 dest 的字符串起始地址。需要注意的是，如果参数 dest 所指的内存空间不够大，可能会造成缓冲溢出（Buffer Overflow）的错误情况，在编写程序时要特别留意，或者用下面的 strncpy 函数来取代。

示例代码段如下：

```
char a[30]="string1";
char b[]="string2";
printf("before strcpy() :%s\n",a);          /*执行结果: before strcpy() :string1*/
```

```
printf("after strcpy() :%s\n",strcpy(a,b)); /*执行结果: after strcpy() :string2*/
```

代码段中，strcpy(a,b)函数把参数 b 的内容复制到参数 a 中，执行后 a 中的内容变为 string2。

（2）strncpy 函数

strncpy 函数和 strcpy 函数相似，也是一个字符串复制函数，函数原型为：

```
char *strncpy(char *dest, char *src, int n);
```

该函数的功能是将参数 src 字符串复制前 n 个字符至参数 dest 所指的地址，返回参数 dest 的字符串起始地址。strncpy 函数可实现字符串的部分复制。

例如：

```
char str1[30]="first string";
char str2[]="second string";
printf("before strncpy() : %s\n",str1);/*执行结果: before strncpy() : first string*/
printf("after strncpy() : %s\n",strncpy(str1,str2,6));/* 执行结果: after strncpy() :
secondstring*/
```

代码段中，strncpy(str1,str2,6)函数把参数 str2 的前 6 个字符复制到参数 str1 中，执行后 str1 中的内容变为 secondstring。

（3）strdup 函数

strdup 函数是将字符串复制到新建的位置处，函数原型为：

```
char * strdup(char *s);
```

strdup 函数会先用 malloc 函数配置与参数 s 字符串相同的空间大小，再将参数 s 字符串的内容复制到该内存地址，然后把该地址返回。该地址最后可以利用 free 函数来释放。

例如：

```
char a[]="strdup";
char *b;
b=strdup(a);
printf("b[ ]=\"%s\"\n",b);/*输出结果为b[ ]="strdup"*/
```

3. 字符串连接函数

strcat 函数是字符串连接函数，把两个字符串连接起来构成一个新的字符串，函数原型为：

```
char *strcat (char *dest, char *src);
```

函数的功能是把 src 所指字符串添加到 dest 结尾处（覆盖 dest 结尾处的\0）并添加“\0”。第一个参数 dest 要有足够的空间来容纳要连接的字符串，返回参数 dest 的字符串起始地址。

例如：

```
char str1[30]= "12345", str2[ ]= "67890";
strcat(str1,str2);
printf("%s\n",str1);/*将输出1234567890*/
```

4. 字符串比较函数

两个字符串的比较不能用“>”“<”或“==”来进行，必须使用 C 语言库函数中的字符串比较函数来进行，下面分别介绍。

（1）strcmp 函数

strcmp 函数是字符串比较函数，函数原型为：

```
int strcmp(char *str1, char *str2);
```

函数的功能是比较参数 str1 和 str2 字符串。字符串大小的比较以 ASCII 表上的顺序来决定，此顺序亦为字符的值。strcmp 函数比较的规则是将两个字符串从左往右逐个比较 ASCII 值大小，直到遇到不同的字符或“\0”为止。如果全部字符都相同，则这两个字符串相等。如果出现不相同的字符，则以第一个不相同的字符的比较结果作为判断两个字符串的大小的标准。如果 str1 大于 str2，则返回一个正整数；如果 str1 小于 str2，则返回一个负整数；如果字符串相等，则返回 0。

例如：

```
/*下面的程序段要求输入密码，若输入正确，则进行相应的程序运行，否则返回*/
    char  password[20];
    printf ("input the password: ");
    gets (password);
    if ( strcmp(password, "administrator") != 0 )
        return;
    {  …   }
```

（2）strncmp 函数

strncmp 函数也是一个字符串比较函数，比较两个字符串的前 n 个字符，函数原型是：

```
int strncmp(char *str1, char *str2, int  n);
```

函数的功能是将字符串 str1 前 n 个字符的子串与字符串 2 前 n 个字符的子串进行比较，返回值及比较规则同 strcmp。

例如：

```
int i;
i = strncmp ("hello","helLO", 3);/* i的值等于 0 */
i = strncmp ("hello","helLO", 4);/* i的值大于 0 */
```

（3）strcasecmp 函数

strcasecmp 函数是忽略大小写的字符串比较函数，函数原型为：

```
int strcasecmp (const char *s1, const char *s2);
```

函数的功能也是比较两个字符串的大小，比较时不区分大小写，返回值及比较规则同 strcmp，例如：

```
int i;
i = strcasecmp ("hello","helLO");/* i的值等于 0*/
i = strcmp ("hello","helLO");/* i的值大于 0*/
```

（4）strncasecmp 函数

函数原型为：

```
int strncasecmp(const char *s1,const char *s2,int n);
```

strncasecmp 的功能和 strncmp 函数功能相似，只是比较时不区分大小写。

5. 字符串查找函数

在对 C 语言的编程实践中，字符串查找是比较常用的字符串操作之一，下面对常用的字符串查找函数做简单的介绍。

（1）strpbrk 函数

strpbrk 函数是查找字符串中第一个出现的字符，函数原型为：

```
char *strpbrk(char *str1, char *str2)
```

函数功能是用来找出参数 str2 字符串中最先出现存在参数 str1 字符串中的任意字符。如果找到，则返回该字符在 str1 中的位置的指针，否则返回 NULL。

【例 2-2】查找字符串中首次出现的字符。

```
#include<string.h>
#include<stdio.h>
int main()
{
    char *str1="hello world";
    char *str2="who";
    char *strtemp;
    strtemp=strpbrk(str1,str2);  /*搜索进行匹配 */
    printf("Result is:  %s",strtemp);
    return 0;
}
```

程序运行结果为：

```
Result is:  hello world
```

程序中，str2 的三个字符都在 str1 中出现，但是字符“h”最先出现在 str1 中，所以输出结果为以“h”开始的字符串“hello world”。

（2）strrchr 函数

strrchr 函数是查找字符串中最后出现的指定字符，函数原型为：

```
char * strrchr(char *s, int c);
```

strrchr 用来找出参数 s 字符串中最后一个出现的参数 c 地址，然后将该字符出现的地址返回，否则返回 NULL。

【例 2-3】查找字符串中最后出现的字符。

```
#include<string.h>
#include<stdio.h>
int main()
{
    char *s="0123456789589";
    char *p;
    p=strrchr(s,'5');/*查找字符'5'在 s 中的最后出现，返回字符所在地址*/
    printf("%s\n",p);  /*输出结果为 589*/
    return 0;
}
```

程序中，字符 5 在字符串 s 中出现了两次，strrchr 函数用来找出在 s 中的最后出现的该字符，所以输出结果为以最后一个 5 开始的字符串 589。

（3）strstr 函数

strstr 函数是查找指定字符串的第一次出现，函数原型为：

```
char *strstr(char *str1, char *str2);
```

函数的功能是在字符串 str1 中搜寻字符串 str2，并将第一次出现的地址返回，否则返回 NULL。它与 strpbrk 和 strrchr 函数不同的是，后两个函数查找的是字符，而 strstr 函数查找的是指定字符串。

【例 2-4】查找指定字符串的第一次出现。

```
#include <stdio.h>
#include<string.h>
int main()
{
    char * s="0123456789";
    char *p;
```

```
    p= strstr(s,"46");          /*查找字符串"46"在 s 中的第一次出现*/
    if(p==NULL)                 /*若未找到，输出提示信息*/
        printf("not found\n");
    else printf("%s\n",p);     /*若找到，则返回被查找字符串在 s 中的首地址*/
    p= strstr(s,"456");
    if(p==NULL)
        printf("not found\n");
    else
    printf("%s\n",p);
    return 0;
}
```

程序运行结果为：

```
not found
456789
```

从例 2-4 中可以看到，第一次执行 strstr 函数时，未找到字符串“46”，函数返回值为 NULL，第二次执行 strstr 函数时找到了字符串“456”，函数返回值为字符串“456”在 s 中的首地址，输出字符串“456789”。

6. **字符串转换函数**

字符串转换函数主要用于数字和字符串之间的转换，包括整型数与字符串、实型数与字符串之间的转换，常用的字符串转换函数主要有以下几类。

（1）字符串转换为整型

C 语言标准函数库中提供了 4 个用于将字符串转换为整型的函数：atoi 函数、atol 函数、strtol 函数和 strtoul 函数，使用这些库函数应包含头文件 stdlib.h。

① atoi 函数。

atoi 函数用于将字符串转换为整型数，函数原型如下：

```
int atoi(const char *nptr);
```

参数 nptr 指向将要转换的字符串，函数返回转换后的整型数。atoi 函数会扫描参数 nptr 所指向的字符串，跳过前面的空格字符，直到遇上数字或正负符号才开始转换，而再遇到非数字或字符串结束符“\0”时结束转换并将结果返回。

示例代码：

```
/* 将字符串 a 与字符串 b 转换成数字后相加*/
char a[]="-100";
char b[]="456";
int c;
c=atoi(a)+atoi(b);
printf("c=%d\n",c);/* 执行结果为：c=356 */
```

② atol 函数。

atol 函数用于将字符串转换成长整型数，函数原型如下：

```
long atol(const char *nptr);
```

参数 nptr 指向将要转换的字符串，函数返回转换后的长整型数，atol 函数会扫描参数 nptr 所指向的字符串，跳过前面的空格字符，直到遇上数字或正负号才开始进行转换，而再遇到非数字或字符串结束符“\0”时结束转换并将结果返回。

③ strtol 函数。

strtol 函数用于将字符串转换成长整型数，函数原型如下：

```
long int strtol(const char *nptr,char **endptr,int base);
```

atol 函数和 strtol 函数都用于将字符串转换成长整型数，不同的是，atol 函数将要转换的字符串按十进制转换为相应的长整型数，而 strtol 会将参数 nptr 字符串根据参数 base 转换成长整型数。参数 base 范围为 2~36，或为 0，代表采用的进制方式，如 base 值为 10 则采用十进制，若 base 值为 16 则采用十六进制等。当 base 值为 0 时则是采用十进制做转换，但遇到如“0x”的前置字符则会使用十六进制做转换。

strtol 函数会扫描参数 nptr 字符串，跳过前面的空格字符，直到遇上数字或正负符号才开始做转换，再遇到非数字或超出所给进制范围的数字，或字符串结束符“\0”时结束转换，并将结果返回。若参数 endptr 不为 NULL，则会将遇到不符合条件而终止的 nptr 中的字符指针由 endptr 返回。

函数返回转换后的长整型数，否则返回 ERANGE（指定的转换字符串超出合法范围）并将错误代码存入 errno 中。

【例 2-5】应用 strtol 函数将字符串按不同的进制转换成相应的整数形式。

```
/* 将字符串分别采用十进制、二进制、十六进制转换成数字*/
#include<stdio.h>
#include<stdlib.h>
int main()
{
    char a[]="1000000000";
    char b[]="1000000000";
    char c[]="ffff";
    char d[]="1000000000edf";
    char e[]="10000230000eh";
    char f[]="ffffga";

    char *end;

    printf("a=%d\n",strtol(a,NULL,10)); /* a=1000000000   */
    printf("b=%d\n",strtol(b,NULL,2));       /* b=512      */
    printf("c=%d\n\n",strtol(c,NULL,16));    /* c=65535         */

    printf("d=%d\n",strtol(d,&end,10));
    printf("end:%s\n\n",end);
    printf("e=%d\n",strtol(e,&end,2));
    printf("end:%s\n\n",end);
    printf("f=%d\n",strtol(f,&end,16));
    printf("end:%s\n",end);

    return 0;
}
```

程序运行结果为：

```
a=1000000000
b=512
c=65535

d=1000000000
end:edf

e=16
end:230000eh

f=65535
end:ga
```

从例 2-5 中可以看到，字符串 a、b、c 为纯数字形式的字符串，分别根据十进制、二进制、十六进制转换为相应的十进制数字，而字符串 d、e、f 在数字字符的基础上增加了其他字符。字符串 d 按十进制进行转换，所以在转换到字符 e 时不符合条件而结束转换，而终止的 a 中的字符指针由 end 返回；字符串 e 按二进制进行转换，所以在转换到字符 2 时不符合条件而结束转换；字符串 f 按十六进制进行转换，所以在转换到字符 g 时不符合条件而结束转换。

④ strtoul 函数。

strtoul 函数用于将字符串转换成无符号长整型数，函数原型如下：

```
unsigned long int strtoul(const char *nptr,char **endptr,int base);
```

strtoul 函数会将参数 nptr 字符串根据参数 base 来转换成无符号的长整型数。参数 base 的取值和函数的转换方式同 strtol 函数，当发生错误的时候，同样返回 ERANGE（指定的转换字符串超出合法范围），并将错误代码存入 errno 中。

（2）字符串转换为实型

将字符串转换为实型，主要有 atof 函数和 strtod 函数两个可选择的库函数，使用这些库函数应包含头文件 stdlib.h。

① atof 函数。

atof 函数是将字符串转换成浮点数的函数，函数原型如下：

```
double atof(const char *nptr);
```

atof 函数会扫描参数 nptr 字符串，跳过前面的空格字符，直到遇上数字或正负符号才开始做转换，而再遇到非数字或字符串“\0”结束时才结束转换，并将结果返回。参数 nptr 字符串可包含正负号、小数点或 E(e)来表示指数部分，如 123.456 或 123e-2。返回转换后的浮点数。atof 函数演示程序如下。

【例 2-6】将字符串 a 与字符串 b 转换成数字后相加。

```
#include<stdio.h>
#include<stdlib.h>
main()
{
    char a[]="-100.23";
    char b[]="200e-2";
    float c;
    c=atof(a)+atof(b);
    printf("c=%.2f\n",c);
    return 0;
}
```

程序运行结果为：

```
-98.23
```

② strtod 函数。

strtod 函数用于将字符串转换成浮点数，函数原型如下：

```
double strtod(const char *nptr,char **endptr);
```

strtod 函数会扫描参数 nptr 字符串，跳过前面的空格字符，直到遇上数字或正负符号才开始做转换，到出现非数字或字符串结束符“\0”才结束转换，并将结果返回。若 endptr 不为 NULL，则会将遇到不符合条件而终止的 nptr 中的字符指针由 endptr 传回。参数 nptr 字符串可包含正负号、小数点或用 E(e)来表示指数部分，如 123.456 或 123e-2。函数返回转换后的浮点数。

下面两条语句的执行效果是相同的：

```
atof(nptr);
strtod(nptr,(char **)NULL);
```

（3）实型转换为字符串

将实型转换为字符串，主要用 ecvt 函数、fcvt 函数和 gcvt 函数，使用它们时需包含 stdlib.h 头文件。

① ecvt 函数。

ecvt 函数将双精度浮点数转换为字符串，函数原型如下：

```
char *ecvt(double number, int ndigits, int *decpt, int *sign);
```

其中参数 number 表示待转换的双精度浮点数，参数 ndigits 表示存储的有效数字位数。如果 number 中的数字位数小于 ndigits，则低位用 0 填充；如果 number 中的数字位数超过 ndigits，则低位数字进行四舍五入。若转换成功，参数 decpt 指针所指向的变量会返回数值中小数点的位置，它是从该字符串的开头位置起从左至右计算的，0 或负数指出小数点在第一个数字的左边。sign 表示待转换的数的符号，一般用 0 表示正数，1 表示负数。最后函数的返回值为转换生成的字符串。

另外，只有数字才能存储在函数返回的字符串中，小数点位置和待转换数 number 的正负号在调用之后从 decpt 和 sign 获取。示例如下。

【例 2-7】将双精度浮点数转换为字符串。

```
#include <stdlib.h>
#include <stdio.h>
#include <conio.h>

int main()
{
    char *string;
    double value;
    int dec, sign;
    int ndig = 10;

    value = 9.876;
    string = ecvt(value, ndig, &dec, &sign);
    printf("string = %s\n dec = %d sign = %d\n\n", string, dec, sign);
    value = -123.45;
    ndig= 15;
    string = ecvt(value,ndig,&dec,&sign);
    printf("string = %s\n dec = %d sign = %d\n\n", string, dec, sign);
    value = 0.6789e5; /*科学记数法*/
    ndig = 5;
    string =ecvt(value,ndig,&dec,&sign);
    printf("string = %s\n dec = %d sign = %d\n\n", string, dec, sign);
    return 0;
}
```

程序运行结果：

```
string = 9876000000
dec = 1, sign = 0
string = 123450000000000
dec = 3, sign = 1
string = 67890
dec = 5, sign = 0
```

② fcvt 函数。

fcvt 函数用于将双精度浮点数转换为字符串，函数原型如下：

```
char *fcvt(double number, int ndigits, int *decpt, int *sign);
```

fcvt 函数的参数的意义和用法与 ecvt 函数基本相同，不同的是，fcvt 中的 ndigits 参数表示的是小数点后面的位数。

③ gcvt 函数。

gcvt 函数用于将浮点数转换为字符串，取四舍五入，函数原型如下：

```
char *gcvt(double number, int ndigits, char *buf);
```

gcvt 函数用来将参数 number 转换成 ASCII 字符串，参数 ndigits 表示显示的位数。gcvt 与 ecvt 和 fcvt 不同的地方在于，gcvt 所转换后的字符串包含小数点或正负符号。若转换成功，转换后的字符串会放在参数 buf 指针所指的空间。函数返回一个字符串指针，此地址即为 buf 指针。示例如下。

【例 2-8】用 gcvt 函数将浮点数转换为字符串。

```
#include <stdio.h>
#include <stdlib.h>
int main(){
double a = 123.45;
double b = -1234.56;
char ptr[20];
int decpt, sign;
gcvt(a, 5, ptr);
printf("a value=%s\n", ptr);
gcvt(b, 6, ptr);
printf("b value=%s\n", ptr);
return 0;
}
```

程序执行结果为：

```
a value=123.45
b value=-1234.56
```

（4）整型数转换为字符串

Windows 的 C 语言函数库中常使用三个将整型数据转换为字符串的函数：itoa（整型转换为字符串函数）、ltoa（长整型转换为字符串函数）和 ultoa（无符号长整型转换为字符串函数），函数原型如下：

```
#include <stdlib.h>
char *itoa(int number, char *string, int base);
char *ltoa(long number, char *string, int base);
char *ultoa(unsigned long number, char *string, int base);
```

参数 number 表示将要转换的整型数，string 指向转换后的字符串，base 为转换数字的基数（即进制），函数返回指向字符串 string 的指针。

在 UNIX/Linux 系统中没有提供这些库函数，主要使用 sprintf 函数实现将整型数转换为字符串的功能，函数原型如下：

```
int sprintf( char *str, const char * format[,argument] …);   /* 函数在头文件 stdio.h*/
```

sprintf 函数与我们所熟悉的 printf 函数一样，也是一个参数可变的函数，使用它时只需包含头文件 stdio.h。

sprintf 函数会根据参数 format 字符串来转换并格式化数据，然后将结果复制到参数 str 所指的字符串数组，直到出现字符串结束符“\0”为止。关于参数 format 字符串的格式参考 printf 函数。函数返回参数 str 字符串长度，若失败则返回-1，错误原因存于 errno 中。需要注意的是，str 指向的内存地址应该能够放下转换后的字符串。

sprintf 函数与 printf 函数的用法极其相似，只不过转换后的目的地不同而已，前者是将对象转换到字符串中，后者则直接在标准输出上输出，事实上 sprintf 函数也可以用于将浮点数转换为字符串，例 2-9 实现了用 sprintf 函数将整数浮点数转换为字符串代码，如下所示。

【例 2-9】求任意两个正整数（不超过 10 位）之间所有整数包含的数字（0～9）出现的次数。

```
#include <stdio.h>
#include <ctype.h>

int main()
{
    char s[11];
    long m, n, i;
    long int number[10]={0};          /*存放数字 0～9 出现的次数*/
    int j;
    printf("input the first and last number:\n");
    scanf("%ld%ld",&m,&n);
    for(i=m;i<=n;i++)
    {   sprintf(s,"%10ld",i);    /*把整数 i 转换为字符串，存放到 s 中，不足 10 位，左边补空格*/
        for(j=9;  j>=0 && s[j]!= '  ' ;  j--)
        number[s[j]-'0']++;       /*计算每个数字出现的次数*/
    }

    for(int j=0;j<10;j++)
    {
        printf("number %d:%ld  ",j,number[j]);
        if (j == 4)  printf("\n");
    }
    return 0;
 }
```

程序运行结果为：

```
input the first and last number:
100 1000
number 0:183  number 1:281  number 2:280  number 3:280  number 4:280
number 5:280  number 6:280  number 7:280  number 8:280  number 9:280
```

程序中用 sprintf 函数实现把整数转换成字符串，sprintf 函数还可以实现把浮点数转换成字符串，也可用于连接字符串，程序代码如下：

```
char str[30];
sprintf(str, "%f",3.1415926);
puts(str);   /*输出结果 3.141593*/

sprintf(str, "%s %s","Linux","C program");
puts(str); /*输出结果 Linux C program*/
```

2.2　内存管理函数

C 语言的函数库提供了一些与内存的管理和操作相关的函数，这些内存管理函数可以按需要动态地分配内存空间，复制内存空间的数据，也可以回收不再使用的空间，为有效利用内存空间提供了处理方法。

C 语言中，经常需要操作的内存可分为下面几个类别。

（1）堆栈区（stack）：由编译器自动分配与释放，存放函数的参数值、局部变量、临时变量等，它们获取的方式都是由编译器自动执行的。

（2）堆区（heap）：一般由程序员分配与释放，若程序员不释放，程序结束时可能由操作系统回收（C/C++没有此回收机制，Java/C#有）。注意它与数据结构中的堆是两回事，分配方式类似链表。

（3）全局区（静态区）（static）：全局变量和静态变量的存储是放在一起的，初始化的全局变量和静态变量在一块区域，未初始化的全局变量和未初始化的静态变量在相邻的另一块区域。程序结束后由系统释放。

（4）文字常量区：常量字符串是放在这里的，程序结束后由系统释放。

（5）程序代码区：存放函数体的二进制代码。

C 语言标准函数库提供了许多函数来实现对堆上内存的管理，其中包括 malloc 函数、free 函数、calloc 函数和 realloc 函数。使用这些函数需要包含头文件 stdlib.h。

2.2.1 动态内存分配函数

所谓动态内存分配是指在程序运行过程中，根据程序的实际需要来分配一块大小合适的连续的内存单元。程序可以动态分配一个数组，也可以动态分配其他类型的数据单元。动态分配的内存需要有一个指针变量记录内存的起始地址。下面介绍常用的几个动态内存分配函数。

1. malloc 函数

malloc 函数是用来申请动态内存分配的一个标准库函数，函数原型如下：

```
void *malloc(unsigned size);
```

该函数的功能是在内存的动态存储区中分配一块长度为 size 字节的连续区域，如果分配成功则返回指向被分配内存的指针（此存储区中的初始值不确定），否则返回空指针 NULL。

示例代码段如下：

```
char *p;
p = (char *) malloc(80*sizeof(char));
if( p == NULL )
{
   printf("malloc error!\n");
   return -1;
}
```

这段代码的功能是申请分配 80 字节（char 类型占用 1 字节）的连续内存空间，并返回一个指向该内存首地址的字符指针 p，然后判断 p 是否为空。若为空，则表示内存分配失败，显示出错信息，退出程序；若分配成功，则继续执行后面的语句。

需要注意的是，malloc 可能返回 NULL，表示分配内存失败，因此一定要检查分配的内存指针是否为空，如果是空指针，则不能引用这个指针，否则会造成系统崩溃。所以在动态内存分配语句的后面一般紧跟一条 if 语句以判断分配是否成功。

当内存不再被使用时，应使用 free 函数将内存块释放。free 函数能释放某个动态分配的地址，表明不再使用这块动态分配的内存了，实现把之前动态申请的内存返还给系统，防止内存泄漏。

2. calloc 函数

calloc 函数也是用来申请动态内存分配的一个标准库函数，函数原型如下：

```
void *calloc(unsigned n,unsigned size);
```

该函数的功能是在内存动态存储区中分配 n 个长度为 size 的连续空间，函数返回一个指向分配起始地址的指针；如果分配不成功，返回 NULL。这与使用 malloc(n*size)函数的方式效果相同。不过，calloc 函数在动态分配完内存后，自动初始化该内存空间为 0，而 malloc 函数不初始化，里面的数据是随机的垃圾数据。

calloc 函数示例代码如下：

```
struct stu *p;
p = (struct stu *) calloc(30, sizeof(struct stu));
if( p == NULL )
{
    printf("calloc error!\n");
    return -1;
}
```

这段代码的功能是申请分配 30 块连续内存区域（每块为 struct stu 的长度），并返回一个指向该内存首地址的结构体指针 p，然后判断 p 是否为空。若为空，则表示内存分配失败，显示出错信息，退出程序；若分配成功，则继续执行后面的语句。同样地，在 calloc 内存分配的语句的后面一般也需要紧跟一条 if 语句以判断分配是否成功，当内存不再使用时，应使用 free 函数将内存块释放。

3. realloc 函数

realloc 函数用于改变原来分配的存储空间的大小，其函数原型为：

```
void *realloc(void *p, unsigned int size);
```

该函数的功能是将参数 p 所指向的存储空间的大小改为 size 个字节，如果分配内存失败，将返回空指针（NULL），如果成功，将返回新分配的存储空间的首地址，该首地址与原来分配的首地址不一定相同。

realloc 函数的功能比 malloc 函数和 calloc 函数的功能更为丰富，可以实现内存分配和内存释放的功能。realloc 函数可以对给定的指针所指的空间进行扩大或者缩小。无论是扩大或是缩小，原有内存中的内容将保持不变。当然，对于缩小，则被缩小的那一部分的内容会丢失，realloc 仅仅改变索引的信息。realloc 函数并不保证调整后的内存空间和原来的内存空间保持同一内存地址。相反，realloc 返回的指针很可能指向一个新的地址。所以，在代码中，必须将 realloc 返回的值重新赋值给指针变量。

如果将分配的内存扩大，则有以下情况。

（1）如果当前内存段后面有足够的空闲内存空间，则直接扩展这段内存空间，realloc 函数将返回原指针。

（2）如果当前内存段后面的空闲字节不够，那么就使用堆中的第一个能够满足这一要求的内存块，将目前的数据复制到新的位置，并将原来的数据块释放掉，返回新的内存块位置。

（3）如果申请失败，将返回 NULL，此时，原来的指针仍然有效。

realloc 主要的应用场合是：当先前通过动态内存分配的存储空间因实际情况需要进行扩充或缩小时，就可以使用函数 realloc 来解决，其好处是原存储空间中的数据值能保持不变。

2.2.2　动态内存释放函数

在 C 语言中，当函数运行结束时，函数内部定义的非静态存储类型的局部变量所占用的内存会被系统自动释放，但是在函数内部，动态分配的内存系统是不会自动释放的，必须使用释放内存的函数来释放，如果程序只知道申请内存，用完了却不返还，很容易将内存耗尽，使程序最终无法运行而导致崩溃，因此需要动态分配内存的变量使用完后一定要记得释放。

释放动态内存的函数是 free 函数，它通常与 malloc、calloc 或 realloc 函数配对使用，用于释放由 malloc、calloc 或 realloc 函数分配的内存区域，函数原型如下：

```
void free (void *ptr)
```

参数 ptr 是一个指向任意类型的指针变量，它指向将要被释放的内存首地址。

例 2-10 演示了使用 malloc 函数为指针变量分配内存空间，再使用 strdup 函数向该内存地址复制一个字符串，然后使用 realloc 函数改变原来分配的存储空间的大小，并在程序结束时使用 free 函数释放内存，最后回收指针变量，防止生成“野指针”。

【例 2-10】内存管理函数示例代码。

```
#include <stdio.h>
#include <stdlib.h>
#include <string.h>
int main()
{
    char *str;
    /* 最初的内存分配 */
    str = (char *) malloc(15*sizeof(char));

    if(str == NULL)
    {
        printf("memory allocation failure\n");
        exit(-1);
    }
    str=strdup("Linux");    /*将字符串“Linux”复制到新建的位置 str 处*/
    printf("String = %s,  Address = %u\n", str, str);

    /* 重新分配内存 */
    str = (char *) realloc(str, 25);
    if(str == NULL)
    {
        printf("memory reallocation failure\n");
        exit(-1);
    }
    strcat(str," C program");
    printf("String = %s,  Address = %u\n", str, str);

    free(str);
    str = NULL;    /*str 赋值为空（NULL），防止生成“野指针” */
    return 0;
}
```

程序运行结果为：

```
String = Linux,  Address = 8197184
String = Linux C program,  Address = 8197184
```

使用动态内存分配函数时需要注意以下几点。

① 对函数返回值进行判断，若为空，则表明内存申请分配失败，需要进行出错处理。

② 函数需要和 free 函数配对使用，也就是说，申请的内存在使用完毕后一定要记得释放，防止内存泄漏。

③ 释放内存空间后切记将之前指向该内存区域的指针赋值为空（NULL），防止生成“野指针”。

2.2.3 memset 函数

memset 函数用于设置内存中某一块区域的值，函数原型如下：

```
void * memset (void *s ,char ch, unsigned int n);
```

函数的功能是将参数 s 为首地址的一片连续的 n 个字节内存单元都赋值为 ch。注意，是对内存的每个单元都赋值为 ch，所以 memset 函数主要适合于字节型数组的整体赋值，对非字节型数组主要用来置 0，函数的返回值是指向 s 的指针。使用 memset 函数时需要包含头文件 string.h。

例如：

```
char str[10];
int num[10];
memset(str, 'a',10);/*将数组 str 的每个数据单元赋值为'a'*/
memset(num,0,10*sizeof(int)); /*将数组 num 的每个数据单元赋值为 0*/
```

2.2.4　memcpy 函数

memcpy 函数用于内存的复制，函数原型如下：

```
void * memcpy (void * dest ,const void *src, unsigned n);
```

该函数的功能是用来把 src 所指向的内存区域前 n 个字节复制到 dest 所指的内存地址上。memcpy 函数返回指向 dest 的指针，需要注意的是，指针 src 和 dest 所指的内存区域不可重叠。使用 memcpy 函数时需要包含 string.h 头文件。

例如：

```
int a[5]={1,4,6,7,8},b[5];
memcpy(b,a,5*sizeof(int));    /*将数组 a 的值复制到数组 b*/
```

在字符串处理的标准函数库中，标准库函数中 strcpy 函数同样也用于数据的复制，与 memcpy 函数不同的是，strcpy 函数操作的对象是字符串，而 memcpy 函数操作的对象是内存，实现从“源内存块”到“目标内存块”的复制功能，操作内存块的地址空间是由“源内存块”的首地址及复制的长度决定的，memcpy 的操作对象不局限于某一特定数据类型，而适用于任何数据类型。strcpy 函数的复制是以源字符串中的“\0”作为结束标志的，当复制遇到“\0”结束符时即复制完毕，而 memcpy 函数不以“\0”为结束标志，而是复制函数参数中指定的内存块大小。使用 strcpy 函数时还要注意目标字符数组，必须有足够的空间来容纳源字符串，memcpy 函数则没有这一限制，在执行效率上，memcpy 的效率要高于 strcpy。

2.2.5　memmove 函数

memmove 函数用于移动内存中的某一块空间，函数原型如下：

```
void * memmove(void *dest,const void *src,unsigned n);
```

函数的功能和 memcpy 函数相似，用来复制 src 所指的内存内容前 n 个字节到 dest 所指的地址上，不同的是，当 src 和 dest 所指的内存区域重叠时，memmove 仍然可以正确处理，不过执行效率上会比使用 memcpy 略慢些。memmove 函数返回指向目标内存首地址的指针。

下面的例 2-11 给出了 memset、memcpy、memmove 函数的用法。

【例 2-11】memset、memcpy、memmove 函数的用法。

```
#include <stdio.h>
#include<stdlib.h>
#include <string.h>

int main()
```

```
{
    char src[] ="abcde";
    char *dest;
    dest=(char *)malloc(10*sizeof(char));
    if( dest == NULL )
    {
        printf("malloc error!\n");
        return -1;
    }
    memset(dest,0,10);      /*初始化 dest 内存块*/
    memcpy(dest,"1234567890",6);/*复制字符串常量的前 6 个字节到 dest*/
    printf("destination before memmove:%s\n",dest);
    memmove(dest,src,3); /*复制 src 的前 3 个字节到 dest*/
    printf("destination after memmove: %s\n",dest);
    printf("source after memmove:     %s\n",src);
    free(dest);/*释放动态内存空间*/
    dest=NULL;
    return 0;
}
```

程序执行结果为：

```
destination before memmove:123456
destination after memmove: abc456
source after memmove:     abcde
```

下面的程序是一个关于内存操作的例子，程序建立一个简单的数字信息链表，允许添加、删除某个链表信息，并在操作完毕后显示当前链表中的节点信息，程序代码如例 2-12 所示。

【例 2-12】链表操作示例。

```
#include <stdio.h>
#include <stdlib.h>

struct Number_Info
{
    int digit;
    struct Number_Info *next;
};
typedef struct Number_Info NUM;

NUM *Create_NumberInfo ( );
void Insert_NumberInfo (NUM *head, NUM *pnew, int i);
void Delete_NumberInfo (NUM *head, int i);
void Display_NumberInfo (NUM *head);
void Free_NumberInfo (NUM *head);
int main ( )
{
    NUM *head, *pnew;
    int figure;
    head = Create_NumberInfo ( );           /*创建数字信息链表*/
    if (head == NULL)                       /*创建失败*/
    {
        printf("Create failure!\n");
```

```
        exit(-1);
    }

    printf ("after create: ");
    Display_NumberInfo (head);                  /*输出数字信息*/

    pnew = (NUM *)malloc (sizeof(NUM));         /*新建一插入的节点*/
    if (pnew == NULL)                           /*创建失败，则返回*/
    {
        printf ("no enough memory!\n");
        return -1;
    }

    printf("input the new number:");
    scanf("%d",&figure);
    pnew->digit = figure;                       /*将要插入节点的数字信息*/

    Insert_NumberInfo (head, pnew, 2);          /*将新节点插入节点 2 的后面*/
    printf ("after insert: ");
    Display_NumberInfo (head);                  /*输出链表中的值*/
    Delete_NumberInfo (head, 2);                /*删除链表中节点 2*/
    printf ("after delete: ");
    Display_NumberInfo (head);                  /*输出数字信息 */
    Free_NumberInfo (head);                     /*释放内存空间*/
    return 0;
}

NUM *Create_NumberInfo ( )                      /*创建数字信息链表*/
{
    NUM *head, *tail, *pnew;
    int digit;
    head = (NUM *)malloc (sizeof(NUM));         /*创建头节点*/
    if (head == NULL)                           /*创建失败，则返回*/
    {
        printf ("no enough memory!\n");
        return (NULL);
    }
    head->next = NULL;                          /*头节点的指针域置 NULL*/
    tail = head;                                /*开始时尾指针指向头节点*/
    printf ("input the digits:\n");
    while (1)                                   /*创建数字线性链表*/
    {
        scanf ("%d", &digit);                   /*输入数字*/
        if (digit < 0)                          /*数字为负，循环退出*/
            break;

        pnew = (NUM *)malloc (sizeof(NUM));     /*创建一个新节点*/
        if (pnew == NULL)                       /*创建新节点失败，则返回*/
        {
```

```
            printf ("no enough memory!\n");
            return (NULL);
        }
        pnew->digit = digit;                        /*新节点数据域存放输入的数字*/
        pnew->next = NULL;                          /*新节点指针域置 NULL*/
        tail->next = pnew;                          /*新节点插入到链表尾部*/
        tail = pnew;                                /*尾指针指向当前尾节点*/
    }
    return (head);
}

/*插入数字信息节点*/
void Insert_NumberInfo(NUM *head, NUM *pnew, int i)
{
    NUM *p;
    int j;
    p = head;
    for (j = 0; j < i && p != NULL; j++)        /*将 p 指向要插入的第 i 个节点*/
        p = p->next;
    if (p == NULL)                              /*表明第 i 个节点不存在*/
    {
        printf ("the %d node not found!\n", i);
        return;
    }
    pnew->next = p->next ;                      /*将插入节点的指针域指向第 i 个节点的后继节点*/
    p->next = pnew;                             /*将第 i 个节点的指针域指向插入节点*/
}

/*删除数字信息节点*/
void Delete_NumberInfo(NUM *head, int i)
{
    NUM *p,*q;
    int  j;
    if (i == 0)    return;                  /*删除的是头指针，则返回*/
    p = head;                               /*将 p 指向要删除的第 i 个节点的前驱节点*/

    for (j = 1; j < i && p->next != NULL; j++)
       p = p->next;
    if (p->next == NULL)                    /*表明第 i 个节点不存在*/
    {
        printf ("the %d node not found!\n", i);
        return;
    }
    q = p->next;                            /*q 指向待删除的节点 i*/
    p->next = q->next ;                     /*删除节点 i*/
    free(q);                                /*释放节点 i 的内存单元*/
}

void Display_NumberInfo(NUM *head)          /*输出数字信息*/
```

```
{
    NUM *p;
    for (p = head->next; p != NULL; p = p->next)
        printf ("%d ", p->digit);
    printf ("\n");
}

void Free_NumberInfo(NUM *head)          /*释放内存空间*/
{
    NUM *p, *q;
    p = head;
    while (p->next != NULL)
    {
        q = p->next;
        p->next = q->next;
        free (q);
    }
    free (head);
}
```

程序运行结果为：

```
input the digits:
2 34 567 87 984 9 459 7 -1
after create: 2 34 567 87 984 9 459 7
input the new number:100
after insert: 2 34 100 567 87 984 9 459 7
after delete: 2 100 567 87 984 9 459 7
```

可以看到程序运行时，输入一列数据，当输入值是负数时结束输入，程序创建一个数字信息链表，并输出相关数字信息，可以插入、删除相关节点信息，操作完毕后，释放所有节点，并成功退出程序。

2.3　日期与时间函数

当想要设置或获取系统当前日期和时间的时候，可以调用标准 C 语言提供的库函数，使用这部分库函数的时候需包含 time.h 头文件。

2.3.1　time 函数

time 函数用于设置系统的日历时间，或者返回系统当前的日历时间，其函数原型如下：

```
time_t time(time_t  *t);
```

此函数的参数及返回值为 time_t 类型，它是一个长整型，在 Linux 内核中的定义如下（取自 include\linux\time.h）：

```
typedef long __kernel_time_t;
typedef __kernel_time_t time_t;
```

此函数会返回从 UTC 时间（世界标准时间）公元 1970 年 1 月 1 日的 0 时 0 分 0 秒算起到现在所经过的秒数。如果 t 并非空指针，此函数也会将返回值存到 t 指针所指的内存。

调用 time 函数获得系统的当前时间，示例如下：

```
time_t second1, second2;
second1= time(NULL);
time(&second2);
printf("%ld, %ld\n",second1,second2);
/*输出结果均为从 UTC 时间公元 1970 年 1 月 1 日的 0 时 0 分 0 秒算起到现在所经过的秒数*/
```

2.3.2 localtime 函数和 gmtime 函数

localtime 函数用于取得当地当前时间和日期，并将 time 函数获得的时间转换为以 tm 结构表达的系统时间信息，localtime 的函数原型如下：

```
struct tm *localtime(const time_t *timep);
```

该函数的功能是将参数 timep 所指的 time_t 结构中的信息转换成当地所使用的时间日期表示方法，然后将结果由结构 tm 返回。此函数返回的时间日期已经转换成当地时区。

内核中对 tm 结构体的定义如下（取自 include\linux\time.h）：

```
struct tm
{
    int tm_sec;    /*代表当前秒数，正常范围为 0~59，但允许至 61 秒*/
    int tm_min;    /*代表当前分数，范围 0~59  */
    int tm_hour;   /*从午夜算起的时数，范围为 0~23  */
    int tm_mday;   /*当前月份的日数，范围 0~31  */
    int tm_mon;    /*代表当前月份，从一月算起，范围 0~11  */
    int tm_year;   /*从 1900 年算起至今的年数  */
    int tm_wday;   /*一星期的日数，从星期一算起，范围为 0~6  */
    int tm_yday;   /*从今年 1 月 1 日算起至今的天数，范围为 0~365  */
    int tm_isdst;  /*日光节约时间的旗标，即夏令时  */
};
```

localtime 函数程序示例如下。

【例 2-13】localtime 函数程序示例。

```
#include<time.h>
#include<stdio.h>
int main()
{
    char *wday[]={"Sun","Mon","Tue","Wed","Thu","Fri","Sat"};
    time_t timep;
    struct tm *p;
    time(&timep);
    p=localtime(&timep);        /*取得当地时间*/
    printf ("%d %d %d ", (1900+p->tm_year),( 1+p->tm_mon), p->tm_mday);/*取得当天日期*/
    printf("%s %d:%d:%d\n", wday[p->tm_wday],p->tm_hour, p->tm_min, p->tm_sec);/*取得当天时间*/
    return 0;
}
```

程序运行结果为：

```
2019 11 21 Wed 10:43:47
```

gmtime 函数也是取得当前时间和日期，只是此函数返回的时间日期未经时区转换，而是 UTC 时间。函数原型如下：

```
struct tm *gmtime(const time_t *timep);
```

gmtime 函数的用法和 localtime 函数相同。

2.3.3 asctime 函数和 ctime 函数

在使用 localtime 函数将时间转换为以 tm 结构表达的系统时间后，可以调用 asctime 函数将时间转换为字符串的格式，即“星期/月/日/时/分/秒/年”的形式。asctime 的函数原型如下：

```
char *asctime(const struct tm *timeptr);
```

此函数的功能是将参数 timeptr 所指的 tm 结构中的信息转换成当前所使用的时间日期表示方法，然后将结果以字符串形式返回。此函数转换成当地时间后的字符串格式为：Mon Nov 26 20:17:41 2019。

ctime 函数也是将时间和日期以字符串格式表示，函数原型是：

```
char *ctime(const time_t *timeptr);
```

此函数的功能与 asctime 函数相同，不同之处在于传入的参数是不同的结构。

下面的程序是关于这几个函数的例子。

【例 2-14】将 time 函数获得的时间转换为字符串格式并输出。

```
#include <stdio.h>
#include<time.h>
int main()
{
    time_t seconds= time(NULL);
    struct tm *datetime;
    datetime=localtime(&seconds);
    printf("Local time is (asctime):%s\n",asctime(datetime));

    time(&seconds);
    printf("Local time is (ctime):%s\n",ctime(&seconds));
    return 0;
}
```

程序执行结果为：

```
Local time is (asctime):Mon Nov 26 16:17:41 2019

Local time is (ctime):Mon Nov 26 16:17:41 2019
```

2.4 随机函数

在程序设计过程中，有的时候需要在程序中使用一些随机的数值，这时可以使用 C 语言提供的库函数来生成随机的整数或者浮点数，使用这部分库函数时需包含 stdlib.h 头文件。

2.4.1 rand 函数

rand 函数用于产生一个伪随机数函数，原型如下：

```
int rand(void);
```

rand 函数会返回一个随机数值，范围为 0~RAND_MAX（RAND_MAX 定义在 stdlib.h，其值为 2147483647）。

需要强调的是 rand 产生的只是一个伪随机数，而不是真正意义上的随机数，另外由于 rand 产生的随机数值很大，所以如果需要产生 0~99 的数，可以用 rand()%100 的方法。

【例 2-15】rand 函数示例程序。

```
/* 产生 1~10 的随机数值，此范例未设随机数种子，完整的随机数产生参考 srand*/
#include<stdio.h>
#include<stdlib.h>
int main()
{
    int i,j;
    for(i=0;i<10;i++)
    {
        j=1+(int)(10.0*rand()/(RAND_MAX+1.0));
        printf("%d",j);
    }
    return 0;
}
```

第一次执行程序结果为：1 6 2 9 6 5 4 9 9 8

第二次执行程序结果为：1 6 2 9 6 5 4 9 9 8

第三次执行程序结果为：1 6 2 9 6 5 4 9 9 8

可以看到第一次运行程序的时候，产生了 10 个随机数序列，但从第二次开始以后，产生的随机数都不再发生变化了，这就是所谓的伪随机数，伪随机数是通过一个公式运算出来的，所以每次产生的随机数值都一样，那么如何才能产生真正意义上的随机数呢？这就是一个随机种子的问题，在调用 rand 函数之前，需要先利用 srand 函数设置随机数种子，如果未设随机数种子，rand 函数在调用时会自动设随机数种子为 1。

2.4.2 srand 函数

若想产生真正意义上的随机数，那么就要求在每次调用 rand 函数前提供的随机数种子不同，srand 函数用于设置随机数种子，其函数原型如下：

```
void srand (unsigned int seed);
```

该函数用来设置 rand 产生随机数时的随机数种子。参数 seed 必须是个整数，通常可以利用 geypid（返回当前进程的进程 ID）或 time(NULL)的返回值来当作 seed。如果每次 seed 都设相同值，rand 所产生的随机数值每次就会一样。把上例改成如下形式。

【例 2-16】srand 函数示例程序。

```
#include<stdio.h>
#include<time.h>
#include<stdlib.h>
int main()
{
    int i,j;
    srand((int)time(0));
    for(i=0;i<10;i++)
    {
        j=1+(int)(10.0*rand()/(RAND_MAX+1.0));
        printf("%d",j);
    }
    return 0;
}
```

第一次执行程序结果为：1　5　10　3　6　3　8　5　2　6

第二次执行程序结果为：1　4　2　7　5　10　4　9　3　5

第三次执行程序结果为：1　4　8　9　6　1　8　9　10　9

从程序的执行结果可以看到，在程序加入 srand 函数，并利用 time 函数的返回值作为随机数种子，这样就可以产生真正意义上的随机数的代码，每次的种子都不同，所以每次运行时都产生了不同的随机数。

2.4.3　random 函数和 srandom 函数

random 和 srandom 函数与前面介绍的 rand 和 srand 函数类似。

random 函数用于产生伪随机数，srandom 用于在 random 函数之前为其设置随机数种子，使其能够产生真正意义上的随机数，这两个函数的原型如下：

```
long int random(int num);
void srandom(unsigned int seed);
```

random 函数与 rand 函数功能相同，唯一的区别在于，random 函数的返回值为长整型（long int），rand 函数的返回值为整型（int）。

2.4.4　drand48 函数和 erand48 函数

drand48 函数用于产生一个浮点型随机数，范围为 0.0~1.0，函数原型如下：

```
double drand48(void);
```

函数返回 0.0~1.0 的双精度浮点型伪随机数。

erand48 函数与 drand48 函数类似，erand48 函数同样用于产生一个浮点型随机数，范围为 0.0~1.0，函数原型如下：

```
double erand48(unsigned short int xsubn[3]);
```

erand48 函数比 drand48 函数多了一个长度为 3 的数组，可以为随机数生成函数提供初始值，48 位运算的随机数函数是根据线性调和算法来产生随机数的，原型如下：

```
Xn+1=(A*Xn+C)%M
```

其中，常数 A=0x5deece66d，C=0xb，M=248，参数 xsubn 为一个无符号短整型（unsigned short int）的数组，长度为 3（即 48 位），其传入的数值即为 erand48 函数的初始值。由于参数 xsubn 数组存放了生成随机数所需的初始值，因此程序就可以产生真正的随机数。例 2-17 给出了利用 drand48 和 erand48 函数产生随机数的代码。

【例 2-17】产生 0.0~1.0 的随机数。

```
#include<stdlib.h>
#include<stdio.h>
int main()
{
    unsigned short int xsubn[3];
    for(int i=0;i<3;i++)
        xsubn[i]=(unsigned short int)time(NULL);

    printf("drand48:random double numbers from 0.0 to 1.0:\n");
    for(int i=0;i<3;i++)
        printf("%f",drand48());/*取得 0.0~1.0 的随机数*/
    printf("\n");
```

```
    printf("erand48:random double numbers from 0.0 to 1.0:\n");
    for(int i=0;i<3;i++)
        printf("%f",erand48(xsubn));/*取得 0.0~1.0 的随机数*/
    printf("\n");
    return 0;
}
```

多次运行程序，drand48 函数产生相同的随机数，而 erand48 函数生成不同的随机数。

2.5 项目实训：C 语言常用库函数调用

2.5.1 实训描述

熟练运用库函数编写一个简易的学生管理系统。要求如下。

（1）掌握 Linux 环境下 C 程序的编写方法。

（2）灵活调用 C 语言中的库函数。

2.5.2 实训步骤

（1）定义结构体存放学生信息。例如：

```
struct Student_Info
{
    unsigned  int    no;                /*学号*/
    char     name[20];                  /*姓名*/
    char      sex;                      /*性别*/
    unsigned int   age;                 /*年龄*/
    …
    struct Student_Info *next;
};
```

（2）系统可以实现学生信息的添加、删除、输出等。例如：

```
struct Student_Info *Add_StuInfo ( ) /*添加学生信息*/
{    …    }
struct Student_Info *Del_StuInfo ( ) /*删除学生信息*/
{    …    }
void Print_StuInfo(struct Student_Info *head) /*输出学生信息*/
```

（3）熟练掌握 Linux 环境下 C 程序编写过程，并在 Linux 环境下编辑、编译、运行程序。

2.5.3 参考代码

```
#include <stdio.h>
#include <stdlib.h>
#include <string.h>
#include <ctype.h>

struct Student_Info
{
    unsigned  int    no;                /*学号*/
```

```
    char    name[20];                /*姓名*/
    char     sex;                    /*性别*/
    unsigned int   age;              /*年龄*/
    struct Student_Info *next;
};
typedef struct Student_Info STUDENT;
STUDENT *head = NULL;
int count=0;

STUDENT *Add_StuInfo( );
STUDENT *Del_StuInfo( );
int Print_StuInfo(STUDENT *head);
void Free_List(STUDENT *head);

int main ( )
{
    int select=0;
    while(1)
    {
        printf("Select the operation:\n");
        printf("1.Add a student\n2.Delete a student\n0.Exit\n");
        scanf("%d",&select);

        switch(select)
        {
            case 0: if(head!=NULL) Free_List(head);     /*释放内存空间*/
                    exit(0);
                    break;
            case 1:head = Add_StuInfo( );break;
            case 2:head = Del_StuInfo( );break;
            default:printf("Input error\n");break;
        }
        printf("==Output  student's  information==\n");
        Print_StuInfo(head);
    }

    return 0;
}

/*输入学生信息*/
STUDENT *Add_StuInfo ( )
{
    static STUDENT *p1,*p2;
    char flag;
    p2 = (STUDENT *)malloc (sizeof(STUDENT));
    if (p2 == NULL)                          /*内存分配失败*/
    {
        printf("memory allocate error!\n");
        exit(1);
    }
    memset(p2,0,sizeof(STUDENT));           /*新建结构体 p2 的成员值初始化为 0*/
```

```
    printf ("Please input student's no: ");
    scanf("%d",&p2->no);                    /*输入学号*/
    fflush (stdin);                         /*清除键盘缓冲区*/
    printf ("Please input student's name: ");
    gets(p2->name);                         /*输入姓名*/
    fflush (stdin);                         /*清除键盘缓冲区*/

    printf ("Please input student's sex(M,F): ");
    scanf ("%c", &p2->sex);                 /*输入性别*/
    fflush (stdin);
    printf ("Please input student's age: ");
    scanf ("%d", &p2->age);                 /*输入年龄*/
    fflush (stdin);                         /*清除键盘缓冲区*/

    printf("\nDo you add this student information?Y:Yes N:no\n");
    flag=getchar();
    if(toupper(flag)=='Y')                  /*确认添加*/
        count++;                            /*学生数目加 1*/
    else
        return head;                        /*返回链表头节点*/

    if(count == 1)                          /*头节点*/
    {
        p1 = p2;
        head = p1;                          /*将 p1,p2,head 均指向头节点*/
    }
    else
    {
        p1->next = p2;
        p1 = p2;        /*p1,p2 指向下一个节点*/
    }
    p1->next = NULL;    /*链表尾节点*/
        return (head);
}
STUDENT *Del_StuInfo ( )
{
    unsigned  num;
    STUDENT *p,*del;
    p=head;
    del=head;

    printf("Please input the student's number you want to delete:\n");
    scanf("%d",&num);        /*输入将要删除的学生学号*/
    fflush (stdin);

    if(head == NULL)
    {
        printf("The student's information is empty!\n");  /*链表为空，显示提示信息*/
```

```
            return NULL;
        }

        if(del->no==num)              /*如果删除的是头节点*/
        {
            printf("\nThe student you want to delete is:%s\n",del->name);
            head = del->next;
            del->next = NULL;

            free(del);                /*删除节点后，释放该节点的内存空间*/
            count--;                  /*删除节点后，学生数目减 1*/
            return head;
        }

        else                          /*根据 num 的值继续查找想要删除的节点*/
        {
            del=p->next;
            while(del!=NULL)
            {
                if(del->no==num)
                {
                    printf("The student you want to delete is:%s\n",del->name);
                    p->next=del->next;
                    del->next = NULL;

                    free(del);            /*删除节点后，释放该节点的内存空间*/
                    count--;              /*删除节点后，学生数目减 1*/
                    return head;
                }
                else
                {
                    p=del;
                    del=p->next;          /*继续查找下一个节点*/
                }
            }
            printf("No this number student!\n");/*没有找到想要删除的节点*/

        }
        return head;
}

int Print_StuInfo(STUDENT *head)
{
    STUDENT *p;
    p=head;
    if(p==NULL)
    {
        printf("NO students information!\n");/*链表为空，显示提示信息*/
        return -1;
    }
    else
```

```
    {
      while(p!=NULL)              /*循环显示各个节点的学生信息*/
      {
          printf("no:%u\n",p->no);
          printf("name:%s\n",p->name);
          printf ("sex(M,F):%c\n",p->sex);
          printf ("age:%d\n",p->age);
          printf("---------------------------------\n");
          p=p->next;
      }
    }
    return 0;
}

void Free_List(STUDENT *head)
{
    STUDENT *p,*q;
    p=head;
    while(p->next != NULL)
    {
        q = p->next;
        p->next = q->next;
        free(q);
    }
    free(head);
}
```

2.5.4 实训报告要求

（1）实训目的。

（2）实训内容。

（3）实训步骤。

（4）实训中的问题和解决方法。

（5）实训心得与体会。

（6）建议与意见。

2.6 本章小结

灵活使用标准 C 语言提供的各种库函数，可以大大提高程序设计的效率并增加程序的准确性。本章介绍了 GCC 编译器支持的一些很有用的库函数，包括内存操作相关、数字与字符串间的转换、日期与时间、随机函数等，这些函数虽然不像常用的输入/输出函数 printf 和 scanf 那样容易被我们牢记，但是需要的时候就可以派上大的用场，可以使程序设计变得简单直接，因此读者有必要好好掌握它们并能熟练应用它们。

在调用标准库函数时，需要在当前源文件的头部包含相应的头文件。这里所说的头文件是一种以.h 为后缀的文件，其中包含了库函数的声明。根据库函数的功能不同，有不同的头文件，如进行输入/输出的库函数包含在 stdio.h 文件中，对字符类数据操作的库函数包含在 string.h 中，数学类库函数包含在 math.h 文件中。在程序中使用相应的标准库函数时，一定要使用编译预处理命令#include 将该头文件包含进来。

习题

1. 编写一个 C 程序，输入一串字符串，把字符串中的所有字符左移 n 个字符，并把前 n 个字符移到最后。

2. 编写一个 C 程序，统计子字符串 substr（如“abc”）在字符串 str（如“abcdabcdabc”）中出现的次数。

3. 编写一个 C 程序，使用库函数将字符串“2018.1213”转换为浮点数。

4. 编写一个 C 程序，实现以链表的形式输入一列正整数，然后反序输出这些整数。

5. 编写一个 C 程序，使用库函数实现多个结构体内容的复制功能，并输出相关信息。

6. 编写一个 C 程序，取得当前日期和时间，并以字符串形式输出。

7. 编写一个 C 程序，模拟掷骰子的游戏。

8. 编写一个 C 程序，输入一个字符串，统计字符串中大写字母、小写字母、数字字符、控制字符及其他字符的个数。

9. 编写一个 C 程序，统计一个字符串中英文字母出现的次数。

10. 编写一个 C 程序，输入一个字符串，判断是否为回文字符串（回文字符串是指从左到右读和从右到左读是完全相同的字符串）。

11. 编写一个 C 程序，将二进制数、八进制数、十六进制数转换成十进制数。

03 第3章　编程环境

Linux 是用 C 语言写成的，Linux 也为 C 语言提供了良好的支持。C 语言编译工具 GCC、调试工具 GDB 属于最早开发出来的一批自由软件。因此，Linux 与 C 语言形成了完美的结合，为用户提供了一个强大的编程环境。编译和调试是程序员使用最多的步骤。本章将介绍 Linux 环境下 C 程序开发过程中所需要的编译和调试的工具。

本章学习目标：

- 掌握 VIM 编辑程序的方法
- 掌握 GCC 编译程序的方法
- 掌握 GDB 调试程序的方法
- 掌握 make 工程管理的方法

3.1 概述

Linux 环境下的 C 语言程序设计与在其他环境中的 C 语言程序设计一样，主要涉及编辑器、编译器、调试器及项目管理工具。Linux 环境下 C 语言编程常用的编辑器是 VIM 或 Emacs，编译器一般用 GCC，调试器一般使用 GDB，项目管理用 make，本节只对这 4 种工具进行简单介绍，后面会详细介绍。

（1）编辑器。Linux 环境下的编辑器就如 Windows 下的 Word、记事本等一样，完成对所录入文件的编辑功能。Linux 中最常用的编辑器有 VI、VIM 和 Emacs，它们功能强大，使用方便，深受编程爱好者的喜爱。本书着重介绍 VIM。

（2）编译器。编译过程是非常复杂的，它包括词法、语法和语义的分析，中间代码的生成和优化，符号表的管理和出错处理等。在 Linux 中，最常用的编译器是 GCC 编译器。它是 GNU 推出的功能强大性能优越的多平台编译器，其执行效率与一般的编译器相比要高 20%~30%，是 GNU 的代表作品之一。

（3）调试器。调试器并不是代码执行的必备工具，而是专为程序员方便调试程序用的。有编程经验的用户都知道，在编程的过程中，往往调试所消耗的时间远大于编写代码的时间。因此，有一个功能强大使用方便的调试器是必不可少的。GDB 是绝大多数 Linux 开发人员所使用的调试器，它可以方便地设置断点、单步跟踪等，足以满足开发人员的需要。

（4）项目管理。Linux 中的项目管理“make”类似 Windows 中 Visual C++里的“工程”，它是一种控制编译或者重复编译软件的工具。另外，它还能自动管理软件编译的内容方式和时机，使程序员能够把精力集中在代码的编写上而非源代码的组织上。

简而言之，首先使用编辑工具编写文本形式的 C 语言源文件，然后编译生成以机器代码为主的二进制可执行程序。由源文件生成可执行程序的开发过程如图 3-1 所示。

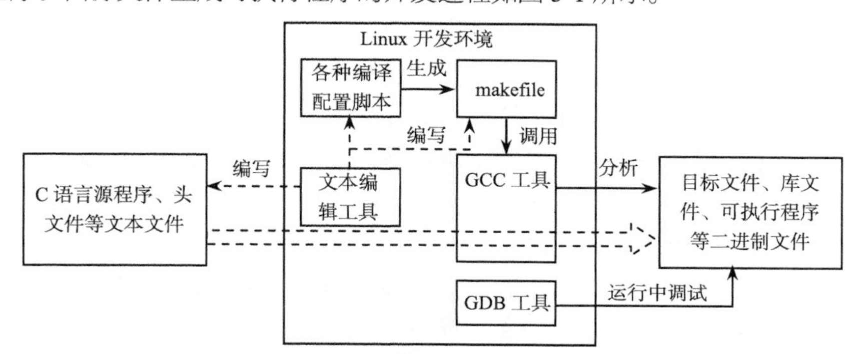

图 3-1 由源文件生成可执行程序的开发过程

3.2 VIM 编辑器

3.2.1 VIM 工作模式

VIM 有 3 种基本工作模式：命令模式（Command Mode）、插入模式（Insert Mode）和末行模式

（Last Line Mode）。三种模式之间可以相互切换，如图 3-2 所示。

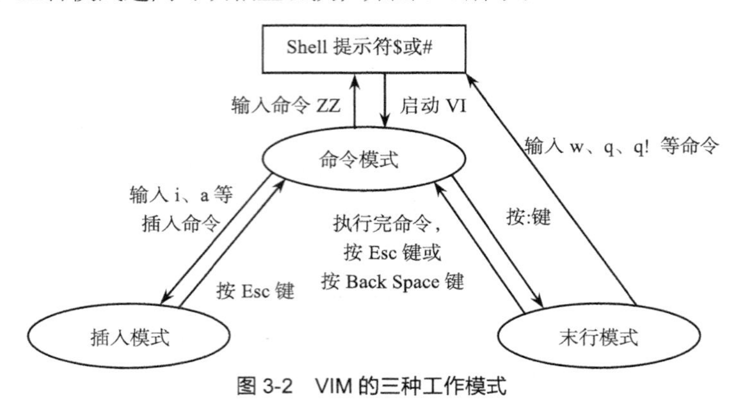

图 3-2　VIM 的三种工作模式

1. 命令模式

在 Linux 终端输入如下命令即可启动 VIM 编辑器：

```
[root@huangjihai root]#vim
```

通常进入 VIM 后，默认处于命令行模式。在此模式下，各种键盘的输入都是作为命令来执行的。命令行模式下主要的操作包括移动光标、复制文本、删除文本、找出行数等。

2. 插入模式

只有在插入模式下，才可以进行文字输入，按 Esc 键可回到命令模式。

3. 末行模式

将文件保存或退出 VIM，也可以设置编辑环境，如寻找字符串、列出行号等。

一般在使用时把 VIM 简化成两个模式，就是将末行模式也算入命令模式。

3.2.2 VIM 操作流程

使用 VIM 编辑文件，其操作流程如下。

（1）启动 VIM，启动命令实例如下：

```
[root@huangjihai root]#vim  filename
```

（2）VIM 启动后，默认进入命令模式，此时输入“a、i、s、o、A、I、S、O”等任意一个字母进入插入模式。

（3）编辑文件，输入相应的文件内容。

（4）编辑结束后，按 Esc 键返回命令模式，若此时发现编辑有误，可输入“a、i、s、o、A、I、S、O”等字母进入插入模式，再进行重新编辑。

（5）在命令模式下，按“:”键进入末行模式，此时可以输入“w”（保存）、“q”（退出）、“w!”（强制保存）、“q!”（强制退出）、“h”（获取帮助）以及其他的行命令进行相关操作。若要再返回命令模式，按 Esc 键即可。

3.2.3 VIM 常用命令

VIM 的常用命令大致分为两类：命令模式命令和末行模式命令。

1. 命令模式下的常用命令

命令模式下的常用命令可细化为移动光标命令（见表 3-1）、删除文字命令（见表 3-2）、复制命令（见表3-3）、替换命令（见表 3-4）、撤销上次操作命令（见表 3-5）和恢复上次更改命令（见表 3-6）等。

表 3-1　移动光标命令

命令	说明
Ctrl+B	屏幕往“后”移动一页
Ctrl+F	屏幕往“前”移动一页
Ctrl+U	屏幕往“后”移动半页
Ctrl+D	屏幕往“前”移动半页
gg	移动到文章的首行（可能只在 VIM 中有效）
G	移动到文章的最后
$	移动到光标所在行的“行尾”
^	移动到光标所在行的“行首”
w	光标跳到下一个字的开头
e	光标跳到下一个字的字尾
b	光标回到上一个字的开头
#l	光标移到该行的第#个位置，如：5l、56l

表 3-2　删除文字命令

命令	说明
x	每按一次，删除光标所在位置的“后面”一个字符
#x	例如，6x 表示删除光标所在位置的“后面”6 个字符
X	大写的 X，每按一次，删除光标所在位置的“前面”一个字符
#X	例如，20X 表示删除光标所在位置的“前面”20 个字符
dd	删除光标所在行
#dd	从光标所在行开始删除#行

表 3-3　复制命令

命令	说明
yw	将光标所在位置到字尾的字符复制到缓冲区中
#yw	复制#个字到缓冲区
yy	复制光标所在行到缓冲区
#yy	例如，[6yy]表示复制从光标所在的该行“往下数”6 行文字
p	将缓冲区内的字符粘贴到光标所在位置。注意：所有与“y”有关的复制命令都必须与“p”配合才能完成复制与粘贴功能

表 3-4　替换命令

命令	说明
r	替换光标所在处的字符
R	替换光标所到之处的字符，直到按 Esc 键为止

表 3-5　撤销上次操作命令

命令	说明
u	如果误执行一个命令，可以马上按 u 撤销操作。按多次 u 可以执行多次撤销
U	撤销对当前行上做的所有修改

表 3-6 恢复上次更改命令

命令	说明
Ctrl+R	对使用 u 命令撤销的操作进行恢复，可以一直按该组合键达到最新的操作

2. 末行模式下的常用命令

末行模式命令可细化为列出行号命令（见表 3-7）、跳到文件中的某一行命令（见表 3-8）、查找字符命令（见表 3-9）、保存文件命令（见表 3-10）、离开 VIM 命令（见表 3-11）和其他命令（见表 3-12）等。

在使用末行模式之前，记住先按 Esc 键确认已经处于命令下后，再按冒号（：）键即可进入末行模式。

表 3-7 列出行号命令

命令	说明
set nu	输入 set nu 后，会在文件中的每一行前面列出行号

表 3-8 跳到文件中的某一行命令

命令	说明
#	#表示一个数字，在冒号后输入一个数字，再按回车键就会跳到该行，如输入数字 15，再回车，就会跳到文件的第 15 行

表 3-9 查找字符命令

命令	说明
/word	自上而下在文件中查找字符串“word”，如果第一次找的关键字不是想要的，可以一直按 n 往后寻找到需要的关键字为止
?word	自下而上在文件中查找字符串“word”，如果第一次找的关键字不是想要的，可以一直按 n 往前寻找到需要的关键字为止
n	在同一方向重复上一次搜索命令
N	在反方向上重复上一次搜索命令

表 3-10 保存文件命令

命令	说明
w	在冒号后输入字母 w 就可以将文件保存起来

表 3-11 离开 VIM 命令

命令	说明
q	按 q 就是退出，如果无法离开 VIM，可以在 q 后跟一个!强制离开 VIM
wq	一般建议离开时，q 搭配 w 一起使用，这样在退出的时候还可以保存文件，可以在后面再跟!强制保存退出

表 3-12 其他命令

命令	说明
:r	读入文件
:X	加密文件
:n1,n2 co n3	将 n1 行到 n2 行之间的内容复制到第 n3 行下
:n1,n2 m n3	将 n1 行到 n2 行之间的内容移至第 n3 行下
:n1,n2 d	将 n1 行到 n2 行之间的内容删除
:e filename	打开文件 filename 进行编辑

3.3 GCC 编译器

3.3.1 GCC 编译器简介

GCC 是一款功能强大、性能优越的编程语言编译器，它能将 C/C++语言源程序、汇编程序编译和链接成可执行文件。GCC 原名为 GNU C 语言编译器（GNU C Compiler），最初只能处理 C 语言，逐步扩展到能够支持更多编程语言，如 Fortran、Pascal、Objective-C、Java、Ada、Go 以及各类处理器架构上的汇编语言等，所以将其改名为 GNU 编译器套件（GNU Compiler Collection）。GCC 是通过后缀来区别输入文件的类别的。表 3-13 介绍了 GCC 所遵循的部分约定规则。

表 3-13　　GCC 的文件类型约定规则

文件名后缀	文件类型
.c	C 源文件
.C　.cpp　.cc　.c++　.cxx	C++源文件
.h	头文件
.i	预处理后的 C 源文件
.s	汇编程序文件
.o	目标文件
.a	静态链接库
.so	动态链接库

3.3.2 GCC 编译过程

GCC 编译器把编译过程分为预处理、编译、汇编、链接 4 个阶段。一个程序的源文件编译成一个可执行文件，中间包括很多复杂的过程。可用图 3-3 来表示编译中 4 个步骤的作用和关系。在这个过程中，每一个操作都完成了不同的功能。编译过程的功能具体如下。

（1）预处理：预处理阶段，主要完成对源代码中的预编译语句（如宏定义 define 等）和文件包含进程处理；还需要完成对包编译指令进行替换，把包含文件放置到需要编译的文件中。完成这些工作后，程序系统会生成一个非常完整的 C 程序源文件。

（2）编译：GCC 对预处理以后的文件进行编译，生成以.s 为后缀的汇编语言文件。该汇编语言文件是源代码编译得到的汇编语言代码，生成后交给汇编过程进行处理。汇编语言是一种比 C 语言更低级的语言，程序需要编译成汇编指令以后再编译成机器代码。

（3）汇编：汇编过程是处理汇编语言的阶段，主要是调用汇编处理程序完成将汇编语言变成二进制机器代码的过程。通常来说，汇编过程是将后缀为.s 的汇编语言代码文件汇编为后缀为.o 的目标文件的过程。所生成的目标文件作为下一步链接过程的输入文件。

（4）链接：链接过程就是将多个汇编生成的目标文件及引用的库文件进行模块链接生成完整的可执行文件。在链接阶段，所有的目标文件被安排在可执行程序中的适当的位置。同时，该程序调用到的库函数也从各自所在的函数库中链接到程序中。经过这个过程以后，生成的文件就是可执行的程序。

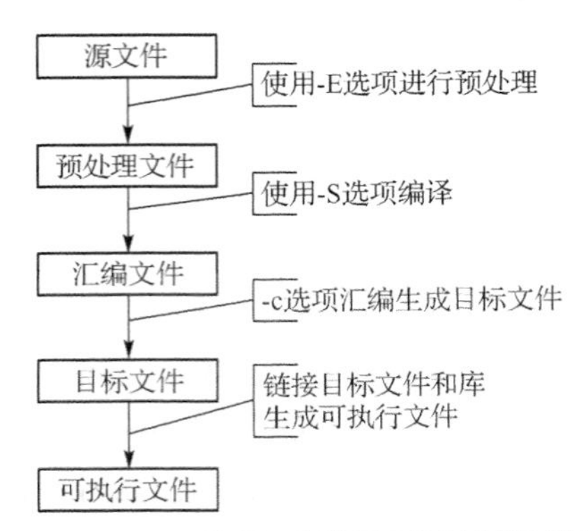

图 3-3　GCC 编译源文件到可执行文件过程

下面通过一个简单例子来讲解 GCC 的工作原理，源代码如下：

```
#include<stdio.h>
int main(void)
{
    printf("Hello World\n");
    return 0;
}
```

GCC 的语法格式如下：

```
gcc [options][filenames]
```

其中，options 是编译器所需要的编译选项；filenames 是要编译的文件名。

说明：当不用任何选项时，GCC 将会生成一个名为 a.out 的可执行文件。

控制预处理过程：参数-E 可以完成程序的预处理工作而不进行其他的编译工作。下面的命令可以将本章编写的程序进行预处理，然后保存到文件 a.i 中。

```
$ gcc -E -o a.i a.c
```

生成汇编代码：参数-S 可以控制 GCC 在编译 C 程序时只生成相应的汇编程序文件，而不继续执行后面的编译。下面的命令可以将本章中的 C 程序编译成一个汇编程序。

```
$ gcc -S -o a.s a.c
```

生成目标代码：参数-c 可以使用 GCC 在编译程序时只生成目标代码而不生成可执行程序。输入下面的命令，将本章中的程序编译成目标代码。

```
$ gcc -c -o a.o  a.c
```

链接生成可执行文件：GCC 可以把上一步骤生成的目标代码文件生成一个可执行文件。在终端中输入下面的命令。

```
$ gcc a.o -o a
```

3.3.3　GCC 常用选项介绍

GCC 有超过 100 个可用选项，主要包括编译选项、警告和出错选项、优化选项和体系结构相关选项。

1. GCC 编译选项

表 3-14 介绍了 GCC 的常用的编译选项，下面简单介绍几个。

（1）-c 选项

GCC 只把源代码（.c 文件）编译成目标程序（.o 文件），但跳过链接这一步，这样在编译多个 C 程序的时候时间短，并且容易管理。例如将 gcctest.c 文件编译成目标文件 gcctest.o，使用命令如下所示：

```
$ gcc-c gcctest.c
```

表 3-14　　GCC 常用编译选项

编译选项	含义
-c	只是编译不链接，生成目标文件“.o”
-S	只是编译不汇编，生成汇编代码
-E	只进行预编译，不做其他处理
-g	在可执行程序中包含标准调试信息
-o file	把输出文件输入 file 里
-v	输出编译器内部编译各过程的命令行信息和编译器的版本
-I dir	在头文件的搜索路径列表中添加 dir 目录
-L dir	在库文件的搜索路径列表中添加 dir 目录
-static	链接静态库
-library	连接名为 library 的库文件

（2）-S 选项

GCC 在源代码（.c 文件）生成汇编语言文件后停止编译，产生的汇编语言文件的默认文件扩展名为.s。

（3）-o file 选项

GCC 将源程序生成指定的文件。

2. 警告和出错选项

GCC 包含完整的出错检查和警告提示功能，可以帮助 Linux 程序员尽快找到错误代码，从而写出更加专业和优美的代码（见表 3-15）。

表 3-15　　GCC 警告和出错选项

选项	含义
-Wall	允许发出 GCC 提供的所有有用的警告信息
-ansi	支持符合 ANSI C（美国国家标准协会 ANSI 推出的关于 C 语言的标准）标准的 C 程序
-pedantic	允许发出 ANSI C 标准所列的全部警告信息
-pedantic-error	允许发出 ANSI C 标准所列的全部错误信息
-w	关闭所有警告
-werror	把所有的警告信息转化为错误信息，并在警告发生时终止编译过程

（1）关闭和打开警告

使用-Wall（W 是大写）允许 GCC 发出所有有用的警告信息。例如，下面的 warning.c 程序有错误：

```
//warning.c
#include<stdio.h>
void main()
{
    long long tmp=1;
    printf("this is a wrong test!\n");
    return 0;
}
```

输入以下命令打开警告信息，运行结果如图 3-4 所示。

```
$ gcc -Wall warning.c -o warning
```

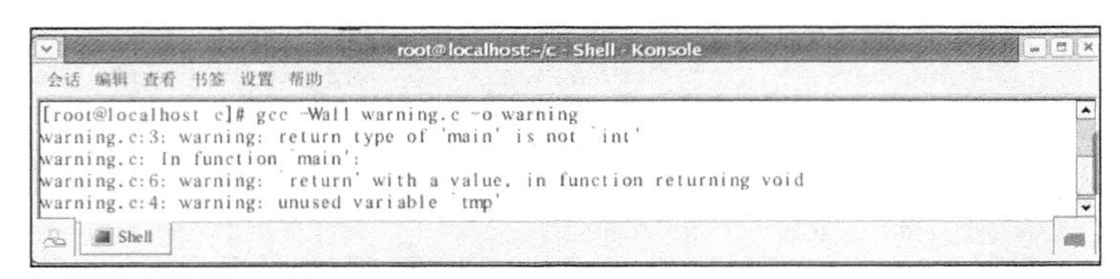

图 3-4 编译过程中出现的警告信息

出现警告的原因是“main”的返回类型不是“int”；在无返回值的函数中，“return”带返回值；变量 tmp 没有被使用。修改完以后，就不再出现警告信息了。

（2）-ansi 选项

-ansi 选项支持符合 ANSI C 标准的 C 程序，但是不能对所有不符合 ANSI C 标准的语句产生警告信息。使用命令如下：

```
$ gcc -ansi warning.c -o warning
```

运行的结果说明-ansi 并不能发现“long long”这个无效的数据类型。

（3）-pedantic 选项

如果加上-pedantic 选项，那么使用了扩展语法的地方将产生相应的警告信息。允许发出 ANSI C 标准所列的全部警告信息，同样也保证所有没有警告的程序都是符合 ANSI C 标准的。使用命令如下：

```
$ gcc -pedantic warning.c -o warning
```

其运行结果如图 3-5 所示，可以看出，使用该选项查出了“long long”这个无效数据类型的错误。

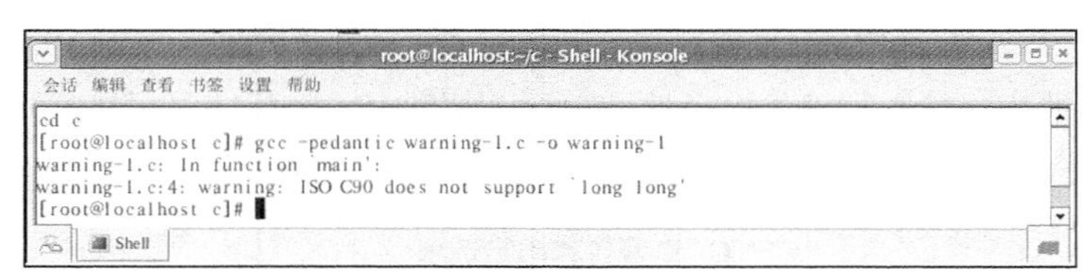

图 3-5 pedantic 选项出现的警告信息

3. GCC 优化选项分析

GCC 代码优化是指通过编译选项“-On”来控制代码的生成，进而改善代码的执行性能。对于大程序来说，使用代码优化选项可以大幅度提高代码的运行速度。GCC 默认提供了 5 级优化选项的集合。

-O 用来开启优化编译选项。

① -O0：默认模式，不做任何优化。

② -O1：优化。该模式下对于一个大的函数或功能会花费更多的时间和内存。

③ -O2：相对-O1 进一步优化。与-O1 比较，-O2 将会花费更多的编译时间，当然也会生成性能更好的代码。

④ -O3：更进一步优化。-O3 打开-O2 指定的所有优化操作并且打开-finline-functions、-funswitch-loops、-fgcse-after-reload 优化选项。

⑤ -Os：针对程序空间大小优化（多用于嵌入式系统）。-Os 能使-O2 中除去会增加程序空间的所有优化参数。同时-Os 还会执行更加优化程序空间的选项。

注意：一般来说，优化级别越高，生成可执行文件的运行速度也越快，但消耗在编译上的时间就越长，因此在开发的时候最好不要使用优化选项，到软件发行或开发结束的时候才考虑对最终生成的代码进行优化。

4. GCC 的体系结构相关选项

GCC 的体系结构相关选项在嵌入式的设计中会有较多的应用（见表 3-16），读者需根据不同体系结构将对应的选项进行组合处理。

表 3-16　GCC 的体系结构相关选项

选项	含义
-mcpu=type	针对不同的 CPU 使用相应的 CPU 指令。可选择的 type 有 i386、i486、pentium 及 i686 等
-mieee-fp	使用 IEEE（电气电子工程师学会）标准进行浮点数的比较
-mno-ieee-fp	不使用 IEEE 标准进行浮点数的比较
-msoft-float	输出包含浮点库调用的目标代码
-mshort	int 类型作为 16 位处理，相当于 short int
-mrtd	强行将函数参数个数固定的函数用 ret NUM 返回，节省调用函数的一条指令

3.3.4 库依赖原理

在 Linux 环境下使用 C 语言开发应用程序时，完全不使用第三方函数库的情况是比较少见的，通常都需要借助一个或多个函数库的支持才能完成相应的功能。从程序员的角度看，函数库实际上就是一些头文件（.h）和库文件（.so 或者.a）的集合。虽然 Linux 环境下大多数函数都默认将头文件放到/usr/include/目录下，而库文件则放到/usr/lib/目录下，但并不是所有的情况都是这样。正因如此，GCC 在编译时必须让编译器知道如何查找所需要的头文件和库文件。

1. -I 选项

-I 选项就是用来指定程序要链接的库，-I 选项紧接着就是库名。例如在编译 libtest-1.c 程序时要包含一个 libtest.so 库文件，首先要将 libtest.so 复制到 usr/lib 中，输入如下命令：

```
gcc libtest-1.c -o libtest-1 -Itest
```

其中，-I 后面的库名是把库文件名的头“lib”和尾“.so”去掉，就是库名“test”。

2. -L 选项

如果库文件不在/usr/lib/标准位置，那么可以通过-L 选项向 GCC 的库文件搜索路径中添加新的目录。

例如，编译 libtest-2.c 程序时需要的库文件 libdavid.so 在/home/david/lib/目录下，为了让 GCC 能够顺利地找到它，可以使用下面的命令：

```
gcc libtest-2.c -o libtest-2 -L/home/david/lib -idavid
```

3.4 GDB 程序调试器

所谓调试，指的是对编好的程序用各种手段进行查错和排错的过程，进行这种查错处理时，并不仅仅是运行一次程序检查结果，而是对程序的运行过程、程序中的变量进行各种分析和处理。

在程序编译通过，生成可执行文件之后，就进入了程序的调试环节。调试一直是程序开发的重中之重，帮助程序员迅速找到错误的原因是调试器的目标。GDB 是 GNU 开源组织发布的一个 Linux 环境下的程序调试工具，它是一种强大的命令行调试工具。一般来说，GDB 主要实现以下 4 个方面的功能。

（1）启动程序，可以按照程序员自定义的要求来运行。

（2）让被调试的程序在设置的断点处停住，其中断点可以是条件表达式。

（3）检查当程序被停住时所发生的事。

（4）动态地改变程序的执行环境。

首先编写一个用于调试的测试程序 gdbtest.c。这个程序有一个名为 get_sum 的函数，可用来求 1 到 n 的和。源程序（gdbtest.c）代码如下。

```
#include<stdio.h>
int get_sum(int n)
{
    int sum=0,i;
    for(i=0;i<n;i++)
        sum+=i;
    return sum;
}

int main()
{
    int i=100,result;
    result=get_sum(i);
    printf("1+2+...+%d=%d\n",i,result);
    return 0;
}
```

编译并运行该程序：

```
$ gcc gdbtest.c -o gdbtest
$ ./gdbtest
1+2+…+100=4950
```

程序输出 4950，本意是求 1~100 的和，应该输出 5050。程序虽然没有语法错误，但显然存在逻辑上的错误。

3.4.1 在程序中加入调试信息

GDB 调试的对象是可执行文件，而不是程序的源代码，如果要使一个可执行文件可以被 GDB 调试，那么在使用编译器 GCC 编译程序时需要加入-g 选项。-g 选项告诉 GCC 在编译程序时加入调试信息，这样 GDB 才可以调试这个被编译的程序。

在编译程序的时候加入调试信息，在终端输入命令为：

```
$ gcc -g -o gdbtest gdbtest.c
```

编译程序 gdbtest.c 生成 gdbtest 可执行文件，其中加入了调试所需要的信息。

3.4.2 启动和退出 GDB 调试器

在调试信息之前需要启动 GDB，在终端输入以下命令：

```
$ gdb gdbtest
```

这时，系统会给出 GDB 的启动信息，这些提示显示了 GDB 的版本和版权信息。要退出 GDB 时，只用输入“quit”或其简写“q”就可以了。

3.4.3 显示和查找程序源代码

在 GDB 中输入 list 命令就可以查看所载入的文件。格式如下：

```
(gdb)list n1,n2
```

在调试过程中查看 n1 和 n2 之间的代码，如果没有参数，表示从当前执行行查看，每次显示 10 行。list 可以简写为 l。

下面举例说明，将 gdbtest.c 文件编译成可执行文件，使用 GDB 调试并查看代码。

步骤一，使用-g 选项编译后的程序为 gdbtest：

```
$ gcc -g -o gdbtest gdbtest.c
```

步骤二，在 GDB 命令后输入如下 list 命令：

```
$ list 1
```

显示的结果如图 3-6 所示。

```
(gdb) list 1
1       #include<stdio.h>
2       int get_sum(int n)
3       {
4           int sum=0,i;
5           for(i=0;i<n;i++)
6               sum+=i;
7           return sum;
8       }
9
10      int main()
(gdb) 
```

图 3-6 GDB 调试窗口

可见显示第 1 行附近的 10 行，所以从第 1 行开始到第 10 行结束，按 Enter 键再显示 10 行，直到显示完为止。例如输入以下命令：

```
(gdb)list 11
```

将显示第 11 行附近的 10 行，也就是 6~15 行代码。

3.4.4 设置和管理断点

1. 以行号设置断点

GDB 可以根据用户的需求设置断点。例如，在例中的第 6、8、10 行设置断点命令如下：

```
(gdb)break 6
(gdb)break 8
(gdb)break 10
```

2. 查看断点情况

使用命令“info breakpoint”查看程序中设置的断点。

3. 删除断点

disable 只是让某个断点暂时失效，断点依然存在于程序中。如果要彻底删除某个断点，可以使用 clear 或 delete 命令。命令如下所示。

① clear：删除程序中所有的断点。

② clear 行号：删除此行的断点。

③ clear 函数名：删除该函数的断点。

④ delete 断点编号：删除指定编号的断点。如果一次要删除多个断点，各个断点编号以空格隔开。

3.4.5 执行程序和获得帮助

使用 gdb gdbtest 命令装入程序，程序并没有运行。如果要使程序开始运行，在提示符下输入 run 命令即可。

如果想要详细了解 GDB 某个命令的使用方法，可以使用 help 命令。例如：

```
(gdb)help list
(gdb)help all
```

前一个命令列出 list 命令的帮助信息，后一个命令列出所有 GDB 命令的帮助信息。

3.4.6 控制程序的执行

GDB 中输入 run 命令可以使这个程序以调试的模式运行，若想从程序中指定行开始运行，可在后面加上行号。

1. 单步运行命令

next 命令和 step 命令都是指在下一行停下，next 命令和 step 命令的区别在于：若有函数调用的时候，step 命令会进入该函数内部，而 next 命令只是一步完成函数的调用。

2. 恢复程序运行

continue 命令是指恢复程序运行，在下一个断点处或程序结束时停止。

3.4.7 查看和设置变量的值

当程序执行到中断点暂停执行时，往往要查看变量或表达式的值，借此了解程序的执行状态，进而发现问题所在。

1. print 命令

print 命令一般用来输出变量或表达式的值，也可以用来输出内存中从某个变量开始的一段内存区域的内容，还可以用来对某个变量进行赋值。命令如下所示。

① print 变量或表达式：输出变量或表达式当前的值。

② print 变量值：对变量进行赋值。

③ print 表达式@要输出的值的个数 n：输出以表达式值开始的 n 个数。

2. set 命令

set 命令可以用来给变量赋值，使用格式是：

```
set variable 变量=值
```

除了这个用法外，set 命令还有一些其他用法，例如可以针对远程调试进行设置，设置 GDB 一行的字符数等。

3.5 make 工程管理器

make 工程管理器可以同时管理一个项目中多个文件的编译链接和生成。make 其实是个“自动编译管理器”。“自动”是指它能够根据文件时间去自动发现更新过的文件而减少编译的工作量。

3.5.1 make 工具使用

make 是通过 makefile（或 Makefile）文件中的内容自动执行大量的编译工作的，而用户只需要编辑一些简单的语句，这极大地提高了实际项目的工作效率，几乎所有 Linux 中的项目都使用 make。

makefile 文件需要按照某种语法进行编写，文件中需要说明如何编译各个源文件并链接生成可执行文件，并要求定义源文件之间的依赖关系。当项目中的源文件达到一定规模时，编写 makefile 文件是比较吃力的，所以在实际工程项目中，常使用 autotools 系列工具自动生成 makefile 文件。

使用 make 编译工程时需要使用命令 make，其语法规则如下。

```
make [选项][目标]
```

如果省略选项和目标，则 make 会寻找当前目录下的 makefile 文件，解释执行其中的规则。其中，目标为 makefile 文件中的规则中的目标文件。make 常用的选项如下。

① -f，告诉 make 使用指定的文件作为 makefile 文件。

② -d，显示调试信息。

③ -n，测试模式，并不真正执行任何命令。

④ -s，安静模式，不输出任何信息。

3.5.2 makefile 基本结构

首先用一个示例来说明如何建立一个 makefile 文件。makefile 文件的操作规则如下。

（1）如果这个工程没有编译过，所有 C 文件都要编译并被链接。

（2）如果这个工程的某几个 C 文件被修改，只需编译被修改的 C 文件，并链接目标程序。

（3）如果这个工程的头文件被改变了，需要编译引用这几个头文件的 C 文件，并链接目标程序。

只要 makefile 文件写得足够好，所有的这一切只用一条 make 的命令就可以完成，因为 make 会自动智能地根据当前文件的修改情况来确定哪些文件需要重新编译，从而自动编译所需要的文件并链接目标程序。在一个 makefile 文件中，通常包含如下内容。

（1）make 创建的目标体（target），通常是目标文件或可执行文件。

（2）目标体所依赖的文件（dependency_files）。

（3）创建每个目标体时需要运行的命令。

```
target : dependency_files
<Tab>command
```

命令第一行冒号前面的部分，叫作“目标（target）”，冒号后面的部分叫作“依赖体（dependency_files）”；第二行必须由一个 Tab 键起首，后面跟着“命令（command）”。

编写传统的“Hello World”源程序并命名为 hello.c，其源代码如下：

```
#include<stdio.h>
int main()
{
    printf("Hello World!\n");
    return 0;
}
```

创建的目标体为 hello.o，执行的命令为 GCC 编译指令：gcc –c hello.c hello.o。然后生成目标体，执行的命令为 GCC 编译指令：gcc hello.o -o hello。那么，对应的 makefile 文件内容为：

```
hello:hello.o
    gcc hello.c -o hello
hello.o:hello.c
    gcc -c hello.c -o hello.o
```

接着就可以使用 make 命令，使用 make 命令的格式为：make target。这样 make 命令会自动读入 makefile 执行对应 target 的 command 语句，并会找到相应的依赖文件。

下面通过一个实例来讲述 make 工程管理器和 makefile 文件的关系。在一个工程中包含一个头文件和五个 C 文件，其中实现加法功能的程序 add.c 源代码如下：

```
void  add(int a , int b)
{
    printf("the add result is %d\n",a+b);
}
```

实现减法功能的程序 dec.c 源代码如下：

```
void  dec(int a, int b)
{
    printf("the dec result is %d\n",a-b);
}
```

实现乘法功能的程序 mul.c 源代码如下：

```
void  mul(int a, int b)
{
    printf("the mul result is%d\n",a*b);
}
```

实现除法功能的程序 div.c 源代码如下：

```
void div(int a, int b)
{
    if(b!=0)
    {
        printf("the div result is%d\n",a/b)
    else
    {
        printf("the div result is error\n");
    }
}
```

主程序 main.c 代码如下：

```
#include<stdio.h>
void main( )
{
    add(4,2);
    dec(4,2);
    mul(4,2);
    div(4,2);
    div(4,0);
}
```

头文件 main.h 源代码如下：

```
void add(int,int);
void dec(int,int);
void mul(int,int);
void deiv(int,int);
```

其中应用到了前面讲述的三个规则，其 makefile 文件内容如下：

```
#makefile
program:main.o add.o dec.o mul.o div.o
     gcc mian.o add.o dec.o mul.o div.o  -o  program
main.o:main.c main.h
     gcc -c add.c  -o  add.o
add.o:add.c
     gcc -c add.c  -o  add.o
dec.o:dec.c
     gcc -c dec.c  -o  dec.o
mul.o:mul.c
     gcc -c mul.c  -o  mul.o
div.o:div.c
     gcc -c div.c  -c  div.o
clean:
     rm *.o program
```

从上面的例子可注意到，第一个字符为#的行为注释行，如果一行写不完则可使用反斜杠“\”换行续写，这样使 makefile 文件更易读。把这个内容保存在“makefile 文件”或“makefile 文件夹”的文件中，然后在该目录下直接输入 make 命令，就可以生成可执行文件 program。如果要删除执行文件和所有的中间文件，只要简单地执行一下 make clean 就可以了。

在这个 makefile 文件中，目标文件（target）包含如下内容：执行文件 program 和中间目标文件（*.o）；依赖文件（dependency_files），即冒号后面的.c 文件和.h 文件，每一个.o 文件都有一组依赖文件，而这些.o 文件又是执行文件 program 的依赖文件。依赖关系的实质是说明目标文件由哪些文件组成，换言之，目标文件是那些文件更新的结果。在定义好依赖关系后，后续的代码定义了如何生成目标文件的操作系统命令，这些命令一定要以一个 Tab 键作为开头。

make 并不管命令是怎么工作的，它只管执行所定义的命令。make 会比较 target 文件和 dependency_files 文件的修改日期，如果 dependency_files 文件的日期比 target 文件的日期要新，或者 target 不存在，make 会执行后续的命令。另外，clean 不是一个文件，它只不过是一个动作名字，有点像 C 语言中的 label 一样，冒号后什么也没有，这样 make 就不会自动去找文件的依赖性，就不会执行其后所定的命令，要执行其后的命令，就要在 make 的命令后明显地指出这个 label 的名字。这样的方法非常有用，可以在一个 makefile 文件中定义不用编译或是和编译无关的命令，如程序的打包或备份等。

在默认方式下，只输入 make 的命令，它会做如下工作：make 会在当前目录下找名字为“makefile 文件”或“makefile 文件夹”的文件。如果找到，它会找文件中的第一个目标文件（target）。在上面的例子中，它会找到 program 这个文件，并把这个文件作为最终的目标文件；如果 program 文件不存在，或是 program 所依赖的后面.o 文件的修改时间要比 program 这个文件新，它就会执行后面所定义的命令来生成 program 文件。如果 program 所依赖的.o 文件也不存在，make 会在当前文件中找目标为.o 文件的依赖性，如果找到，则会根据规则生成.o 文件（类似一个堆栈的过程）。当然，.c 文件和.h

文件如果存在，make 会自动生成.o 文件，然后再用.o 文件生成 make 的最终结果，也就是执行文件 program。这就是整个 make 的依赖性，make 会一层又一层地去找文件的依赖关系，直到最终编译出第一个目标文件。在寻找的过程中，若出现错误，如最后被依赖的文件找不到，make 就会直接退出，并报错。对于所定义的命令的错误，或是编译不成功，make 就不会处理。如果在 make 找到了依赖关系之后，冒号后面的文件不存在，make 仍不工作。

通过上述分析可以看出，clean 没有被第一个目标文件直接或间接关联时，它后面所定义的命令将不会被自动执行，不过，可以使用 make 执行，即使用命令 make clean，以此来清除所有的目标文件，并重新编译。

在编译中，如果这个工程已被编译过，当修改了其中一个源文件时，如 add.c，根据依赖性，目标 add.o 会被重新编译（也就是在这个依赖性关系后面所定义的命令），则 add.o 文件也是最新的，即 add.o 文件的修改时间要比 program 新，因此 program 也会被重新链接了。下面是使用 makefile 编译程序的操作过程。

```
$ ls
add.c  dec.c  div.c  main.c  main.h  makefile  mil.c
$  make
gcc -c main.c  -o  main.o
gcc -c add.c  -o  add.o
gcc -c dec.c  -o  dec.o
gcc -c mul.c  -o  mul.o
gcc -c div.c  -o  div.o
gcc mian.o  add.o  dec.o  mul.o  div.o  -o program
$ ls
add.c  add.o  dec.c  dec.o  div.o  div.o  main.c  main.h  main.o  makefile  mul.c  mul.o
program
$ ./program
the add result is 6
the dec result is 2
the mul result is 8
the div result is 2
the div result is error
$ make clean
rm * .o program
$ ls
add.c  dec.c  div.c  main.c  main.h  makefile  mul.c
```

3.5.3 makefile 变量

GUN 的 make 工具除提供建立目标的基本功能外，还有一些便于表达依赖性关系及建立目标命令的特点，其中之一就是变量或宏的定义能力。如果要以相同的编译选项同时编译十几个 C 源文件，为每个目标的编译指定冗长的编译选项非常乏味，利用简单的变量定义，可以避免这种乏味的工作。在上面的例子中，先通过一个 makefile 来看基本规则。

```
program:main.o add.o dec.o mul.o div.o
    gcc main.o add.o dec.o mul.o div.o -o program
```

可以看到，.o 文件的字符串被重复了两次。如果这个工程加入一个新的.o 文件，需要在两个位置插入。当然，这个 makefile 文件并不复杂，因此在两个位置加就可以了。但如果 makefile 文件变得复杂，就要在第三个位置插入，该位置容易被忘掉，从而会导致编译失败。因此，为了 makefile 文件易维护，在 makefile 文件中可以使用变量。makefile 文件的变量也就是一个字符串，可以理解成 C 语言中的宏。例如，声明一个变量 objects，在 makefile 文件一开始可以这样定义：

```
objects= main.o add.o dec.o mul.o div.o
```

于是，就可以很方便地在 makefile 文件中以$(objects)的方式来使用这个变量了。改良版的 makefile 文件内容如下：

```
objects= main.o add.o dec.o mul.o div.o
program: $ (objects)
        gcc $ (objects)  -o  program
main.o:main.c main.h
        gcc -c main.c  -o  main.o
add.o:add.c
        gcc -c add.c  -o  add.o
dec.o:dec.c
        gcc -c dec.c  -o dec.o
mul.o:mul.c
        gcc -c main.c  -o  main.o
dic.o:div.c
        gcc -c dic.c  -o  div.o
clean:
        rm * .o program
```

如果有新的.o 文件加入，只需简单修改一下 objects 变量就可以了。make 允许在 makefile 中创建和使用变量，这大大提高了效率。所谓的变量其实是用指定文本串在 makefile 中定义的一个名字，这个变量的值即文本串内容，分为用户自定义变量、预定义变量、自动变量及环境变量。如上例中的 objects 就是用户自定义变量，自定义变量的值由用户自行设定，而预定义变量和自动变量为通常在 makefile 中都会出现的变量，其中部分有默认值，也就是常见的设定值，当然用户可以对其修改。

make 预定义了许多用于定义程序名或给这些程序传递的标志和参数，即预定义变量。表 3-17 给出了一些常用的预定义变量，包含了常见编译器、汇编器的名称及其编译选项。

表 3–17　makefile 中常见的预定义变量

变　量	说　明
AR	库文件维护程序的名称，默认值为 ar
AS	汇编程序的名称，默认值为 as
CC	C 编译器的名称，默认值为 cc
CXX	C++编译器的名称，默认值为 g++
RM	文件删除程序的名称，默认值为 rm -f
ARFLAGS	库文件维护程序的选项，默认值为 rv
ASFLAGS	汇编程序的选项，无默认值
CFLAGS	C 编译器的选项，无默认值
CPPFLAGS	C 预编译的选项，无默认值
CXXFLAGS	C++编译器的选项，无默认值

可以看出，表中的 CC 和 CFLAGS 是预定义变量，其中，由于 CC 没有采用默认值，因此，需

要把“CC=gcc”明确列出来。在嵌入式开发中往往先在宿主机上进行开发调试，这个时候使用的是和宿主机 CPU 架构相同的编译器。然后需要移植到 CPU 为其他架构的目标机器上去，这个时候就需要使用适合目标机器 CPU 的编译器重新编译，有了 CC 这个预定义变量，只需要简单地使用 CC 来更换编译器便可实现交叉编译过程。另外，CFLAGS 也是经常用到的预定义变量，通过这个变量用户可以很容易地设置编译时需要的一些选项。

由于常见的 GCC 编译语句中通常包含了目标文件和依赖文件，而这些文件在 makefile 文件中目标体的一行已经有所体现，因此，为了进一步简化 makefile 的编写，就引入了自动变量。自动变量通常可以代表编译语句中出现的目标文件和依赖文件等。表 3-18 列出了 makefile 中常见的自动变量。

表 3–18　　makefile 中常见的自动变量

宏	含义
$@	规则的目标所对应的文件名
$*	不包含扩展名的目标文件名称
$+	所有的依赖文件，以空格分开，并以出现的先后为序，可能包含重复的依赖文件
$%	如果目标是归档成员，则该变量表示目标的归档成员名称
$<	规则中的第一个相关文件名
$^	规则中所有相关文件的列表，以空格为分隔符
$?	规则中日期新于目标的所有相关文件的列表，以空格为分隔符
$(@D)	目标文件的目录部分（如果目标在子目录中）
$(@F)	目标文件的文件名部分（如果目标在子目录中）

3.5.4 makefile 规则

makefile 的规则是进行 make 处理的依据，它包括了目标体、依赖文件及其之间的命令语句。一般来说，makefile 中的一条语句就是一个规则。如“$(CC) $(CFLAGS) –c $< -o $@”，明显地指出了 makefile 中的规则关系，但为了简化 makefile 的编写，make 定义了隐式规则和模式规则，下面分别进行讲解。

1. 隐式规则

在使用 makefile 文件时，有一些会经常使用而且使用频率非常高的内容。本节讲述的就是一些在 makefile 文件中隐含的、早先约定了的、不需要再写出来的规则。隐含规则也就是一种惯例，make 会按照这种“惯例”“心照不宣”地来运行，哪怕 makefile 文件中没有书写这样的规则。例如，把.c 文件编译成.o 文件这一规则，根本就不用写出来，make 会自动推导出这种规则，并生成需要的.o 文件。make 会自动搜索隐式规则目录来确定如何生成目标文件。表 3-19 给出了常见的隐式规则目录。

表 3–19　　常见的隐式规则目录

对应语言后缀名	规　则
C 编译：.c 变为.o	$(CC) -c $(CPPFLAGS) $(CFLAGS)
C++编译：.cc 或.c 变为.o	$(CXX) -c $(CPPFLAGS) $(CXXFLAGS)
Pascal 编译：.p 变为.o	$(PC) -c $(PFLAGS)
Fortran 编译：.r 变为.o	$(FC) -c $(FFLAGS)

根据隐式规则将上面的 makefile 文件进一步简化如下：

```
#makefile
objects = main.o add.o dec.o mul.o div.o
CC = gcc
CFLAGS = - Wall  -O  -g
program : $^  -o  $ @
$(CC)  $^  -o  $ @
clean:
rm * .o program
program : $(objects)
$ (CC)  $^  -o  $ @
clean:
rm * .o program
```

为什么可以省略后面 main.c、add.c、dec.c、mul.c 和 div.c 五个程序的编译命令呢？

因为 make 的隐式规则指出：所有“.o”文件可以自动由“.c”文件使用命令“$(CC)　$(FLAGS) -c file.c　–o file.o”。这样 main.o、add.o、dec.o、mul.o 和 div.o 就会分别调用这个规则生成。

2. 模式规则

模式规则是用来定义相同处理规则的多个文件的。它不同于隐式规则，隐式规则仅能用 make 默认的变量进行操作，而模式规则还能引入用户自定义变量，为多个文件建立相同的规则，从而简化 makefile 的编写。模式规则提供了扩展 make 的隐式规则的一种方法，它的目标必须含有符号“%”，这个符号可以与任何非空字符串匹配：为与目标中的“%”匹配，这个规则的相关文件部分也必须使用“%”。例如，下面的规则：

```
%.o : %.c
```

告诉 make 所有形为.o 的目标文件都应从源文件.c 编译而来。例如：

```
%.o : %.c
    $(CC) -c  $(CFLASS)  $(CPPFLAGS) $< -o $@
```

模式规则的格式类似普通规则，这个规则中的相关文件前必须用“%”标明。这种规则更加通用，因为可以利用模式规则定义更加复杂的依赖性规则。

3.6　项目实训：makefile 的编写

3.6.1　实训描述

编写由多个 C 文件组成的项目的 makefile 文件。例如，项目由 9 个源文件组成，文件名分别是 add.h、add.c、dec.h、dec.c、mul.h、mul.c、div.h、dev.c、main.c，下面列出其源代码。

（1）add.h

```
void addprint();
```

（2）add.c

```
#include<stdio.h>
#include"add.h"
void addprint()
{
   printf("This is add print!\n");
}
```

（3）dec.h

```
void decprint();
```

（4）dec.c

```
#include<stdio.h>
#include" dec.h"
void dec print()
{
   printf("This is dec print!\n");
}
```

（5）mul.h

```
void mul print();
```

（6）mul.c

```
#include<stdio.h>
#include" mul.h"
void  mul print()
{
   printf("This is mul print!\n");
}
```

（7）div.h

```
void  div print();
```

（8）div.c

```
#include<stdio.h>
#include" div.h"
void  div print()
{
   printf("This is div print!\n");
}
```

（9）main.c

```
#include"add.h"
#include"dec.h"
#include"mul.h"
#include"div.h"

int main()
{
   addprint();
   decprint();
   mulprint();
   divprint();

   return 0;
}
```

3.6.2 编写流程

编写任何一个工程的 make 脚本，都要遵照相应的步骤。下面列出编写一个 make 脚本常用的步骤。

（1）步骤 1：编写可执行文件生成规则。例如例子中要生成的可执行文件名称为 app，则要生成可执行文件所需要的 5 个 object 文件，分别是 main.o、add.o、dec.o、mul.o 和 div.o，即 app 依赖于这 5 个文件。

而由这 5 个文件生成可执行文件 app 的命令是“gcc -o app main.o add.o dec.o mul.o div.o”，所以第 1 步要编写的规则是：

```
app:main.o add.o dec.o mul.o div.o
    gcc -o app main.o add.o dec.o mul.o div.o
```

（2）步骤 2：编写目标文件生成规则。各个目标文件的生成规则如下。

main.o 文件由 main.c 文件生成，而 main.c 文件又包含了 4 个头文件，分别是 add.h、dec.h、mul.h 和 div.h，因此它的生成规则为：

```
main.o:main.c add.h dec.h mul.h div.h
    gcc -c main.c
```

add.o 文件由同名 C 文件生成，生成规则为：

```
add.o:add.c add.h
    gcc -c add.c
```

dec.o 文件、mul.o 文件和 div.o 文件也可以用类似 add.o 的生成规则。

（3）步骤 3：编写伪目标规则。一般要在后面定义一个伪目标：clean。它的生成规则为：

```
clean:
    $(RM) *.o app
```

将上述的规则合并在一起，便得到所需的 makefile 文件：

```
app:main.o add.o dec.o mul.o div.o
    gcc -o app main.o add.o dec.o mul.o div.o
main.o:main.c add.h dec.h mul.h div.h
    gcc -c main.c
add.o:add.c add.h
    gcc -c add.c
dec.o:dec.c dec.h
    gcc -c dec.c
mul.o:mul.c mul.h
    gcc -c mul.c
div.o:div.c div.h
    gcc -c div.c
clean:
    $(RM) *.o app
```

3.6.3　make 脚本的测试

针对编写的 make 脚本，进行测试，其中测试命令如下：

```
$ make clean
rm -f *.o app
$ make
gcc -c main.c
gcc -c add.c
gcc -c dec.c
gcc -c mul.c
gcc -c div.c
gcc -o app main.o add.o dec.o mul.o div.o
```

输入 make 命令，如有错误，可以根据错误提示进行相应的修改。这里可以看到，执行 make 命令后，生成目标文件与可执行文件，证明 make 文件编写正确。

3.7 本章小结

程序的编译和调试是编程的重要环节。本章讲解使用 GCC 对源程序编译的各种设置和参数作用。在软件开发中出现错误在所难免，所以本章还介绍了 GDB 的程序调试步骤，进而深入地阐述了 GCC 的功能和一些高级调用方法。

习题

一、填空题

1. 从 VIM 的插入模式（编辑模式）进入 VIM 的命令模式，需要输入______。从命令模式进入插入模式，应当输入______。

2. 如果修改了文件后，想退出并保存文件，应当在命令模式下输入______，如果想不保存强行退出，则应当输入______。

3. 如果想让 VIM 显示行号，需要输入命令______。

4. 编译就是将源程序转换为计算机可以执行的二进制代码。在 Linux 环境下，目标文件的默认后缀为_______。

5. GCC 跳过链接，只把源代码编译成目标程序使用的选项是______。

6. GDB 可以根据用户的需求设置断点，命令为_________ 。

7. 在默认的方式下，只要输入____________命令，就可以使 make 工作。

8. make 会在当前目录下找名字叫____________的文件。

二、简答题

1. 简述 VIM 中 i、$、b、w、d、y、p、Ctrl + B、Ctrl + F 的作用。

2. 简述使用 GCC 编译 C 程序的过程。

3. 简述 GDB 中的 next 和 step 命令的区别。

4. 简述 make 的命令格式及工作过程。

三、操作题

操作具体内容如下。

（1）在/tmp 目录下建立一个名为 vitest 的目录。

（2）进入 vitest 目录。

（3）将/etc/man.config 复制到 vitest 目录下。

（4）使用 VIM 打开本目录下的 man.config 文件，并设定行号。

（5）移动到第 58 行，向右移动 40 个字符，看到的双引号内是什么目录？

（6）移动到第一行，并且向下搜寻 bzip2 这个字符串，它在第几行？

（7）接下来，要将 50~100 行的“小写 man 字符串”改为“大写 MAN 字符串”，并且一个个挑选，是否需要修改？如何下达指令？

（8）修改完之后，突然反悔了，要全部复原，有哪些方法？

（9）要复制 65~73 行这 9 行的内容，并且贴到最后一行之后。

（10）到第 27 行，删除 15 个字符，结果出现的第一个单字是什么？

（11）在第一行新增一行，该行内容输入“I am a student...”。

（12）保存后离开。

04 第4章　文件操作

本章首先介绍 Linux 环境下文件系统的相关内容；然后介绍基于文件描述符的 I/O 操作，包括文件的创建、打开与关闭，文件的读写、定位，文件属性的修改以及目录文件的操作；最后结合具体的项目案例——网络数据传输中的日志管理功能，阐述文件相关操作的具体应用。

本章学习目标：

- 掌握文件的创建、打开与关闭方法
- 掌握文件的读写、定位方法
- 掌握文件属性的修改方法
- 掌握目录文件的操作方法

4.1　文件系统

文件系统是 Linux 系统中比较重要的一个内容。Linux 文件系统是按照数据结构中树形的层次结构展开的有序组织的文件机构，负责管理和存储文件信息。整个文件系统有一个根目录“/”，且其由三部分组成：管理的文件、被管理的文件以及文件管理所需的软件。

Linux 操作系统支持各种文件系统，例如常见的 VFAT、NTFS、ReiserFS、ext、ext2、ext3 等文件系统，使 Linux 可以与各种操作系统互相通信和共享数据。Linux 文件系统主要由文件和目录两部分组成，所以对 Linux 文件系统的操作主要是对文件的操作和对目录的操作。

文件包含文件的数据和文件的属性两个方面的内容。文件的数据就是文件本身所涵盖的数据，指文件的具体数据内容；文件的属性，也叫元数据，具体指文件的创建时间、权限、大小、所有者等相关信息。目录事实上也是一种文件，也叫目录文件。目录文件也包含数据和属性两个方面的内容。目录文件的数据就是该目录下的子目录，子目录是该目录下的文件和目录的相关内容；目录文件的属性和文件属性类似，具体包含目录创建时间、权限、大小、所有者等相关信息。

文件由一系列块（Block）组成，每个块可能有 512、1024、2048 或 4096 字节，具体由系统实现决定。不同的文件系统的块的大小可以不同，但同一个文件系统的块大小是相同的。使用的块较大时，每次磁盘操作可以传输更多的数据，操作所花的时间较少，因此可以提高磁盘和内存间数据的传输率；但与此同时，若块太大，存储的有效容量也会下降。

Linux 的文件系统通常由 4 部分组成：引导块、超级块、索引节点表和数据块。

① 引导块用来存放文件系统的引导程序，用于系统引导或启动操作系统。如果一个文件系统不安放操作系统，它的引导块将为空。

② 超级块用来描述本文件系统管理的资源，它包含空闲索引节点表和空闲数据块表，具体说明文件系统的资源使用情况。

③ 索引节点表用来存储文件的控制信息，每个节点对应一个文件。

④ 数据块是磁盘上存放数据的磁盘块，包括目录文件和数据。

Linux 的文件系统如图 4-1 所示。

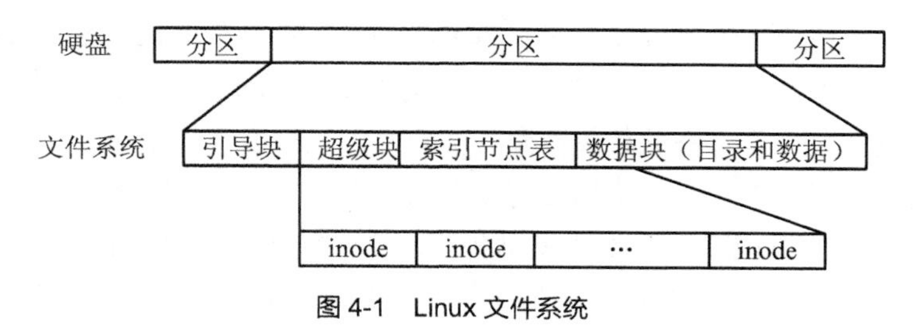

图 4-1　Linux 文件系统

1. 超级块

超级块用于描述一个文件系统的资源状态，例如文件系统的大小、空闲空间位置信息。

2. 索引节点

索引节点（inode）是 Linux 文件系统最基本的概念。一个文件的控制信息通常由 inode 给出，每个 inode 对应着一个文件。在 Linux 系统中，所有的文件都有一个与之相连的索引节点。索引节点是用来保存文件信息的，它包含如下信息：

- 文件使用的设备号；
- 索引节点号；
- 文件访问权限；
- 文件链接的数量，即硬链接数；
- 所有者用户识别号；
- 用户组识别号；
- 设备文件的设备号；
- 以字节为单位的文件容量；
- 包含该文件的磁盘块的大小；
- 该文件所占的磁盘块；
- 最后一次访问该文件的时间；
- 最后一次修改该文件的时间；
- 最后一次改变该文件状态的时间。

在 Linux 系统中定义了 stat 结构体来存放这些信息。

4.2 基于文件描述符的 I/O 操作

文件描述符与被打开文件的相关信息关联，如文件的打开模式、位置类型、初始类型等。它在形式上是一个整数，用来描述被打开文件的索引值或句柄，指向该文件的相关信息记录表。当程序打开一个现有文件或者创建一个新文件时，内核向进程返回一个文件描述符，进程通过使用它与文件建立连接，进而可以进行基于文件描述符的 I/O 操作。在 Linux 程序设计中，底层的程序编写往往会围绕着文件描述符展开输入和输出操作。因此，需要理解和掌握好基于文件描述符的概念和相关输入/输出操作。

4.2.1 文件的创建、打开与关闭

本节将介绍文件输入/输出操作的第一步：文件的创建、打开与关闭。在 Linux 系统编程中要对文件进行读写操作，首先要创建这个文件，打开此文件或已有的文件，之后才可以对其进行操作，使用完文件后需及时关闭文件，释放相关资源。

事实上，创建、打开和关闭文件都需要有文件描述符进行标识，也就是说文件的 creat、open、close 操作函数都需要文件描述符作为文件实体标识。文件描述符在形式上是一个非负整数，其取值范围在 0~NR_OPEN。Linux 中 NR_OPEN 为 255，也就是说每个程序最多只能打开 256 个文件，例如文件描述符 0 代表标准输入文件，一般就是键盘；文件描述符 1 代表标准输出文件，一般是指显示器；文件描述符 2 代表标准错误输出，一般也是指显示器。

1. 创建文件函数 creat

创建文件的系统函数是 creat，系统通过调用它来完成文件的创建工作。在 Linux 系统终端中使

用帮助命令“man creat”，得到函数的信息如下：

```
#include <sys/types.h>
#include <sys/stat.h>
#include<fcnt l.h>
int creat(const char *pathname ,mode_t  mode);
```

pathname 参数是一个字符串指针参数，表明需要创建的路径文件名，路径可以是相对路径也可以是绝对路径。mode 参数是一个整型参数，表明所创建文件的权限，包括文件所有者的读权限、写权限和执行权限，所有者同组用户的读权限、写权限和执行权限，其他用户的读权限、写权限和执行权限。

函数 creat 成功调用后返回新创建文件或新打开文件的文件描述符，调用失败则返回-1。参考例 4-1 代码。

2. 打开文件函数 open

打开文件的系统函数是 open，系统通过调用它来完成文件的打开工作。在 Linux 系统终端中使用帮助命令“man open”，得到函数的信息如下：

```
#include <sys/types.h>
#include <sys/stat.h>
#include<fcnt l.h>
int open(const char *pathname, int flags);
int open(const char *pathname, int flags, mode_t  mode);
```

pathname 参数是一个字符串指针参数，表明需要打开的路径文件名，路径可以是相对路径也可以是绝对路径。flags 参数是一个整型参数，表明所打开文件的方式，包括只读方式打开文件、只写方式打开文件和可读可写的方式打开文件，这三种方式是互斥的，不能同时有两种以上方式打开文件，但它们可与表 4-1 中所列的标志位进行或运算。参数 mode 与 creat 函数中的参数相同。

表 4-1　　flags 标志位及其含义

标志位	含义
O_CREAT	建立文件，结合参数 mode 表明文件权限
O_EXCL	O_CREAT 被设置，文件不存在则创建，否则报错
O_TRUNC	可写方式打开文件时，标志清为 0
O_APPEND	追加数据到文件后面
O_SYNC	以同步的方式打开文件
O_NONBLOCK	以非阻塞的方式打开文件

函数 open 成功调用后返回新打开文件的文件描述符，调用失败则返回-1。参考例 4-1 代码。

3. 关闭文件函数 close

关闭文件的系统函数是 close，系统通过调用它来完成文件的关闭工作。在 Linux 系统终端中使用帮助命令“man close”，得到函数的信息如下：

```
#include <unistd.h>
int close(int fd);
```

fd 参数是一个整型参数，表明需要关闭的文件描述符，此文件描述符是由上述 open 或 creat 函数返回得到。文件的关闭操作会对系统产生一些影响，例如关闭管道文件的一端时将会影响它的另一端；关闭一个引用计数器小于 1 的文件时，系统会关闭该文件的描述符和其占用的资源；关闭一个引用计数器大于 1 的文件时，则会让计数器减 1。

函数 close 成功调用后返回 0，调用失败则返回-1，参考例 4-1。

4. 综合示例

下面通过利用 creat、open 和 close 函数进行系统调用，来演示创建、打开和关闭一个文件，从而加强读者对基于文件描述符的 I/O 操作的理解，具体如例 4-1 所示。

【例 4-1】my_creat_open_close.c。

```
/****my_creat_open_close.c***/
#include <unistd.h>
#include <sys/types.h>
#include <sys/stat.h>
#include <fcntl.h>
#include <stdio.h>
int main(void)
{  int fd,size;
    char fName1[] = "mfile1.log";
    char fName2[] = "mfile2.log";
    int eFlag = -1;
    char sFlag1[]="This program is starting to show how to use creat(),open(),close()
function.\n";
    char sFlag2[]="This program is ending to show how to use creat(),open(),close()
function.\n";

    printf("%s.\n",sFlag1);

    /*以可读写的方式新建并关闭一个文件，如果存在则返回 fd*/
    fd = creat( fName1, O_WRONLY|O_CREAT );
    if ( eFlag == fd )
    {
        printf("Create file named %s failed.\n",fName1);
        return -1;
    }else{
    printf("Create file named %s succeed.\n",fName1);
    close( fd );
        //return 0;
    }

    /*以读写的方式打开并关闭一个文件*/
    fd = open( fName2, O_WRONLY|O_CREAT );
    if ( eFlag == fd )
    {
        printf("Open file named %s failed.\n",fName2);
        return -1;
    }else{
    printf("Open file named %s succeed.\n",fName2);
    close( fd );
        //return 0;
    }

    printf("%s.\n",sFlag2);
    return 0;
}
```

代码在 Linux 系统终端中的编译过程和运行结果，如图 4-2 所示。

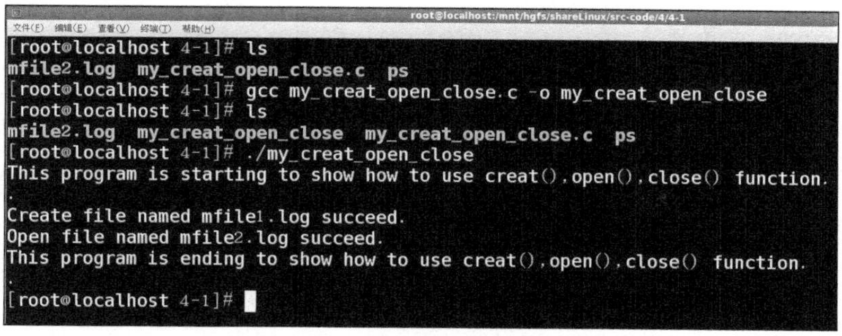

```
root@localhost:/mnt/hgfs/shareLinux/src-code/4/4-1
文件(F) 编辑(E) 查看(V) 终端(T) 帮助(H)
[root@localhost 4-1]# ls
mfile2.log  my_creat_open_close.c  ps
[root@localhost 4-1]# gcc my_creat_open_close.c -o my_creat_open_close
[root@localhost 4-1]# ls
mfile2.log  my_creat_open_close  my_creat_open_close.c  ps
[root@localhost 4-1]# ./my_creat_open_close
This program is starting to show how to use creat(),open(),close() function.
.
Create file named mfile1.log succeed.
Open file named mfile2.log succeed.
This program is ending to show how to use creat(),open(),close() function.
.
[root@localhost 4-1]# 
```

图 4-2　编译过程和运行结果

4.2.2　文件的读写操作

本节将介绍文件输入/输出操作的第二步：文件的读操作和写操作。4.2.1 节介绍了文件描述符和文件的创建、打开和关闭操作，那么文件创建和打开之后，是需要对文件进行读写操作的，读操作相当于从硬盘上取数据，写操作相当于在硬盘上存数据。读写操作都需要文件描述符的辅助，在读操作过程中文件描述符会标示从硬盘上取的具体数据，在写操作过程中文件描述符会标示在硬盘上存储的具体数据。

在 Linux 的系统编程过程中，最核心的操作就是文件的读写操作，例如用户保存数据、提交数据、上传数据，这相当于对硬盘的写操作；而用户恢复数据、下载数据、显示数据，则相当于对硬盘的读操作。总之，对于用户上层的所有操作，最终都会归结到对文件的读操作和写操作，所以 Linux 系统级的文件的读写操作，也就是本节所要讲述的 read 和 write 两个函数，是本章十分重要的内容。

1. 读文件函数 read

读文件的系统函数是 read，系统通过调用它来完成文件的读取工作。在 Linux 系统终端中使用帮助命令“man read”，得到函数的信息如下：

```
#include <unistd.h>
ssize_t read(int fd, void *buf, size_t count);
```

fd 参数是一个整型参数，表明需要读取文件的文件描述符。buf 参数是一个指向缓冲区的参数，缓冲区存放所读取的数据。count 参数是一个整型参数，代表本次所要读取数据的字节数。

函数 read 成功调用后返回本次所读取数据的字节数，调用失败则返回-1。参考例 4-2。

2. 写文件函数 write

写文件的系统函数是 write，系统通过调用它来完成文件的写入工作。在 Linux 系统终端中使用帮助命令“man write”，得到函数的信息如下：

```
#include <unistd .h>
ssize_t write(int fd, void *buf, size_t count);
```

fd 参数是一个整型参数，表明需要写入文件的文件描述符。buf 参数是一个指向缓冲区的参数，缓冲区存放所要写入的数据。count 参数是一个整型参数，代表本次所要写入数据的字节数。

函数 write 成功调用后返回本次所写入数据的字节数，调用失败则返回-1。参考例 4-2。

3. 综合示例

下面通过利用 read 和 write 函数进行系统调用，来演示读取和写入一个文件，从而加强读者对基于文件描述符的 I/O 操作的理解，具体如例 4-2 所示。

【例 4-2】my_read_write.c。

```
/****my_read_write.c***/
#include <unistd.h>
#include <sys/types.h>
#include <sys/stat.h>
#include <fcntl.h>
#include <stdio.h>
int main(void){
    int fd,size;
    char buf[100];
    char fName1[] = "ABCDEFJHIGKLMN";
    char fName2[] = "mfile2.log";
    int eFlag = -1;
    char sFlag1[]="This program is starting to show how to use read(),write(),close()
function.\n";
    char sFlag2[]="This program is ending to show how to use read(),write(),close()
function.\n";
    printf("%s.\n",sFlag1);
    /*先以读写的方式打开或创建一个文件，然后写入一个字符串到文件中*/
    fd = open( fName2, O_WRONLY|O_CREAT );
    if ( eFlag == fd ){
        printf("Open file named %s failed.\n",fName2);
        return -1;
    }else{
        printf("Open file named %s succeed.\n",fName2);
    }
    write( fd, fName1, sizeof(fName1) );
    close( fd );
    printf("write file : %s succeed.\n",fName1);
    /*先以只读方式打开文件，然后读取内容保存到 buf 指定的字符串组中并返回读取的字符个数*/
    fd = open( fName2, O_RDONLY );
    if ( eFlag == fd ){
        printf("Open file named %s failed.\n",fName2);
        return -1;
    }
    size = read( fd, buf, sizeof(buf) );
    close( fd );
    printf("read file : %s succeed.\n",buf);
    printf("%s.\n",sFlag2);
    return 0;
}
```

代码在 Linux 系统终端中的编译过程和运行结果，如图 4-3 所示。

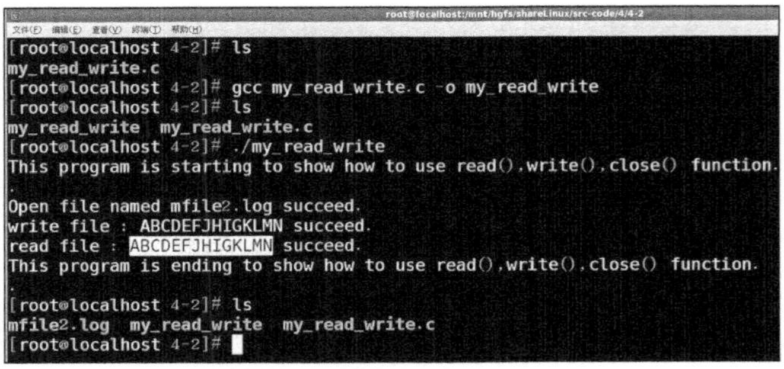

```
[root@localhost 4-2]# ls
my_read_write.c
[root@localhost 4-2]# gcc my_read_write.c -o my_read_write
[root@localhost 4-2]# ls
my_read_write  my_read_write.c
[root@localhost 4-2]# ./my_read_write
This program is starting to show how to use read(),write(),close() function.
.
Open file named mfile2.log succeed.
write file : ABCDEFJHIGKLMN succeed.
read file : ABCDEFJHIGKLMN succeed.
This program is ending to show how to use read(),write(),close() function.
.
[root@localhost 4-2]# ls
mfile2.log  my_read_write  my_read_write.c
[root@localhost 4-2]#
```

图 4-3　编译过程和运行结果

4.2.3　文件的定位

本节将介绍文件输入/输出操作的第三步：文件的定位。文件定位操作是指在文件创建、打开、读写操作基础上，便于用户能在文件任意位置进行读写文件的操作。上节介绍的文件读写操作只能从文件的开头或结尾顺序地读写文件，如果想从文件的任意位置灵活地读写文件的内容，就需要定位文件，也就用到了本节所要讲述的文件的定位函数 lseek。

定位文件的系统函数是 lseek，系统通过调用它来完成文件的定位工作。在 Linux 系统终端中使用帮助命令“man lseek”，得到函数的信息如下：

```
#include <sys/types.h>
#include <unistd.h>
off_t  lseek(int fildes, off_t offset, int whence);
```

fildes 参数是一个整型参数，表明所要操作文件的文件描述符。offset 参数是一个指向所要操作文件内容的偏移量。偏移量是指在文件中进行定位时，先确定一个基位置点，然后给出相对于它的偏移的量。whence 参数是一个整型参数，代表本次操作文件内容偏移量的相对位置，其具体的参数和含义见表 4-2 所示。

表 4-2　　whence 参数及其含义

whence 参数	含义
SEEK_SET	从文件开头位置计算偏移量
SEEK_CUR	从文件当前位置计算偏移量
SEEK_END	从文件末尾位置计算偏移量

函数 lseek 成功调用后返回相对于文件开头的偏移量，调用失败则返回-1。参考例 4-3 代码。

下面通过利用 lseek 函数进行系统调用，来演示通过文件定位对一个文件进行读写操作，从而加强读者对基于文件描述符的 I/O 操作的理解，如例 4-3 所示。

【例 4-3】my_lseek.c。

```
/****my_lseek.c***/
#include <sys/types.h>
#include <sys/stat.h>
#include <fcntl.h>
#include <unistd.h>
char buf1[] = "abcdefghij";
char buf2[] = "ABCDEFGHIJ";
int main(void){
    int fd;
    if((fd = open("file.hole", O_WRONLY | O_CREAT, S_IRUSR | S_IWUSR)) < 0){
        write(2, "create error\n", 13);
        return -1;
    }
    if(write(fd, buf1, 10) != 10){
        write(2, "buf1 write error\n", 17);
        return -1;
    }
    /* offset now = 10 */
    if(lseek(fd, 40, SEEK_SET) == -1){
        write(2, "lseek error\n", 12);
        return -1;
    }
```

```
    /* offset now = 40 */
    if(write(fd, buf2, 10) != 10){
        write(2, "buf2 write error\n", 17);
        return -1;
    }
    /* offset now = 50 */
    return 0;
}
```

在示例程序中，定义了两个全局数组，其中保存了两个待写入文件的字符串。调用 open 函数以只写（O_WRONLY）和创建（O_CREAT）方式在当前目录创建一个所有者具有读（S_IRUSR）和写（S_IWUSR）权限的普通文件 file.hole。

向文件写入“abcdefghij”，如写入成功，则写入后“当前文件位移量”为 10。调用 lseek 函数将“当前文件位移量”设置为 40，从位移量 40 处开始写入“ABCDEFGHIJ”，如写入成功，则写入后“当前文件位移量”为 50。

代码在 Linux 系统终端中的编译过程和运行结果，如图 4-4 所示。

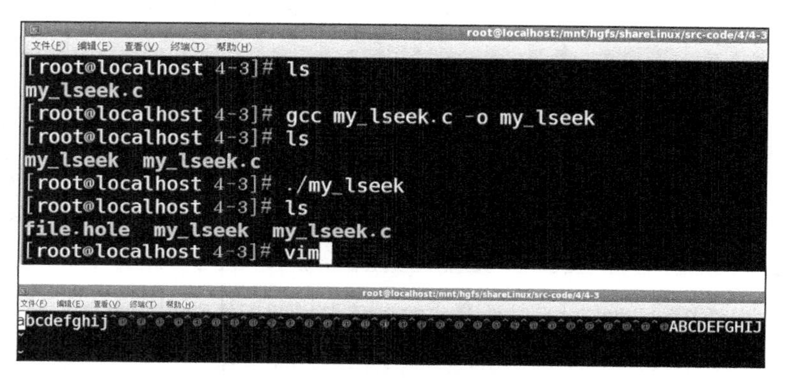

图 4-4　编译过程和运行结果

4.2.4　文件属性的修改

要想在 Linux 环境下熟练地使用文件系统，还需要掌握文件属性操作、文件命令操作和目录命令操作。Linux 系统中文件属性是比较复杂的，但是掌握文件属性对于文件系统的使用和编程，是十分有益的。本节将介绍文件属性的修改。

1. 文件访问权限的修改

Linux 系统是一种安全的操作系统，它对文件系统的权限要求比较严格。在 Linux 系统中，不同的登录用户具有不同的权限，包括对文件的读权限、写权限和执行权限，例如 root 用户是 Linux 系统的超级用户，具有对所有文件的读权限、写权限和执行权限；而一般的登录用户，只具有对本用户下文件的读权限、写权限和执行权限，而对系统文件和其他用户的文件，只有读权限，没有写权限和执行权限。因此当一般用户需要对系统文件和其他用户文件执行写权限和执行权限时，必须修改文件权限，满足具体操作需要。

文件访问权限的系统函数有两个，分别是 chmod 和 fchmod，系统通过调用它们来完成对文件权限的访问工作。这两个函数调用的功能基本一样，它们的区别是：chmod 通过使用文件路径名进行系统调用，fchmod 通过使用文件描述符进行系统调用。相对而言，文件描述符比文件路径名安全性高些，所以利用 fchmod 进行系统调用更安全些。

在 Linux 系统终端中使用帮助命令“man 2 chmod”，得到函数的信息如下：

```
#include <sys/stat.h>
int chmod(char *pathname, mode_t mode);
int fchmod(int fd, mode_t mode);
```

chmod：pathname 参数是一个字符型指针参数，表明所要操作文件的文件路径名。mode 参数是所要修改文件的权限设置。文件权限由一组八进制数来表示，也称为权限位。Linux 系统中设置了对应的标识符分别代表对应的权限位，可分别表示属主用户的读权限、写权限和执行权限，组用户的读权限、写权限和执行权限，以及其他用户的读权限、写权限和执行权限。

fchmod：fd 参数是一个整型参数，表明所要操作文件的文件描述符。参数 mode 的含义和 chmod 中的参数类似。

mode 的具体参数值和含义见表 4-3 所示。

表 4-3　　mode 的参数值及其含义

系统标识符	标识符含义	八进制取值
S_IRUSR	属主用户可读权限	00400
S_IWUSR	属主用户可写权限	00200
S_IXUSR	属主用户可执行权限	00100
S_IRGRP	组用户可读权限	00040
S_IWGRP	组用户可写权限	00020
S_IXGRP	组用户可执行权限	00010
S_IROTH	其他用户可读权限	00004
S_IWOTH	其他用户可写权限	00002
S_IXOTH	其他用户可执行权限	00001

函数调用成功后，chmod 和 fchmod 都返回 0，调用失败则返回-1。

2. 文件所有者的修改

Linux 系统中不同的用户拥有不同的文件，如果用户想改变文件的所有者，则需通过系统调用来改变该文件的所有者标识号和组用户标识号。改变文件所有者和组用户的标识号同文件访问权限的修改相似，下面给出修改文件所有者的系统调用函数 chown 和 fchown。

修改文件所有者的系统函数有两个，分别是 chown 和 fchown，系统通过调用它们来完成对文件所有者的工作。这两个系统调用的功能基本一样，区别是：chown 通过使用文件路径名进行系统调用，fchown 通过使用文件描述符进行系统调用。相对而言，文件描述符比文件路径名安全性高些，所以利用 fchown 进行系统调用更安全些。

在 Linux 系统终端中使用帮助命令“man 2 chown”，得到函数的信息如下：

```
#include <unistd.h>
int chown(const char *path, uid_t owner, gid_t group);
int fchown(int fd, uid_t owner, gid_t group);
```

chown：path 参数是一个字符型指针参数，表明所要操作文件的文件路径名。owner 参数表示新赋予该文件所有者的标识号。group 参数表示新赋予该文件所有者的组标识号。

fchown：fd 参数是一个整型参数，表明所要操作文件的文件描述符。参数 owner 和参数 group 的含义与 chown 中的参数类似。

函数调用成功后，chown 和 fchown 都返回 0，调用失败则返回-1。

3. 文件重命名

Linux 系统中用户经常需要对文件或目录进行重新命名，重命名的系统调用函数有 rename 和 mv。mv 在之前已经介绍过，下面主要介绍 rename。

在 Linux 系统终端中使用帮助命令“man 2 rename”，得到函数的信息如下：

```
#include <stdio.h>
int rename(const char *oldpath, const char *newpath);
```

oldpath 参数是一个字符型指针参数，表明所要操作文件的旧文件名。newpath 参数是一个字符型指针参数，表明所要操作文件的新文件名。

函数 rename 调用成功后返回 0，调用失败则返回-1。

4.2.5 目录文件的操作

在 Linux 系统中，目录文件是一类特殊的文件，是构成整个文件系统的基础。Linux 系统提供了对目录文件的操作的系统调用。

1. 目录文件的创建

目录文件的创建函数是 mkdir，系统通过调用它来完成目录文件的创建工作。在 Linux 系统终端中使用帮助命令“man 2 mkdir”，得到函数的信息如下：

```
#include <sys/stat.h>
#include <sys/types.h>
int mkdir(const char *pathname, mode_t mode);
```

pathname 参数是一个字符型指针参数，表明所要新创建的目录文件名。mode 参数表示该目录文件的权限设置，它由系统的 umask 码的反值和设置的 mode 的值确定。目录的所有者为调用者所在进程的标识号。

函数 mkdir 成功调用后返回 0，调用失败则返回-1。

2. 目录文件的删除

目录文件的删除函数是 rmdir，系统通过调用它来完成目录文件的删除工作。在 Linux 系统终端中使用帮助命令“man 2 rmdir”，得到函数的信息如下：

```
#include <unistd.h>
int rmdir(const char *pathname);
```

pathname 参数是一个字符型指针参数，表明所要删除的目录文件名。

函数 rmdir 成功调用后返回 0，调用失败则返回-1。

3. 目录文件的打开

目录文件的打开函数是 opendir，系统通过调用它来完成目录文件的打开工作。在 Linux 系统终端中使用帮助命令“man 3 opendir”，得到函数的信息如下：

```
#include <sys/types.h>
#include <dirent.h>
DIR *opendir(const char *name);
DIR *fdopendir(int fd);
```

opendir：name 参数是一个字符型指针参数，表明所要打开的目录文件名。函数的返回类型为 DIR 类型，指向被打开的目录文件的指针。

fdopendir：fd 参数是一个整型参数，表明所要打开文件的文件描述符。函数的返回类型为 DIR 类型，指向被打开的目录文件的指针。

函数成功调用后返回目录指针，调用失败则返回 NULL。

4. 目录文件的读取

目录文件的读取函数是 readdir，系统通过调用它来完成目录文件的读取工作。在 Linux 系统终端中使用帮助命令“man readdir”，得到函数的信息如下：

```
#include <dirent.h>
struct dirent *readdir(DIR *dirp);
```

dirp 参数是一个字符型指针参数，表明所要打开的目录文件名。函数的返回类型为 dirent 类型的结构体指针，指向该结构体。在 Linux 系统中该结构体的定义如下：

```
struct dirent {
     ino_t     d_ino;         /* inode number */
     off_t     d_off;         /* not an offset; see NOTES */
     unsigned short d_reclen;    /* length of this record */
     unsigned char  d_type;    /* type of file; not supported by all filesystem types */
     char      d_name[256];    /* filename */
 };
```

函数 readdir 成功调用后返回 dirent 结构体指针，调用失败则返回 NULL。

5. 目录文件的关闭

目录文件的关闭函数是 closedir，系统通过调用它来完成目录文件的关闭工作。在 Linux 系统终端中使用帮助命令“man closedir”，得到函数的信息如下：

```
#include <sys/types.h>
#include <dirent.h>
int closedir(DIR *dirp);
```

dirp 参数是一个字符型指针参数，指向所要关闭的目录文件名。

函数 closedir 成功调用后返回 0，调用失败则返回-1。

4.3 项目实训：日志管理功能

4.3.1 实训描述

日志一般用于记录程序运行信息，从而使开发者方便开发调试，了解生产环境执行情况。通常都要求编写负责记录程序运行的日志，以备查询和分析程序行为。

4.3.2 实训要求

日志记录模块由 log.c 和 log.h 构成，用于编写日志记录模块和测试程序。

4.3.3 实训参考

1. log.c 的编写

```
#include <stdio.h>
#include <unistd.h>
```

```
#include <stdlib.h>
#include <string.h>
#include <sys/stat.h>
#include <sys/types.h>
#include <fcntl.h>
#include "log.h"

int logfile_fd = -1;

void logcmd(char *fmt,...)
{
    va_list ap;

    va_start(ap,fmt);
    vprintf(fmt,ap);
    va_end(ap);
}

int init_logfile(char *filename)
{
    logfile_fd = open(filename,O_RDWR|O_CREAT|O_APPEND,0666);
    if(logfile_fd < 0) {
        printf("open logfile failed\n");
        return -1;
    }

    return 0;
}

int logfile(char *file,int line,char *msg)
{
    char buff[256];

    if(logfile_fd < 0)  return -1;

    snprintf(buff,256,"%s:%d %s\n",file,line,msg);
    write(logfile_fd,buff,strlen(buff));

    return 0;
}
```

2. log.h 的编写

```
#include <stdarg.h>

void logcmd(char *fmt,...);

// 打开日志文件
int init_logfile(char *filename);

// 将程序运行日志记录到文件
int logfile(char *file,int line,char *msg);
```

3. 测试程序的编写

```
#include<stdio.h>
#include"log.h"
main()
{
    char cmdbuf[]="cmd1\n";
    char msg[]="log:test\n" ;
    logcmd(cmdbuf);

    init_logfile("a.log");
    logfile("a.log",21,msg);
}
```

4.4　本章小结

文件系统的相关操作是 Linux 编程的重要环节。熟悉文件系统的 API 的调用，对于读者学习 Linux 平台下的 C 语言编程大有帮助。本章介绍了基于文件描述符的 I/O 操作的理论知识，然后结合具体的项目案例——网络数据传输中的日志管理功能，详细阐述了文件的创建、打开与关闭，文件的读写、定位，文件属性的修改以及目录文件的操作。

习题

一、选择题

1. （　　）函数可从文件中读取指定长度的数据到内存中。

A. open　　B. read　　C. write　　D. create

2. （　　）函数可将内存中的数据写入文件。

A. open　　B. read　　C. write　　D. create

3. （　　）用于描述一个文件系统的资源状态，例如文件系统的大小、空闲空间位置信息。

A. 超级节点　　B. 索引节点　　C. 头节点　　D. 超级块

4. 一个文件的控制信息通常由（　　）给出，且其对应着一个文件。

A. 超级节点　　B. 索引节点　　C. 头节点　　D. 超级块

二、填空题

1. Linux 的文件系统通常由 4 部分组成：________、________、________和________。

2. ________在形式上是一个整数，用来描述被打开文件的索引值或句柄，指向该文件的相关信息记录表。

3. 调用________函数可以打开或创建一个文件。

4. 在 Linux 系统中，以________方式访问设备。

5. 在 Linux 内核引导时，从文件________中读取要加载的文件系统。

6. ________用来存储文件的控制信息，每个节点对应一个文件。

三、思考题

1. Linux 系统有几种类型文件？它们有哪些相同点和不同点？

2. 简述文件描述符的概念。

四、综合题

1. 给出具体的示例，通过利用 creat、open、read、write、lseek 和 close 函数进行系统调用，来演示创建、打开、读取、写入、定位和关闭一个文件。

2. 给出具体的示例，通过利用 mkdir、rmdir、opendir、readdir 和 closedir 函数进行系统调用，来演示创建、删除、打开、读取和关闭一个目录文件。

05 第5章　标准I/O库

第 4 章介绍了基于文件描述符使用底层系统调用的 I/O（输入/输出）操作，本章将介绍基于流使用 C 标准库函数进行的 I/O 操作。在很多操作系统上（尤其是 Linux）都实现了标准 I/O 库，该库由 ANSI C 标准说明。标准 I/O 库是在系统调用函数基础上构造的，它处理很多细节以优化执行 I/O。与基于文件描述符的 I/O 相比，基于流的 I/O 更加简单、方便，也更高效，因而在 Linux 环境下 C 程序的编写中，基于流的 I/O 使用更为广泛。

本章学习目标：

- 掌握流的打开和关闭方法
- 掌握缓冲区的操作方法
- 掌握直接输入/输出方法
- 掌握格式化输入/输出方法
- 掌握基于字符和行的输入/输出方法

5.1 标准流的 I/O 操作

Linux 系统中基于流的 I/O 操作也是实现 Linux 底层文件输入/输出操作的重要途径。在介绍基于流的 I/O 操作之前，先介绍“流”的概念。在 Linux 系统中，“流”被看作文件和设备被打开后所形成的数据流。若要对流操作，需要借助文件指针 FILE 和标准输入/输出库函数来实现。

本节介绍的基于流的 I/O 操作和基于文件描述符的 I/O 操作相似。首先，通过调用库函数 fopen 打开对应的流，fopen 会返回一个 FILE 类型的指针；其次，流被打开后，通过使用打开流时返回的 FILE 指针，调用库函数，执行基于流的输入和输出操作；最后，当流操作完成后，通过调用库函数 fclose 将流关闭。

5.2 流的打开和关闭

本节将介绍基于流的 I/O 操作的关键一步：流的打开和关闭。

1. **打开流的函数**

打开一个流就是指建立该流和某个文件或设备间的关联关系，这样对该流的各种操作，就等同于对某个文件或设备的各种操作。

打开流的函数有三个，系统通过调用它们来完成对文件或设备的操作工作。在 Linux 系统终端中使用帮助命令“man fopen”，得到函数的信息如下：

```
#include <stdio.h>
FILE *fopen(const char *path, const char *mode);
FILE *fdopen(int fd, const char *mode);
FILE *freopen(const char *path, const char *mode, FILE *stream);
```

（1）fopen：该函数的返回类型为 FILE 类型的文件指针，用于打开一个特定的文件。path 参数是一个字符型指针参数，表明所要打开的文件名。mode 参数表示流的打开模式，例如 r 模式代表打开文本文件，只读不可写，从文件开头读；r+模式代表打开文本文件，可读可写，从文件开头读写；w 模式代表打开文本文件，可写不可读，从文件开头写；w+模式代表打开文本文件，可读可写，从文件开头读写。

（2）fdopen：该函数的返回类型为 FILE 类型的文件指针，用于将某个打开的特定文件和某个流建立关联关系。fd 参数是一个整型参数，表明所要打开文件的文件描述符。mode 参数表示流的打开模式，与 fopen 函数中的 mode 参数含义一样。

（3）freopen：该函数的返回类型为 FILE 类型的文件指针，用于在特定的流上打开特定的文件。参数 path 和参数 mode 的含义，与 fopen 函数中的参数 path 和参数 mode 的含义一样。stream 参数是一个 FILE 类型的指针，函数调用后，先关闭 stream 所指向的流，然后用它重新指向 path 所代表的文件。此函数可以对标准数据流进行重新定向。

函数成功调用后返回指向所打开流的 FILE 结构指针，调用失败则返回 NULL。

2. **关闭流的函数**

关闭一个流就是指关闭该流和某个文件或设备间的关联关系，这样就取消了该流和某个文件或设备的各种操作关系。

关闭流的函数是 fclose，系统通过调用它来完成对文件或设备取消关系的操作。在 Linux 系统终端中使用帮助命令“man fclose”，得到函数的信息如下：

```
#include <stdio.h>
int fclose(FILE *fp);
```

该函数的返回类型为整型，用于关闭一个特定的文件。fp 参数是 FILE 结构指针，表明所要关闭的文件流。如果程序结束后没有关闭流，会造成数据丢失。

函数成功调用后返回 0，调用失败则返回-1。

5.3 缓冲区的操作

本节将介绍基于流 I/O 操作过程中不可或缺的一步：缓冲区的操作。在 Linux 系统编程中打开文件或设备对应的流后，需要借助打开流时返回的 FILE 类型的指针进行缓冲区的操作。下面将介绍如何进行缓冲区的操作。

1. 缓冲区属性的设置

缓冲区的属性包括缓冲区的类型和缓冲区的大小，所以缓冲区属性的设置包括其类型和大小的设置。一般情况下，调用库函数 fopen 打开一个流后，系统会开辟一个默认类型和默认大小的缓冲区，但在具体实际应用中，用户可以根据自身需要设置缓冲区的类型和大小。

设置缓冲区属性的函数有多个，系统通过调用它们来完成对缓冲区属性的设置。在 Linux 系统终端中使用帮助命令“man setbuf”，得到函数的信息如下：

```
#include <stdio.h>
void setbuf(FILE *stream, char *buf);
void setbuffer(FILE *stream, char *buf, size_t size);
void setlinebuf(FILE *stream);
int setvbuf(FILE *stream, char *buf, int mode, size_t size);
```

（1）setbuf：该函数的返回类型为空，用于将缓冲区设置为全缓冲或无缓冲，可当作缓冲区的激活开关来使用。stream 参数是 FILE 结构指针，指向所要设置的流。buf 参数为指向缓冲的指针，当它为空时，系统设定为无缓冲区；当它非空时，系统设定为全缓冲区，其大小由预定义常数 BUFSIZE 指定。

（2）setbuffer：该函数的返回类型为空，用于将缓冲区设置为全缓冲或无缓冲，使用方法与功能和 setbuf 函数类似，其区别是用户可以动态指定缓冲区的大小，满足自身需要。size 参数为用户设置缓冲区的大小。

（3）setlinebuf：该函数的返回类型为空，用于将缓冲区设置为行缓冲区。stream 参数是 FILE 结构指针，指向所要设置的流。

（4）setvbuf：该函数的返回类型为整型，功能最灵活，可以方便地设置缓冲区的各个属性，可以实现前面三个函数的所有功能。stream 参数是 FILE 结构指针，指向所要设置的流。buf 参数为指向缓冲的指针。mode 参数为缓冲区的类型，可为全缓冲区类型_IOFBF、行缓冲区类型_IOLBT、无缓冲区类型_IONBF。size 参数为用户设置缓冲区的大小。

需要注意的是上述四个函数调用前，都必须先打开对应的流。上述四个函数中都有缓冲区 buf，在 Linux 系统中提供了三种标准类型的缓冲区：全缓冲区、行缓冲区和无缓冲区。全缓冲区要求只有在填满整个缓冲区后才可以进行输入和输出的系统调用操作；行缓冲区要求当输入或输出过程中遇到换行符时，或者当流在一个终端输入或输出时，或者每行的缓冲区填满时，都使用行缓冲区；无缓冲区是用标准的输入或输出函数写若干字符到相关联的设备文件中。另外，由于流的各种操作和缓冲区的属性是密切关联的，所以要先改变缓冲区的属性，然后对流进行各种操作。

上述函数成功调用后返回 0，调用失败则返回-1。

2. 缓冲区的保存和清除

缓冲区的保存和清除是指将缓冲区中的内容保存到文件中或者将其清除掉。

缓冲区的保存函数是 fflush，清除函数是 fpurge，系统通过调用它们来完成对缓冲区中内容的保存和清除工作。在 Linux 系统终端中使用帮助命令“man fflush”和“man fpurge”，得到函数的信息如下：

```
#include <stdio.h>
int fflush(FILE *stream);
int fpurge(FILE *stream);
```

（1）fflush：该函数的返回类型为整型，用于将缓冲区的内容强制保存到文件中。stream 参数是 FILE 结构指针，表明所要操作的文件流。

（2）fpurge：该函数的返回类型为整型，用于将缓冲区的内容完全清除。stream 参数是 FILE 结构指针，表明所要操作的文件流。

函数成功调用后返回 0，调用失败则返回 EOF。

5.4 直接输入/输出

在 Linux 系统编程中，直接输入/输出操作是以记录为单位进行读写的操作。本节将介绍如何进行直接输入/输出操作。

1. 直接输入/输出函数

直接输入/输出操作的函数是 fwrite 和 fread，系统通过调用它来完成对缓冲区中内容的保存工作。在 Linux 系统终端中使用帮助命令“man fread”，得到函数的信息如下：

```
#include <stdio.h>
size_t fread(void *ptr, size_t size, size_t nmemb, FILE *stream);
size_t fwrite(const void *ptr, size_t size, size_t nmemb,FILE *stream);
```

fread：该函数的返回类型为整型，用于直接执行输出操作。ptr 参数是指向缓冲区的指针，缓冲区存放从文件流读取的数据。size 参数是整型类型，存放所要读取记录的大小。nmemb 参数是整型类型，存放所要读取记录的个数。stream 参数是 FILE 结构指针，表明所要读取的文件流。fread 函数调用成功后返回实际读取的记录数目，调用失败返回 0。

fwrite：该函数的返回类型为整型，用于直接执行输入操作。ptr 参数是指向缓冲区的指针，缓冲区存放要写入文件流的数据。size 参数是整型类型，存放所要写入记录的大小。nmemb 参数是整型类型，存放所要写入记录的个数。stream 参数是 FILE 结构指针，表明所要写入的文件流。fwrite 函数调用成功后返回实际写入的记录数目，调用失败返回 0。

fread 函数和 fwrite 函数调用失败后，系统的文件错误标志和结束标志会被置为相应的标志位值，经库函数 feof 和 ferror 检测这些标志位值，可发现这些错误，便于系统修复。在 Linux 系统终端中使用帮助命令“man feof”，得到函数的信息如下：

```
#include <stdio.h>
void clearerr(FILE *stream);
int feof(FILE *stream);
int ferror(FILE *stream);
int fileno(FILE *stream);
```

clearerr：该函数的返回类型为空，用于对文件错误标志和结束标志位清零。stream 参数是 FILE 结构指针，表明所要操作的文件流。

feof：该函数的返回类型为整型，用于检测是否读取到文件的末尾。stream 参数是 FILE 结构指针，表明所要读取的文件流。若访问到文件末尾，则返回值为 1；否则返回值为 0。

ferror：该函数的返回类型为整型，用于检测是否出现了读写错误。stream 参数是 FILE 结构指针，表明所要读写的文件流。若访问正常结束，则返回值为 0；否则返回值为非 0。

fileno：该函数的返回类型为整型，用于检测参数 stream 是否有效。stream 参数是 FILE 结构指针，表明所要操作的文件流。若检测参数 stream 有效，则返回值为它的文件描述符；否则返回值为-1。

2. 综合示例

下面通过利用直接输入/输出函数进行系统调用，来演示直接输入/输出读写操作文件，以加强读者对基于文件流的 I/O 操作的理解，如例 5-1 所示。

【例 5-1】my_fread_fwrite.c。

```
/****my_fread_fwrite.c***/
#include <unistd.h>
#include <sys/types.h>
#include <sys/stat.h>
#include <fcntl.h>
#include <stdio.h>
#include <errno.h>
#include <stdlib.h>
#include <string.h>
int main(void){
    ////////////////////////////////////////
    /*public var,start*/
    char sFlag1[]="This program is starting to show how to use fread() fwrite() function.\n";
    char sFlag2[]="This program is ending to show how to use fread() fwrite()  function.\n";
    /*public var,end*/
    ////////////////////////////////////////
    /*private var,start*/
    int fd,size;
    char buf[256];
    char writeBuf1[] = "write-abcdefglala";
    char writeBuf2[] = "write-1234567lala";
    char fName1[] = "sourcefile.txt";
    int eFlag = -1;
    int readFlag = 1;
    int freadCount = 0;
    FILE *sourcefile,*targetfile;
    /*private var,end*/
```

```
    ////////////////////////////////////////
    printf("%s.\n",sFlag1);
    /*先以读写的方式创建一个文件，然后通过文件定位操作向文件中写入内容*/
    fd = open( fName1, O_WRONLY|O_CREAT );
    if ( eFlag == fd ){
        printf("Open file named %s failed.\n",fName1);
        return -1;
    }else{
        printf("Open file named %s succeed.\n",fName1);
    }
    write( fd, writeBuf1, sizeof(writeBuf1) );
    printf("write file : %s succeed.\n",writeBuf1);
    if(lseek(fd,17,SEEK_SET)==-1){
        printf("ERROR,LSEEK FAILED: \n");
        exit(255);
    }
    write( fd, writeBuf2, sizeof(writeBuf2) );
    close( fd );
    printf("write file : %s succeed.\n",writeBuf2);
    /*先以只读的方式打开一个文件，然后直接输入/输出操作文件内容*/
    if(NULL==(sourcefile=fopen("sourcefile.txt","r"))){
        printf("Error in opening sourcefile.txt file.\n");
        exit(1);
    }
    if(NULL==(targetfile=fopen("targetfile.txt","w"))){
        printf("Error in creating targetfile.txt file.\n");
        exit(1);
    }
    printf("read sizeof(buf):%d.\n",sizeof(buf));
    freadCount = fread(buf,sizeof(buf),1,sourcefile);
    printf("read sourcefile.txt file:%s.\n",buf);
    while(readFlag == fread(buf,sizeof(buf),1,sourcefile)){
        printf("read sourcefile.txt file:%s.\n",buf);
        if(fwrite(buf,sizeof(buf),1,targetfile)){
            printf("Error in writing targetfile.txt file.\n");
            exit(1);
        }
        if(ferror(sourcefile)==0){
            printf("Error in reading sourcefile.txt file.\n");
            exit(1);
        }
        if(fclose(sourcefile)){
            printf("Error in close sourcefile.txt file.\n");
            exit(1);
        }
        if(fclose(targetfile)){
            printf("Error in close targetfile.txt file.\n");
            exit(1);
        }
    }
    printf("%s.\n",sFlag2);
    return 0;
}
```

以上是代码在 Linux 系统终端中的编译过程和运行结果，图 5-1 所示为直接输入/输出函数的演示。

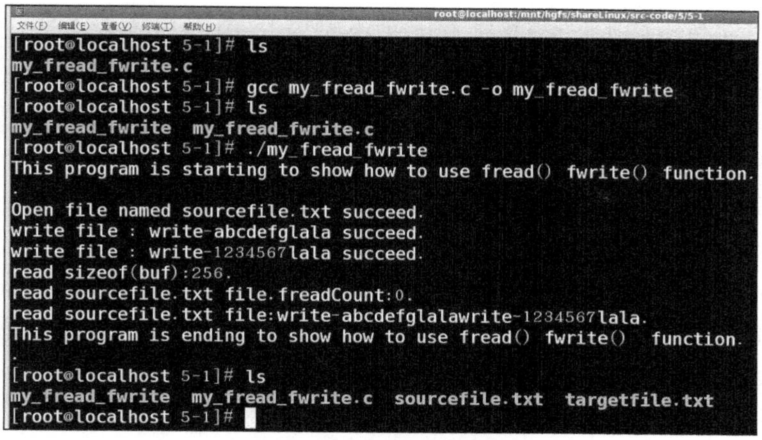
root@localhost:/mnt/hgfs/shareLinux/src-code/5/5-1
[root@localhost 5-1]# ls
my_fread_fwrite.c
[root@localhost 5-1]# gcc my_fread_fwrite.c -o my_fread_fwrite
[root@localhost 5-1]# ls
my_fread_fwrite my_fread_fwrite.c
[root@localhost 5-1]# ./my_fread_fwrite
This program is starting to show how to use fread() fwrite() function.
.
Open file named sourcefile.txt succeed.
write file : write-abcdefglala succeed.
write file : write-1234567lala succeed.
read sizeof(buf):256.
read sourcefile.txt file.freadCount:0.
read sourcefile.txt file:write-abcdefglalawrite-1234567lala.
This program is ending to show how to use fread() fwrite() function.
.
[root@localhost 5-1]# ls
my_fread_fwrite my_fread_fwrite.c sourcefile.txt targetfile.txt
[root@localhost 5-1]#

图 5-1　直接输入/输出函数演示

5.5　格式化输入/输出

在 Linux 系统编程中，格式化输入/输出操作便于数据规范化和标准化。本节将介绍如何进行格式化的输入/输出操作。

1. 格式化输入函数

格式化输入是指将数据标准化和规范化后输入到指定的内存中。

格式化输入函数有 3 个：scanf、fscanf、sscanf，系统通过调用它们来完成数据的格式化输入工作。在 Linux 系统终端中使用帮助命令 "man scanf"，得到函数的信息如下：

```
#include <stdio.h>
int scanf(const char *format, ...);
int fscanf(FILE *stream, const char *format, ...);
int sscanf(const char *str, const char *format, ...);
```

（1）scanf：该函数的返回类型为整型，用于从标准输入流中输入数据。format 参数是字符串指针，表明所要描述的输入格式。

（2）fscanf：该函数的返回类型为整型，用于从指定的流中输入数据。stream 参数是 FILE 结构指针，表明所要输入的文件流。format 参数的含义与 scanf 函数中的一样。

（3）sscanf：该函数的返回类型为整型，用于从指定的字符串中输入数据。str 参数是字符串指针，表明所要输入的缓冲区。format 参数的含义与 scanf 函数中的一样。

函数成功调用后返回实际输入的字符数，调用失败则返回 EOF。

2. 格式化输出函数

格式化输出是指将数据标准化和规范化后输出到指定的内存中。

格式化输出函数有 4 个：printf、fprintf、sprintf、snprintf，系统通过调用它们来完成数据的格式化输出工作。在 Linux 系统终端中使用帮助命令 "man 3 printf"，得到函数的信息如下：

```
#include <stdio.h>
int printf(const char *format, ...);
int fprintf(FILE *stream, const char *format, ...);
int sprintf(char *str, const char *format, ...);
int snprintf(char *str, size_t size, const char *format, ...);
```

（1）printf：该函数的返回类型为整型，用于向标准输出流中输出数据。format 参数是字符串指针，表明所要描述的输出格式。

（2）fprintf：该函数的返回类型为整型，用于向指定的流中输出数据。stream 参数是 FILE 结构指针，表明所要输出的文件流。format 参数的含义与 printf 函数中的一样。

（3）sprintf：该函数的返回类型为整型，用于向指定的字符串中输出数据。str 参数是字符串指针，表明所要输出的缓冲区。format 参数的含义与 printf 函数中的一样。

（4）snprintf：该函数的返回类型为整型，用于向指定的字符串中输出数据。str 参数和 format 参数的含义与 sprintf 函数中的一样。size 参数是要设置的缓冲区的大小。snprintf 可以对缓冲区进行处理，而 sprintf 函数不能。

函数成功调用后返回输出的字节数，调用失败则返回负数。

3. 综合示例

下面通过利用格式化输入/输出函数进行系统调用，来演示格式化输入/输出读写操作文件，以加强读者对基于文件流的输入/输出操作的理解，如例 5-2 所示。

【例 5-2】my_ fscanf_fprintf.c。

```
/****my_fscanf_fprintf.c***/
#include <unistd.h>
#include <sys/types.h>
#include <sys/stat.h>
#include <fcntl.h>
#include <stdio.h>
#include <errno.h>
#include <stdlib.h>
#include <string.h>
int main(void){
    ////////////////////////////////////////
    /*public var,start*/
    char sFlag1[]="This program is starting to show how to use fread() fwrite() function.\n";
    char sFlag2[]="This program is ending to show how to use fread() fwrite()  function.\n";
    /*public var,end*/
    ////////////////////////////////////////
    /*private var,start*/
    int fd,size;
    /*private var,end*/
    ////////////////////////////////////////
    printf("%s.\n",sFlag1);
    /*先从格式化文件中读入数据到一个数组中，然后把数组中的数据格式化输出到指定的文件流中*/
    float value,total[10];
    int count,label;
    FILE *fp;
    for(count=0;count<10;count++)
        total[count]=0;
    if(NULL==(fp=fopen("formatfscanf.txt","r"))){
        printf("Error in formatfscanf.txt file.\n");
        exit(1);
    }
    while(EOF!=fscanf(fp,"%d %g",&label,&value)){
        total[label]+=value;
    }
    if(NULL==(fp=fopen("formatfprintf.txt","w"))){
```

```
        printf("Error in formatfprintf.txt file.\n");
        exit(1);
    }
    for(count=0;count<10;count++){
        printf("%d: %f\n",count,total[count]);
        fprintf(fp,"%d %g",count,total[count]);
    }
    printf("%s.\n",sFlag2);
    return 0;
}
```

以上是代码在 Linux 系统终端中的编译过程和运行结果，图 5-2 所示为格式化输入/输出函数的演示。

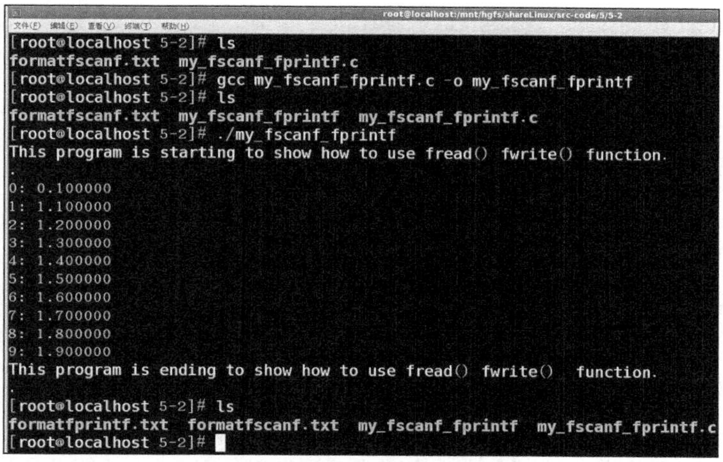

```
[root@localhost 5-2]# ls
formatfscanf.txt  my_fscanf_fprintf.c
[root@localhost 5-2]# gcc my_fscanf_fprintf.c -o my_fscanf_fprintf
[root@localhost 5-2]# ls
formatfscanf.txt  my_fscanf_fprintf  my_fscanf_fprintf.c
[root@localhost 5-2]# ./my_fscanf_fprintf
This program is starting to show how to use fread() fwrite() function.
.
0: 0.100000
1: 1.100000
2: 1.200000
3: 1.300000
4: 1.400000
5: 1.500000
6: 1.600000
7: 1.700000
8: 1.800000
9: 1.900000
This program is ending to show how to use fread() fwrite()  function.
.
[root@localhost 5-2]# ls
formatfprintf.txt  formatfscanf.txt  my_fscanf_fprintf  my_fscanf_fprintf.c
[root@localhost 5-2]#
```

图 5-2　格式化输入/输出函数的演示

5.6　基于字符和行的输入/输出

在 Linux 系统编程中，字符和行输入/输出操作应用便利、广泛。本节将介绍如何进行基于字符和行的输入/输出操作。

1. 字符的输入/输出

字符的输入/输出函数有多个，系统通过调用它们来完成字符的输入/输出工作。在 Linux 系统终端中使用帮助命令“man getc”和“man putc”，得到函数的信息如下：

```
#include <stdio.h>
int fgetc(FILE *stream);
int getc(FILE *stream);
int getchar(void);
int ungetc(int c, FILE *stream);
int fputc(int c, FILE *stream);
int putc(int c, FILE *stream);
int putchar(int c);
```

fgetc、getc：这两个函数的返回类型为整型，用于向 stream 指定的流中读入数据，执行字符的输入操作。stream 参数是 FILE 结构指针，表明所要读入的流。它们的区别是，getc 函数可当作宏来使用，而 fgetc 只能作为函数使用。

getchar：该函数的功能和 fgetc、getc 函数类似，区别是 getchar 函数只能用来从标准输入流中输入数据，相当于 getc 函数以 stdin 为参数进行调用时的功能。

ungetc：该函数的返回类型为整型，用于将读入的字符推回流中。c 参数表示要推回的字符。stream 参数是 FILE 结构指针，表明所要操作的流。

fputc、putc、putchar：执行字符输出操作的函数，fputc、putc、putchar 之间的关系与执行字符输入操作的函数 fgetc、getc、getchar 类似。putc 函数作为宏来使用，fputc 只能作为函数来使用。putchar 函数只能用来向标准输出流中输出数据，相当于 putc 函数以 stdout 为参数进行调用时的功能。

fgetc、getc、getchar 函数成功调用后返回输入的字节数，调用失败则返回 EOF。

ungetc 函数成功调用后返回推入的字节数，调用失败则返回 EOF。

fputc、putc、putchar 函数成功调用后返回输出的字节数，调用失败则返回 EOF。

2. 行的输入/输出

行的输入/输出函数有多个，系统通过调用它们来完成行的输入/输出工作。在 Linux 系统终端中使用帮助命令“man fgets”和“man fputs”，得到函数的信息如下：

```
#include <stdio.h>
char *fgets(char *s, int size, FILE *stream);
char *gets(char *s);
int fputs(const char *s, FILE *stream);
int puts(const char *s);
```

fgets、gets：这两个函数的返回类型为字符型指针，执行行的输入操作。stream 参数是 FILE 结构指针，表明所要输入的流。s 参数是字符串型指针，指向存放输入字符串的缓冲区。size 参数是数字整型，表示要输入的字符数。区别是 gets 函数只能从标准输入流中输入数据，并且不能设置缓冲区的大小，若一行字符数大于缓冲区大小，会造成数据溢出；而 fgets 函数没有此问题。

fputs、puts：这两个函数的返回类型为整型，执行行的输出操作。stream 参数是 FILE 结构指针，表明所要输出的流。s 参数是字符串型指针，指向存放输出字符串的缓冲区。区别是 puts 函数只能向标准输出流中输出数据，而 fputs 函数可以指定流。

fgets、gets 函数成功调用后返回指向输入字符串的指针，调用失败则返回 EOF。

fputs、puts 函数成功调用后返回输出的字节数，调用失败则返回 EOF。

3. 综合示例

下面通过利用字符和行的输入/输出函数进行系统调用，演示它们的输入/输出操作，以加强读者对基于文件流的 I/O 操作的理解，如例 5-3 所示。

【例 5-3】my_ fgets_fputs.c。

```
/****my_ fgets_fputs.c***/
#include <unistd.h>
#include <sys/types.h>
#include <sys/stat.h>
#include <fcntl.h>
#include <stdio.h>
#include <errno.h>
#include <stdlib.h>
#include <string.h>
int main(void){
    ////////////////////////////////////////
    /*public var,start*/
```

```
char sFlag1[]="This program is starting to show how to use fgets() fputs() function.\n";
char sFlag2[]="This program is ending to show how to use fgets() fputs()  function.\n";
/*public var,end*/
////////////////////////////////////////
    /*private var,start*/
int fd,size;
char buf[1024];
char writeBuf1[] = "write-abcdefglala";
char writeBuf2[] = "write-1234567lala";
char fName1[] = "sourcefile.txt";
int eFlag = -1;
int readFlag = 1;
int freadCount = 0;
FILE *sourcefile,*targetfile;
/*private var,end*/
////////////////////////////////////////
printf("%s.\n",sFlag1);
/*先以读写的方式创建一个文件，然后通过文件定位操作向文件中写入内容*/
fd = open( fName1, O_WRONLY|O_CREAT );
if ( eFlag == fd ){
    printf("Open file named %s failed.\n",fName1);
    return -1;
}else{
    printf("Open file named %s succeed.\n",fName1);
}
write( fd, writeBuf1, sizeof(writeBuf1) );
printf("write file : %s succeed.\n",writeBuf1);
if(lseek(fd,17,SEEK_SET)==-1){
    printf("ERROR,LSEEK FAILED: \n");
    exit(255);
}
write( fd, writeBuf2, sizeof(writeBuf2) );
close( fd );
printf("write file : %s succeed.\n",writeBuf2);
/*先以只读的方式打开一个文件，然后基于行输入/输出操作文件内容*/
if(NULL==(sourcefile=fopen("sourcefile.txt","r"))){
    printf("Error in opening sourcefile.txt file.\n");
    exit(1);
}
if(NULL==(targetfile=fopen("targetfile.txt","w"))){
    printf("Error in creating targetfile.txt file.\n");
    exit(1);
}
while(fgets(buf,sizeof(buf),sourcefile)){
    if(!fputs(buf,targetfile)){
        printf("Error in writing targetfile.txt file.\n");
        exit(1);
    }
}
if(ferror(sourcefile)==0){
    printf("Error in reading sourcefile.txt file.\n");
    exit(1);
}
if(fclose(sourcefile)){
    printf("Error in close sourcefile.txt file.\n");
    exit(1);
```

```
    }
    if(fclose(targetfile)){
        printf("Error in close targetfile.txt file.\n");
        exit(1);
    }
    printf("%s.\n",sFlag2);
    return 0;
}
```

以上是代码在 Linux 系统终端中的编译过程和运行结果，图 5-3 所示为字符和行的输入/输出函数的演示。

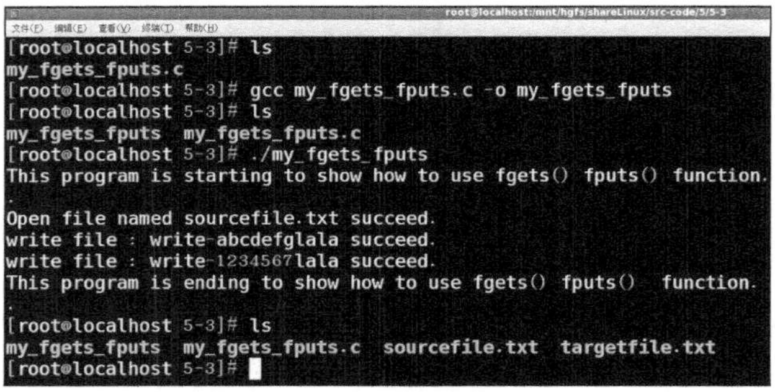

```
[root@localhost 5-3]# ls
my_fgets_fputs.c
[root@localhost 5-3]# gcc my_fgets_fputs.c -o my_fgets_fputs
[root@localhost 5-3]# ls
my_fgets_fputs  my_fgets_fputs.c
[root@localhost 5-3]# ./my_fgets_fputs
This program is starting to show how to use fgets() fputs() function.
.
Open file named sourcefile.txt succeed.
write file : write-abcdefglala succeed.
write file : write-1234567lala succeed.
This program is ending to show how to use fgets() fputs()  function.
.
[root@localhost 5-3]# ls
my_fgets_fputs  my_fgets_fputs.c  sourcefile.txt  targetfile.txt
[root@localhost 5-3]#
```

图 5-3　字符和行的输入/输出函数的演示

5.7　项目实训：出错管理功能

5.7.1　实训描述

定义项目中一些错误类型（如无效的文件类型、读文件失败和写文件失败等），以及发生导致程序终止的致命性错误时程序的响应。

5.7.2　实训要求

（1）把错误类型定义到 bterror.h 文件中。

（2）在 bterror.c 里写一个输出错误类型及行号信息的函数。

5.7.3　实训参考

文件 bterror.c 的内容：

```
#include <stdio.h>
#include <unistd.h>
#include <stdlib.h>
#include "bterror.h"

void btexit(int errno,char *file,int line)
{
    printf("exit at %s : %d with error number : %d\n",file, line, errno);
    exit(errno);
}
```

文件 bterror.h 的内容：

```
#define FILE_FD_ERR                  -1   // 无效的文件描述符
#define FILE_READ_ERR                -2   // 读文件失败
#define FILE_WRITE_ERR               -3   // 写文件失败
#define INVALID_METAFILE_ERR         -4   // 无效的种子文件
#define INVALID_SOCKET_ERR           -5   // 无效的套接字
#define INVALID_TRACKER_URL_ERR      -6   // 无效的 Tracker URL
#define INVALID_TRACKER_REPLY_ERR    -7   // 无效的 Tracker 回应
#define INVALID_HASH_ERR             -8   // 无效的 hash 值
#define INVALID_MESSAGE_ERR          -9   // 无效的消息
#define INVALID_PARAMETER_ERR        -10  // 无效的函数参数
#define FAILED_ALLOCATE_MEM_ERR      -11  // 申请动态内存失败
#define NO_BUFFER_ERR                -12  // 没有足够的缓冲区
#define READ_SOCKET_ERR              -13  // 读套接字失败
#define WRITE_SOCKET_ERR             -14  // 写套接字失败
#define RECEIVE_EXIT_SIGNAL_ERR      -15  // 接收到退出程序的信号


// 用于提示致命性的错误，程序将终止
void btexit(int errno,char *file,int line);
```

主程序 1.c 的内容：

```
#include<stdio.h>
#include<bterror.h>
{
    btexit(FILE_FD_ERR,"/root/aa",22);
}
```

5.8 本章小结

标准流 I/O 的相关操作是 Linux 编程的重要内容。熟悉标准流 I/O 的 API 的调用，对于读者学习 Linux 平台下的 C 语言编程将大有帮助。本章介绍了标准流 I/O 操作的理论知识，然后结合具体的项目案例——网络数据传输中出错管理功能，详细阐述了流的打开和关闭、缓冲区的操作、直接输入/输出、格式化输入/输出、基于字符和行的输入/输出等操作。

习题

一、思考题

1. 简述 Linux 系统中流的概念。
2. 简述基于标准流 I/O 的操作过程。

二、综合题

1. 给出具体的示例，通过利用 fopen、fclose、setbuf、fflush 函数进行系统调用，演示如何打开、关闭一个流，以及如何进行缓冲区的设置和保存。

2. 给出具体的示例，通过利用 fread 和 fwrite 函数进行系统调用，演示如何直接进行输入/输出读写操作。

3. 给出具体的示例，通过利用 fscanf 和 fprintf 函数进行系统调用，演示如何格式化输入/输出读写操作。

06 第6章　进程控制

进程是操作系统中一个十分重要的概念，它是一个程序的一次执行过程。程序的每一个运行中的副本都有其自己的进程。反过来说，程序就是进程的一种静态描述。系统中运行的每一个程序都是在它的进程中运行的。因此，用户在系统中执行各种操作时，总是要通过进程来完成。了解 Linux 系统中进程的概念和属性，熟悉使用进程的操作，会使用户在使用 Linux 系统完成各种工作时更加得心应手。

本章学习目标：

- 掌握进程的创建方法
- 掌握进程的等待方法
- 掌握进程的终止方法
- 掌握 system 函数的应用方法

6.1 进程概述

Linux 是一个多用户、多任务的操作系统。多用户是指多个用户可以在同一时间使用计算机；多任务是指 Linux 可以同时执行几个任务，可以在未执行完一个任务时又执行另一个任务。进程简单地讲就是运行中的程序，Linux 系统的一个重要特点是可以同时启动多个进程。根据操作系统的定义，进程是操作系统资源管理的最小单位。

6.1.1 进程的概念

进程是一个动态的实体，是程序的一次执行过程。进程是操作系统资源分配的基本单位。进程和程序的区别在于进程是动态的，程序是静态的；进程是运行中的程序，程序是一些保存在硬盘上的可执行的代码。为了让计算机在同一时间能执行更多任务，在进程内部又划分了许多线程。线程在进程内部，它是比进程更小的能独立运行的基本单位。线程基本上不拥有系统资源，它与同属一个进程的其他线程共享进程拥有的全部资源。进程在执行过程中拥有独立的内存单元，其内部的线程共享这些内存。一个线程可以创建和撤销另一个线程，同一个进程中的多个线程可以并行执行。在 Linux 中可通过命令 ps 或 pstree 查看当前系统中的进程。

在用户看来，Linux 是多任务的操作系统，在同一时间内可以同时运行多个任务；对系统而言，Linux 的多任务并不是真正地在同一时间内并行多个任务，而是虚假的多任务同时执行。那么 Linux 是如何实现多任务的同时执行呢？Linux 操作系统用时间片的方式实现多任务的同时执行，每个任务轮流地占用 CPU 的一个时间片，而每个任务可以频繁地得到时间片执行各自的任务，由于单个时间片和宏观上的时间相比很小，每个任务占用的时间片都很短，对用户而言感觉不到多个任务的频繁切换，就如同多个任务同时在运行。

6.1.2 进程状态

进程在其生存期内可能处于三种基本状态。

（1）运行态：进程占有 CPU，正在运行。

（2）就绪态：进程本身具备运行条件，等待 CPU。

（3）等待态：等待除 CPU 之外的其他资源或条件，不能运行。

进程在这几种状态之间相互转化，但对于用户是透明的。

6.1.3 Linux 进程环境

1. 程序的入口

C 程序总是从 main 函数开始执行。main 函数的原型如下：

```
int main(int argc,char *argv[])
```

其中，argc 是命令行参数的个数，argv 是指向命令参数的各指针所构成的数组。

当内核启动 C 程序时，首先调用一个特殊的启动例程（编译链接程序将该例程设置为可执行程序的起始地址）。启动例程从内核取得命令行参数和环境变量值，然后调用 main 函数，并将命令行参数传递给它。

程序清单所示程序将其所有命令行参数都回送到标准输出上。

```
#include <stdio.h>
int main(int argc, char *argv[])
{
    int i;
    for(i = 0; i < argc; i++)
        printf("argv[%d]: %s\n", i, argv[i]);
    return 0;
}
```

在命令行编译并运行该程序，图 6-1 所示为程序入口 main 函数的演示。

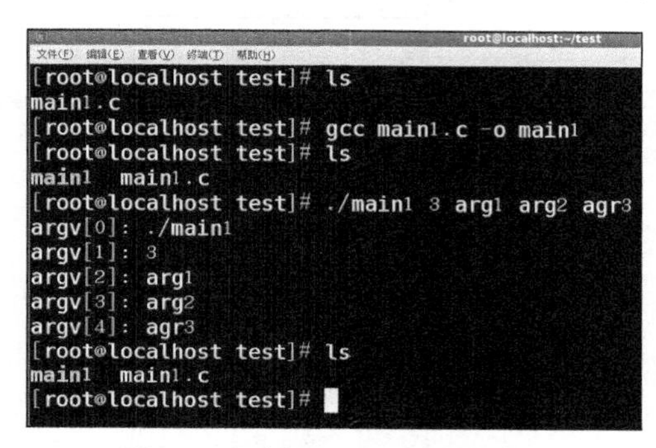

图 6-1　程序入口 main 函数的演示

2. 进程的终止

进程可能正常终止，也可能异常终止，这两种终止方式共有 5 种情况。

（1）正常终止：①从 main 返回；②调用 exit；③调用_exit。

（2）异常终止：①被一个系统信号终止；②调用 abort，它产生 SIGABRT 信号，是上一种异常终止的特例。

3. 进程的结构

Linux 中一个进程由 3 部分组成：代码段、数据段和堆栈段，如图 6-2 所示。

图 6-2　Linux 进程结构

代码段存放程序的可执行代码。数据段存放程序的全局变量、常量、静态变量。堆栈段中的堆用于存放动态分配的内存变量；栈用于函数调用，它存放着函数的参数、函数内部定义的局部变量。

6.1.4　进程的内存映像

1. Linux 环境下程序转化成进程

Linux 环境下 C 程序的生成分为 4 个阶段：预编译、编译、汇编、链接。编译器 GCC 经过预编译、编译、汇编 3 个步骤将源程序文件转换成目标文件。如果程序有多个目标文件或者程序中使用了库函数，编译器还要将所有的目标文件或所需的库链接起来，最后生成可执行程序。当程序执行时，操作系统将可执行程序复制到内存中。程序转化为进程通常要经过以下步骤。

（1）内核将程序读入内存，为程序分配内存空间。

（2）内核为该程序分配进程标识符（PID）和其他所需资源。

（3）内核为该程序保存 PID 及相应的状态信息，把进程放到运行队列中等待执行。程序转化为进程后就可以被操作系统的调度程序调度执行了。

2. 进程的内存映像

进程的内存映像是指内核在内存中如何存放可执行程序文件。在将程序转化为进程的过程中，操作系统将可执行程序由硬盘复制到内存中。Linux 环境下内存映像的一般布局如图 6-3 所示。

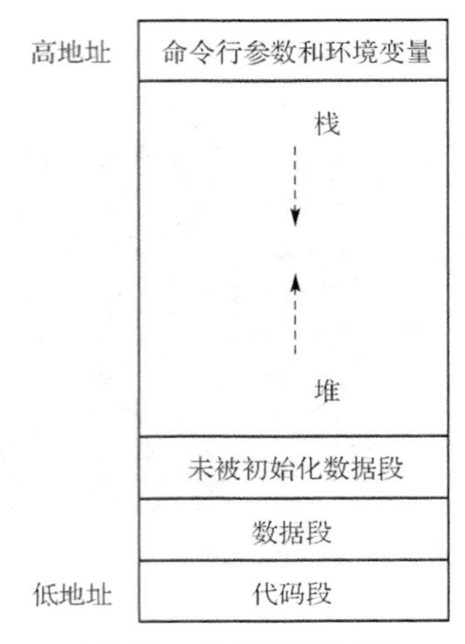

图 6-3 内存映像的布局

从内存的低地址到高地址依次如下。

（1）代码段：即二进制机器代码。代码段是只读的，可被多个进程共享。如果一个进程创建了一个子进程，那么除了父子进程共享代码段外，子进程还获得父进程数据段、堆、栈的复制。

（2）数据段：存储已被初始化的变量，包括全局变量和已被初始化的静态变量。

（3）未被初始化数据段：存储未被初始化的静态变量。

（4）堆：用于存放程序运行中动态分配的变量。

（5）栈：用于函数调用，保存函数的返回地址、函数的参数、函数内部定义的局部变量。

另外，高地址还存储了命令行参数和环境变量。

可执行程序和内存映像的区别在于：可执行程序位于磁盘中，而内存映像位于内存中；可执行程序没有堆栈，因为程序被加载到内存中才会分配内存堆栈；可执行程序虽然也有未初始化数据段，但它并不被存储，而是存在于硬盘中的可执行文件中；可执行程序是静态的、不变的，而内存映像随着程序的执行是动态变化的，例如，数据段随着程序的执行要存储新的变量值，栈在函数调用时也是不断变化的。

6.2 进程控制

在 Linux 系统中，进程操作主要是指通过系统函数和库函数的调用，对进程进行创建、等待、终止等操作。

6.2.1　进程创建

在 Linux 系统中，创建进程的方式有两种：操作系统创建和父进程创建。操作系统创建的进程是平等关系，相互间不存在继承关系；父进程创建的子进程不是平等关系，相互间存在资源继承关系。父进程创建的子进程，又可以创建子进程，从而形成一个进程家族，子进程继承了父进程的所有资源，这类进程通常称为用户进程。在系统启动时，Linux 操作系统会创建一些管理和分配系统资源的进程，这类进程称为系统进程。

1. 函数 fork

系统创建进程的通用方法是使用函数 fork，系统通过调用它来完成进程的创建工作。在 Linux 系统终端中使用帮助命令"man fork"，得到函数的信息如下：

```
#include <unistd.h>
pid_t fork(void);
```

该函数的返回类型为整型，用于创建一个新进程。创建进程后，若是父子进程会争夺 CPU，先抢到者先执行，另外一个进程挂起等待；若是需要父进程等待子进程执行完毕后继续执行，则需要在执行 fork 操作后调用 wait 或 waitpid，这样父子进程会同时执行程序。多个进程执行同一个程序效果不大，所以子进程在 fork 后通过调用 exec 函数执行其他程序。若不是父子进程，而是操作系统创建的进程，那么进程之间的关系是平等关系。

在父进程中函数成功调用后返回子进程的 ID；在子进程中函数成功调用后返回 0，调用失败则返回-1。

2. 函数 vfork

系统创建进程的另一个方法是使用函数 vfork，系统通过调用它来完成进程的创建工作。在 Linux 系统终端中使用帮助命令"man vfork"，得到函数的信息如下：

```
#include <unistd.h>
#include <sys/types.h>
pid_t vfork(void);
```

该函数的返回类型为整型，也是用于创建一个新进程。与 fork 相比，vfork 函数的功能和参数说明和 fork 函数类似，但也有自己的独特之处，主要有两点不同：第一，fork 创建的子进程，是父进程的完全拷贝，这样的子进程独立于父进程，有良好的并发性能；而 vfork 创建的子进程，不是父进程的完全拷贝，而是和父进程共享地址空间，子进程需要完全运行在父进程的地址空间上，子进程对地址空间的数据修改同样会影响父进程。第二，vfork 创建的子进程会优先运行，当它执行完 exit 之后或调用 exec 后，父进程才可以运行；而 fork 创建的子进程是否优先运行，取决于系统的调度算法。基于这两点不同可以看出，vfork 不会复制父进程的地址空间，会节省系统的大量开销，运行速度也会很快。

3. 综合示例

下面通过利用 fork 和 vfork 函数进行系统调用，演示如何创建一个新进程，以加强读者对进程控制的理解。如 fork 创建进程的例 6-1 和 vfork 创建进程的例 6-2 所示。

【例 6-1】my_fork.c。

```
/****my_fork.c***/
#include <unistd.h>
#include <sys/types.h>
```

```
#include <sys/stat.h>
#include <fcntl.h>
#include <stdio.h>
#include <errno.h>
#include <stdlib.h>
#include <string.h>
int main(void){
    char sFlag1[]="this program is starting to show how to use fork() function.\n";
    char sFlag2[]="this program is ending to show how to use fork()  function.\n";
    char sTag[] = "Fork";
    pid_t pid;
    printf("%s,%s.\n",sTag,sFlag1);
    /*先使用fork方法创建一个新进程，然后输出它的运行状态信息*/
    pid = fork();
    if(pid < 0){
        printf("%s,error fork!\n",sTag);
        exit(1);
    }else if(pid==0){
        printf("%s,child process is running.\n",sTag);
    }
    else{
        printf("%s,parent process is running.\n",sTag);
    }
    printf("%s,%s.\n",sTag,sFlag2);
    return 0;
}
```

图 6-4 所示为使用 fork 函数创建新进程的演示。

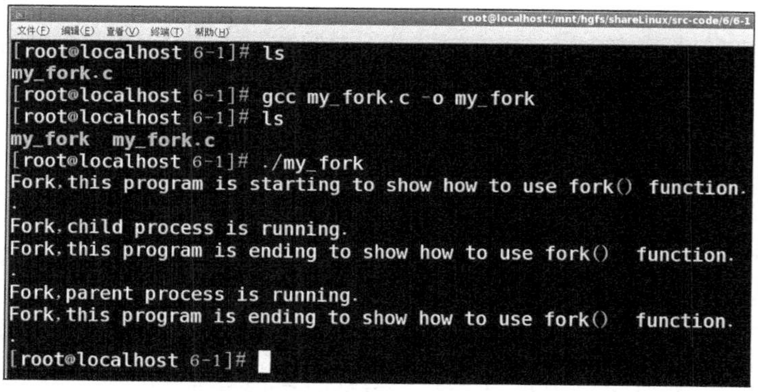

```
root@localhost:/mnt/hgfs/shareLinux/src-code/6/6-1
文件(F)  编辑(E)  查看(V)  终端(T)  帮助(H)
[root@localhost 6-1]# ls
my_fork.c
[root@localhost 6-1]# gcc my_fork.c -o my_fork
[root@localhost 6-1]# ls
my_fork  my_fork.c
[root@localhost 6-1]# ./my_fork
Fork.this program is starting to show how to use fork() function.
.
Fork.child process is running.
Fork.this program is ending to show how to use fork()  function.
.
Fork.parent process is running.
Fork.this program is ending to show how to use fork()  function.
.
[root@localhost 6-1]# █
```

图 6-4　使用 fork 函数创建新进程的演示

【例 6-2】my_vfork.c。

```
/****my_vfork.c***/
#include <unistd.h>
#include <sys/types.h>
#include <sys/stat.h>
#include <fcntl.h>
#include <stdio.h>
#include <errno.h>
#include <stdlib.h>
#include <string.h>
int main(void){
    ////////////////////////////////////////
    /*public var,start*/
```

```
    char sFlag1[]="this program is starting to show how to use fork() function.";
    char sFlag2[]="this program is ending to show how to use fork()  function.";
    char sTag[] = "Fork";
    /*public var,end*/
    ////////////////////////////////////////
    /*private var,start*/
    pid_t pid;
    /*private var,end*/
    ////////////////////////////////////////
    printf("%s,%s.\n",sTag,sFlag1);
    /*先使用vfork方法创建一个新进程，然后输出它的运行状态信息*/
    pid = vfork();
    if(pid < 0){
       printf("%s,error fork!\n",sTag);
       exit(1);
    }else if(pid==0){
       printf("%s,child process is running.\n",sTag);
    }
    else{
       printf("%s,parent process is running.\n",sTag);
    }
    printf("%s,%s.\n",sTag,sFlag2);
    exit(0);
//return 0;
}
```

图 6-5 所示为使用 vfork 函数创建新进程的演示。

```
root@localhost:/mnt/hgfs/shareLinux/src-code/6/6-2
文件(F) 编辑(E) 查看(V) 终端(T) 帮助(H)
[root@localhost 6-2]# ls
my_vfork.c
[root@localhost 6-2]# gcc my_vfork.c -o my_vfork
[root@localhost 6-2]# ls
my_vfork  my_vfork.c
[root@localhost 6-2]# ./my_vfork
Fork,this program is starting to show how to use fork() function.
Fork,child process is running.
Fork,this program is ending to show how to use fork()  function.
Fork,parent process is running.
Fork,this program is ending to show how to use fork()  function.
[root@localhost 6-2]# ls
my_vfork  my_vfork.c
[root@localhost 6-2]#
```

图 6-5 使用 vfork 函数创建新进程的演示

6.2.2 进程等待

在 Linux 系统中，当有多个进程同时运行时，进程间需要协作工作，可能用到进程等待的操作。进程间的等待包括父子进程间的等待和进程组内成员间的等待。

进程等待有两种方法：wait 和 waitpid。系统通过调用它们来完成进程的等待工作。在 Linux 系统终端中使用帮助命令“man wait”，得到函数的信息如下：

```
#include <sys/types.h>
#include <sys/wait.h>
pid_t wait(int *status);
pid_t waitpid(pid_t pid, int *status, int options);
```

wait 函数的返回类型为整型，专用于等待子进程。status 参数是个整型的指针，用于存放子进程的结束状态。当 wait 被调用后，父进程被挂起，直到子进程结束后返回。若 wait 调用的父进程没有子进程，返回失败。调用成功时，返回等待状态进程的 ID；调用失败时，返回-1。

waitpid 函数的返回类型为整型，调用更灵活，用来等待指定的进程。status 参数是个整型的指针，用于存放子进程的结束状态。pid 参数是个整型参数，用于指定所等待的进程，pid 大于零表示等待进程 id 为 pid 所指定值的子进程；pid 等于零表示等待进程组 id 等于发出调用进程的进程组 id 的子进程；pid 等于-1 表示等待所有子进程，等价于 wait 调用；pid 小于-1 表示等待进程组 id 为 pid 的绝对值的子进程。options 参数是个整型参数，用于指定进程所做的操作，取值为 0 表示进程挂起等待结束；取值为 WNOHANG 表示不使进程挂起而即刻返回；取值为 WUNTRACED 表示进程已经结束并返回。调用成功时，返回等待状态进程的 ID；调用失败时，返回-1。

POSIX.1 规定终止状态用定义在<sys/wait.h>中的各个宏来查看。有三个互斥的宏可用来取得进程终止的原因，它们的名字都以 WIF 开始。基于这三个宏中哪一个值是真，就可选用其他宏来获得终止状态、信号编号等。表 6-1 列出了这些宏的说明。

表 6–1　　用于解释进程退出状态的宏

宏	说明
WIFEXITED(status)	如果子进程正常结束，则取非零值
WEXITSTATUS(status)	如果 WIFEXITED 非零，则得到子进程的退出码
WIFSIGNALED(status)	如果子进程因未捕获的信号而终止，则取非零值
WTERMSIG(status)	如果 WIFSIGNALED 非零，则得到引起子进程终止的信号代码
WIFSTOPPED(status)	如果子进程已意外终止，则取非零值
WSTOPSIG(status)	如果 WIFSTOPPED 非零，则得到引起子进程终止的信号代码

下面通过利用 wait 和 waitpid 函数进行系统调用，来演示如何等待一个进程，以加强读者对进程控制的理解。wait 和 waitpid 进程等待如例 6-3 所示。

【例 6-3】my_wait.c。

```
/****my_wait.c***/
#include <sys/types.h>
#include <sys/wait.h>
#include <unistd.h>
#include <stdio.h>
#include <stdlib.h>
int main(){
    pid_t pid;
    char *message;
    int n = 2;
    int exit_code;
    printf("fork program starting\n");
    pid = fork();
    switch(pid) {
    case -1:
        perror("fork failed");
        exit(1);
    case 0:
        message = "This is the child";
        n = 5;
        exit_code = 37;
```

```
        break;
    default:
        message = "This is the parent";
        n++;
        exit_code = 0;
        break;
    }
    for(; n > 0; n--) {
        puts(message);
        sleep(1);
    }
    if (pid != 0) {
        int stat_val;
        pid_t child_pid;
        child_pid = wait(&stat_val);
        printf("Child has finished: PID = %d\n", child_pid);
        if(WIFEXITED(stat_val))
            printf("Child exited with code %d\n", WEXITSTATUS(stat_val));
        else
            printf("Child terminated abnormally\n");
    }
    exit(exit_code);
}
```

在父进程（pid!=0）中等待子进程的退出并获得其退出状态，输出退出的子进程的 PID，若正常退出则一并输出其退出状态值。在命令行编译并运行该程序，命令和运行结果如图 6-6 所示。

```
root@localhost:/mnt/hgfs/shareLinux/src-code/6/6-3
文件(F) 编辑(E) 查看(V) 终端(T) 帮助(H)
[root@localhost 6-3]# ls
my_wait.c
[root@localhost 6-3]# gcc my_wait.c -o my_wait
[root@localhost 6-3]# ls
my_wait  my_wait.c
[root@localhost 6-3]# ./my_wait
fork program starting
This is the child
This is the parent
This is the child
This is the parent
This is the child
This is the parent
This is the child
This is the child
Child has finished: PID = 8546
Child exited with code 37
[root@localhost 6-3]#
```

图 6-6　使用 wait 和 waitpid 函数实现进程等待

6.2.3　终止进程

在 Linux 系统中，进程的终止表示进程退出运行。进程的退出方法有正常退出和异常退出两种。不管是何种方式终止进程，最终都会执行内核中用于关闭该进程打开的文件描述符并释放系统资源的同一段代码。

1. 进程正常终止

进程正常终止的方法包括执行 exit 函数、_exit 函数和在主函数中执行 return。系统通过调用它们来完成进程的正常终止工作。在 Linux 系统终端中使用帮助命令“man 3 exit”和“man 2 exit”，得到函数的信息如下：

```
#include <stdlib.h>
void exit(int status);
#include <unistd.h>
void _exit(int status);
```

exit 函数的返回类型为空，用于正常终止进程。status 参数是个整型参数，用于存放进程的退出状态。

_exit 函数和 exit 函数的功能与参数类似，区别有两点：第一，exit 和_exit 函数的头文件声明位置不同，分别为头文件 stdlib.h 和 unistd.h；第二，exit 函数执行完相关操作后将控制权返回给内核，而_exit 函数执行完操作后将控制权即刻交给内核。

return 语句执行完后正常退出进程，它和 exit、_exit 两个函数的区别有两点：第一，exit 和_exit 二者都是函数，带有参数，而 return 是函数体中执行完后的一个返回语句；第二，exit 和_exit 函数执行完相关操作后将控制权交给内核，而 return 将控制权返回给调用者。

2. 进程异常终止

进程异常终止的方法包括执行 abort 函数和进程收到系统终止信号，系统通过调用它们来完成进程的异常终止工作。在 Linux 系统终端使用帮助命令“man abort”，得到函数的信息如下：

```
#include <stdlib.h>
void abort(void);
```

abort 函数的返回类型为空，用于异常终止进程。abort 函数与 exit 和_exit 函数的区别是：abort 异常终止进程，进程的文件描述符没有关闭、占用的资源没有释放；exit 和_exit 函数正常终止进程，进程的文件描述符正常关闭、占用的资源正常释放。

进程异常终止会出现僵死进程。僵死进程是这样产生的：父进程 fork 子进程后，没有调用 wait 或 waitpid 函数等待子进程的结束，而子进程运行完后又先于父进程提前终止，如此，子进程就进入僵死状态。僵死进程会一直占用系统资源，并且一直保持下去，造成资源浪费。

3. 综合示例

下面通过利用正常和异常终止进程函数进行系统调用，来演示如何终止一个进程，以加强读者对进程控制的理解。正常和异常终止进程函数如例 6-4 所示。

【例 6-4】my_ exit_abort.c。

```
/****my_exit_abort.c***/
#include <unistd.h>
#include <sys/types.h>
#include <sys/stat.h>
#include <fcntl.h>
#include <stdio.h>
#include <errno.h>
#include <stdlib.h>
#include <string.h>
void my_exit(int status){
    if(WIFEXITED(status))
        printf("Exit    and    Abort,normal    termination,exit    status    =    %d.\n",
WEXITSTATUS(status));
    else if(WIFSIGNALED(status))
        printf("Exit    and    Abort,abnormal    termination,    exit    status    =
%d.\n",WTERMSIG(status));
}
int main(void){
    //////////////////////////////////////////
```

```
/*public var,start*/
char sFlag1[]="this program is starting to show how to use exit() abort() function";
char sFlag2[]="this program is ending to show how to use exit() abort() function";
char sTag[] = "Exit and Abort";
/*public var,end*/
////////////////////////////////////////
/*private var,start*/
pid_t pid;
int status;
/*private var,end*/
////////////////////////////////////////
printf("%s,%s.\n",sTag,sFlag1);
/*利用正常和异常终止进程函数进行系统调用，来演示如何终止一个进程*/
pid=fork();
printf("%s,pid:%d,flag-1\n",sTag,pid);
if(pid<0){
    printf("%s,pid:%d,error fork!\n",sTag,pid);
    abort();
}else if(pid==0){
    printf("%s,pid:%d,flag-2\n",sTag,pid);
    exit(7);
}else{
    printf("%s,pid:%d,flag-3\n",sTag,pid);
}
if(wait(&status)!=pid){
    printf("%s,wait error!flag-4\n",sTag);
    exit(1);
}else{
    printf("%s,pid:%d,flag-5\n",sTag,pid);
}
my_exit(status);
pid=fork();
printf("%s,pid:%d,flag-6\n",sTag,pid);
if(pid<0){
    printf("%s,fork error!flag-7\n",sTag);
    abort();
}else if(pid==0){
    printf("%s,pid:%d,flag-8\n",sTag,pid);
    exit(1);
}else{
    printf("%s,pid:%d,flag-9\n",sTag,pid);
}
if(wait(&status)!=pid){
    printf("%s,wait error!flag-10\n",sTag);
    exit(1);
}else{
    printf("%s,pid:%d,flag-11\n",sTag,pid);
}
my_exit(status);
pid=fork();
printf("%s,pid:%d,flag-12\n",sTag,pid);
if(pid<0){
    printf("%s,fork error!flag-13\n",sTag);
    abort();
}else if(pid==0){
    if(wait(&status)!=pid){
```

```
            printf("%s,wait error!flag-14\n",sTag);
            exit(1);
        }else{
            printf("%s,pid:%d,flag-15\n",sTag,pid);
        }
    }else{
        printf("%s,pid:%d,flag-16\n",sTag,pid);
    }
    my_exit(status);
    printf("%s,%s.\n",sTag,sFlag2);
    exit(0);
}
```

代码在 Linux 系统终端中的编译过程和运行结果，如图 6-7 所示。

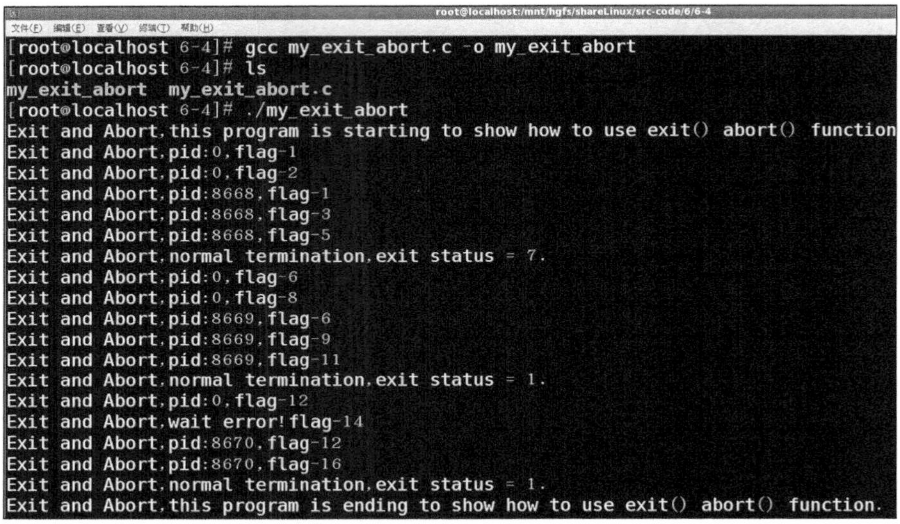

```
[root@localhost 6-4]# gcc my_exit_abort.c -o my_exit_abort
[root@localhost 6-4]# ls
my_exit_abort  my_exit_abort.c
[root@localhost 6-4]# ./my_exit_abort
Exit and Abort,this program is starting to show how to use exit() abort() function
Exit and Abort,pid:0,flag-1
Exit and Abort,pid:0,flag-2
Exit and Abort,pid:8668,flag-1
Exit and Abort,pid:8668,flag-3
Exit and Abort,pid:8668,flag-5
Exit and Abort,normal termination,exit status = 7.
Exit and Abort,pid:0,flag-6
Exit and Abort,pid:0,flag-8
Exit and Abort,pid:8669,flag-6
Exit and Abort,pid:8669,flag-9
Exit and Abort,pid:8669,flag-11
Exit and Abort,normal termination,exit status = 1.
Exit and Abort,pid:0,flag-12
Exit and Abort,wait error!flag-14
Exit and Abort,pid:8670,flag-12
Exit and Abort,pid:8670,flag-16
Exit and Abort,normal termination,exit status = 1.
Exit and Abort,this program is ending to show how to use exit() abort() function.
```

图 6-7　使用 exit 和 abort 函数实现进程终止的演示

6.2.4　system 函数

在 Linux 系统编程中，可以使用 system 函数执行 fork、exec 和 wait 等各种系统命令，完成进程相关的操作。system 函数是和 Linux 操作系统紧密相关的函数，用户根据自身需要，可以在程序中方便地使用此函数来实现进程操作相关的功能。

在 Linux 系统终端中使用帮助命令“man system”，得到函数的信息如下：

```
#include <stdlib.h>
int system(const char *command);
```

system 函数的返回类型为整型，用于执行系统的命令。command 参数是一个字符串指针，指向表示命令行的字符串。command 参数值可以为 NULL，可用于测试 system 函数是否有效，若返回值为非空指针，表示其有效；若返回值为 0，表示其无效。command 参数值也可以为 fork、exec 和 waitpid 等相关的命令行，在执行 system 函数的过程中，其返回值是复杂多变的，调用 fork、exec 和 waitpid 任意一个命令行失败将会导致 system 函数的执行失败。若调用 exec 失败，表示无法执行所设命令，将返回 Shell 操作的返回值；若调用 waitpid 失败，表示等待失败，将返回−1；若调用 fork 失败，表示创建进程失败，将返回−1。

下面通过利用 system 函数进行系统调用，来演示如何使用 system 函数执行命令行参数，以加强读者对进程控制的理解，system 函数如例 6-5 所示。

【例 6-5】my_ system.c。

```
/****my_system.c***/
#include <stdlib.h>
#include <stdio.h>
int main(){
    printf("Running ps with system\n");
    system("ps -ef");
    printf("Done.\n");
    exit(0);
}
```

程序调用了 system 函数，执行“ps -ef”命令列出当前系统的进程。代码在 Linux 系统终端中的编译过程和运行结果，如图 6-8 所示。

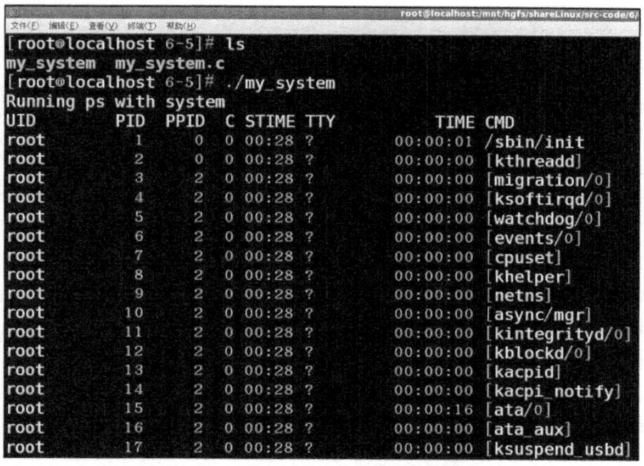

```
[root@localhost 6-5]# ls
my_system  my_system.c
[root@localhost 6-5]# ./my_system
Running ps with system
UID        PID  PPID  C STIME TTY          TIME CMD
root         1     0  0 00:28 ?        00:00:01 /sbin/init
root         2     0  0 00:28 ?        00:00:00 [kthreadd]
root         3     2  0 00:28 ?        00:00:00 [migration/0]
root         4     2  0 00:28 ?        00:00:00 [ksoftirqd/0]
root         5     2  0 00:28 ?        00:00:00 [watchdog/0]
root         6     2  0 00:28 ?        00:00:00 [events/0]
root         7     2  0 00:28 ?        00:00:00 [cpuset]
root         8     2  0 00:28 ?        00:00:00 [khelper]
root         9     2  0 00:28 ?        00:00:00 [netns]
root        10     2  0 00:28 ?        00:00:00 [async/mgr]
root        11     2  0 00:28 ?        00:00:00 [kintegrityd/0]
root        12     2  0 00:28 ?        00:00:00 [kblockd/0]
root        13     2  0 00:28 ?        00:00:00 [kacpid]
root        14     2  0 00:28 ?        00:00:00 [kacpi_notify]
root        15     2  0 00:28 ?        00:00:16 [ata/0]
root        16     2  0 00:28 ?        00:00:00 [ata_aux]
root        17     2  0 00:28 ?        00:00:00 [ksuspend_usbd]
```

图 6-8　使用 system 函数实现进程操作相关的功能演示

6.3　项目实训：进程的实现

6.3.1　实训描述

编写一个包含两个进程的程序，要求：①在父进程里用 printf 输出“Parent process is running!”与父进程进程号信息；②在子进程里用 printf 输出“Child process is running!”与子进程进程号信息。

6.3.2　参考代码

```
#include <stdio.h>
#include <sys/types.h>
#include <unistd.h>
int main(void)
{
    pid_t  pid;
    printf("Process Creation Study\n");
    pid = fork();
    switch(pid) {
```

```
        case 0:
            printf("Child process is running\n");
            printf("Child process Pid is  %d\n", getpid());
            break;
        case -1:
            perror("Process creation failed\n");
            break;
        default:
            printf("Parent process is running\n");
            printf("Parent process Pid is  %d\n", getpid());
            break;
    }

    exit(0);
}
```

6.3.3 编译运行

该程序编译运行情况如图 6-9 所示。

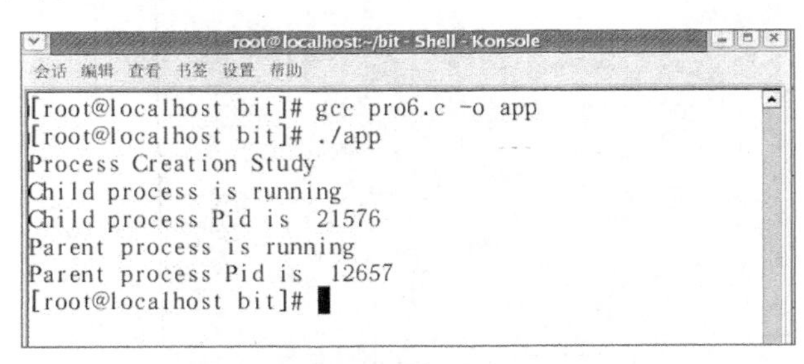

图 6-9 程序运行情况截图

6.4 本章小结

进程的相关操作是 Linux 编程的重要环节。熟悉进程控制的 API 的调用，对于读者学习 Linux 平台下的 C 语言编程将大有帮助。本章介绍了进程操作的理论知识，然后结合具体的项目案例详细阐述了进程的创建、等待、终止、system 函数的操作。

习题

一、填空题

1. 进程在其生存期内可能处于三种基本状态：________、________、________。
2. 为了让 Linux 来管理系统中的进程，每个进程用一个________数据结构来表示。
3. 在 Linux 系统中，进程有两种运行模式：________和________。
4. 创建一个新进程的方法是由某个已存在的进程调用________或________函数，被创建的新进程称为________，已存在的进程称为________。
5. 系统中的每个进程都有一个整数作为其标识，它被称为________。
6. 进程控制块的数据类型是________。

7. 进程的内存映像主要由________、________、________、________组成。

8. 若父进程在子进程终止之前终止，称这些子进程为________，________进程将成为这些进程的父进程。

9. init 进程的进程号为________。

10. fork 函数返回值有两个，对于子进程返回________，对于父进程返回________。

二、思考题

1. 简述进程和程序的区别和联系。

2. Linux 系统中进程的结构由哪些部分组成？

三、综合题

1. 给出具体的示例，通过利用 fork 和 vfork 函数进行系统调用，演示如何创建一个新进程。

2. 给出具体的示例，通过利用 wait 和 waitpid 函数进行系统调用，演示如何等待一个进程。

07

第7章　线程控制

为了进一步减少处理机的空转时间，支持多处理机以及减少上下文切换开销，进程在演化中出现了另一个概念——线程。它是进程内独立的一条运行路线，处理器调度的最小单元，也可以称为轻量级进程。本章首先介绍Linux 环境下线程控制的相关内容；然后介绍 Linux 平台下线程的操作，包括线程的创建、终止、同步、私有数据的操作。

本章学习目标：

- 掌握线程的创建与终止方法
- 掌握线程的同步方法
- 了解私有数据

7.1　线程控制

本节介绍线程的相关知识。在 Linux 操作系统中，进程和线程是紧密相关又相互有区别的。在操作系统中，进程是资源分配的最小单位，而线程是任务独立运行的最小单位。Linux 操作系统是支持多任务多进程的，同时在同一进程内也支持多线程，这是为什么呢？这是因为多线程较多进程而言，不仅节约资源，而且节约时间，这对操作系统的设计和运行非常重要，具体表现在如下几个方面。

（1）创建新线程花费较少的时间，而且占用的系统资源也要少得多。在 Linux 系统中，每个进程都有各自独立的地址空间，而在同一进程内的多个线程是共享该进程的地址空间的，所以创建一个新进程要耗费较多时间为其分配系统资源，供其正常运转，而线程较少。

（2）线程间切换的速度要远快于进程间的切换速度。具体原因是，在系统调度过程中，线程共享地址空间而进程地址空间相互独立。

（3）线程间的通信省时且方便。进程间的地址空间是相互独立的，彼此通信必须经过操作系统以专门的通信方式进行；进程内的多个线程间地址空间共享，彼此通信不必经过操作系统，线程间的数据相互可以看到。

（4）线程提高程序的响应速度。在多任务的 Linux 操作系统中，有很多非常耗时的操作，比如从网络下载很大的图片，它会导致用户一直处于等待状态而不能进行其他操作，多线程环境下可以将这个耗时的操作交给一个单独的线程来完成，让用户不用等待可以进行其他工作，提高程序的响应速度。

（5）多线程提高 CPU 的处理效率，发挥硬件的全部潜力。现代计算机都采用多核技术，如果采用多个线程在不同的处理器上同时运行，可以显著提高程序的运行效率和速度。

鉴于线程有这么多的优点，所以下面将从线程的创建、终止、同步和私有数据四个方面介绍线程。

7.1.1　线程的创建

在 Linux 系统编程中，可以使用 pthread_create 函数完成线程创建的相关工作。pthread_create 函数是和 Linux 操作系统紧密相关的函数，用户根据自身需要，在程序中方便地使用此函数实现线程操作相关的功能。前面所介绍的示例都是按照固定顺序执行的单线程程序，若是在主线程中创建新的线程，就会同时运行两个程序，提高程序执行的效率。

1. 线程的创建函数

执行线程创建的函数是 pthread_create 函数。系统通过调用它在程序中完成线程创建的相关工作。在 Linux 系统终端中使用帮助命令“man pthread_create”，得到函数的信息如下：

```
#include <pthread.h>
int pthread_create(pthread_t *thread, const pthread_attr_t *attr,
    void *(*start_routine) (void *), void *arg);
```

该函数的返回类型为整型，用于执行线程的创建。thread 参数是一个指针，指向成功创建线程后所返回的线程 ID 号。attr 参数是一个指向 pthread_attr_t 的结构体指针，使用该结构体指定所创建线程的各种属性，若 attr 参数值为 NULL，表示使用默认属性。start_routine 参数是一个函数指针，用于指向线程创建成功后所要调用并执行的函数，此函数也称为线程函数。arg 参数是一个指针，指向线程函数的参数。

若线程创建成功，则 pthread_create 函数返回 0；创建失败返回非 0。成功创建线程后，新线程开始运行线程函数，原调用线程继续运行。

2. 线程创建相关的函数

在线程创建成功后，还要调用线程创建相关的一些函数，如获取本线程 ID 的函数、判断两个线程 ID 是否指向同一个线程的函数、用来保证线程函数在进程中仅执行一次的函数等，这些函数可以辅助新创建的线程做一些有益的功能，下面给出它们的函数声明。

在 Linux 系统终端中使用帮助命令 “man pthread_once” “man pthread_self” 和 “man pthread_equal”，得到函数的信息如下：

```
#include <pthread.h>
int pthread_once(pthread_once_t *once_control,void (*init_routine)(void));
pthread_once_t once_control = PTHREAD_ONCE_INIT;
#include <pthread.h>
pthread_t pthread_self(void);
#include <pthread.h>
int pthread_equal(pthread_t t1, pthread_t t2);
```

pthread_once：该函数的返回类型为整型，用来保证线程函数在进程中仅执行一次。once_control 参数是一个指针，指向 pthread_once_t 结构体。init_routine 参数是一个函数指针，用来指向一次执行的函数。若函数执行成功，则返回 0；否则返回非 0。

pthread_self：该函数的返回类型为整型，用来获取本线程 ID。若函数执行成功，则返回本线程 ID；否则返回 0。

pthread_equal：该函数的返回类型为整型，用来判断两个线程 ID 是否指向同一个线程。t1 是线程 1 的 ID，t2 是线程 2 的 ID。若函数执行成功，则返回非 0；否则返回 0。

3. 综合示例

下面通过利用线程创建函数进行系统调用，来演示如何创建线程，以加强读者对线程控制的理解。如例 7-1 所示。

【例 7-1】my_createthread.c。

```
#include <stdio.h>
#include <stdlib.h>
#include <unistd.h>
#include <pthread.h>
int * thread(void * arg){
    pthread_t newthid;
    newthid = pthread_self();
    printf("this is a new thread, thread ID = %d\n", newthid);
    return NULL;
}
int main(void){
    pthread_t thid;
    printf("main thread ,ID is %d\n",pthread_self());
    if(pthread_create(&thid, NULL, (void *)thread, NULL) != 0) {
        printf("thread creation failed\n");
        exit(1);
    }
```

```
    sleep(1)
    exit(0);
}
```

代码在 Linux 系统终端中的编译过程和运行结果如图 7-1 所示。

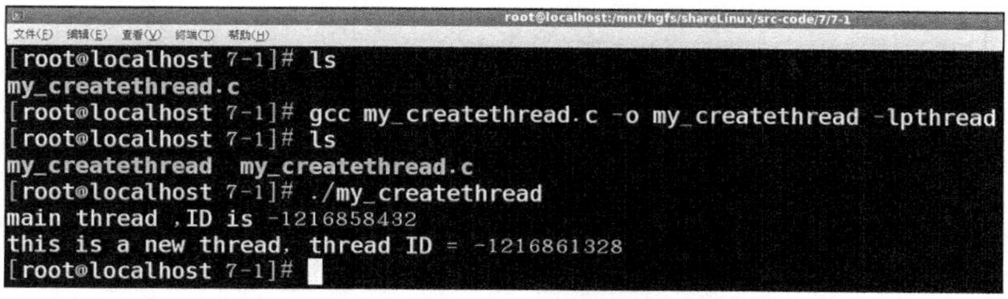

```
root@localhost:/mnt/hgfs/shareLinux/src-code/7/7-1
文件(F)  编辑(E)  查看(V)  终端(T)  帮助(H)
[root@localhost 7-1]# ls
my_createthread.c
[root@localhost 7-1]# gcc my_createthread.c -o my_createthread -lpthread
[root@localhost 7-1]# ls
my_createthread  my_createthread.c
[root@localhost 7-1]# ./my_createthread
main thread ,ID is -1216858432
this is a new thread, thread ID = -1216861328
[root@localhost 7-1]#
```

图 7-1　使用 pthread_create 函数实现线程创建

程序说明：程序首先输出主线程的 ID，然后输出新创建的线程的 ID。

7.1.2　线程的终止

在 Linux 系统编程中，线程的终止方式有两种：一种是使用 return 语句从线程函数中返回；另一种是调用 pthread_exit 函数退出线程。用户根据自身需要，在程序中方便地使用这两种方式结束线程。

线程终止时，一般是从主线程中退出，从而结束整个进程。若是在主线程中，调用了 exit 函数或通过 return 语句返回，则整个进程中所有的线程终止，进程终止；若是在主线程中调用了 pthread_exit 函数，则进程不会结束，只是主线程结束，进程内的其他线程仍可以正常运行；若是从子线程中调用了 exit 函数或通过 return 语句返回，则子线程消亡，主线程和进程内的其他线程不受影响。

线程终止的核心问题是释放资源的问题。如果一个线程终止后没有及时释放所持有的资源，则此资源会被认为被其一直独占，造成永远无法释放，会导致其他线程或进程无法获得该资源，而一直处于无限的等待状态，这就是所谓的死锁。所以线程终止时，要及时释放所占有的各种资源，使其他进程获得资源及时运行。

单个线程可以使用 pthread_exit 函数调用来终止自身线程，线程之间可以使用 pthread_join 函数调用来通知或等待其他线程的结束。

1. 线程终止函数

执行线程终止的函数是 pthread_exit 函数。系统通过调用它在程序中完成线程终止的相关工作。在 Linux 系统终端中使用帮助命令“man pthread_exit”，得到函数的信息如下：

```
#include <pthread.h>
void pthread_exit(void *retval);
```

该函数的返回类型为空，用于完成线程的终止。retval 参数是一个指针，指向本线程所设置的变量值，并返回给调用线程。

2. 等待线程结束函数

等待线程结束的函数是 pthread_join 函数。系统通过调用它在程序中完成等待线程结束的相关工作。在 Linux 系统终端中使用帮助命令“man pthread_join”，得到函数的信息如下：

```
#include <pthread.h>
```

```
int pthread_join(pthread_t thread, void **retval);
```

该函数的返回类型为整型，用于等待一个线程的结束。thread 参数是整型参数，表示等待线程的 ID。retval 参数是个二级指针型参数，用于指向等待线程所返回变量的指针。该函数的调用者将被挂起并等待 thread 线程终止，并且等待线程只允许一个调用线程使用 pthread_join 函数等待它的结束；若是多个被调用线程等待，除了第一个收到信号的线程返回成功外，其他调用线程均返回错误。

3. 综合示例

下面通过利用线程终止函数进行系统调用，来演示如何终止线程，以加强读者对线程控制的理解。pthread_exit 函数如下所示。

【例 7-2】my_ threadexit_join.c。

```
/****my_threadexit_join.c***/
#include <unistd.h>
#include <sys/types.h>
#include <sys/stat.h>
#include <fcntl.h>
#include <stdio.h>
#include <errno.h>
#include <stdlib.h>
#include <string.h>
#include <pthread.h>
#define TAG ("Pthread_Exit_Join")
void myassisthread(void * arg){
   printf("%s,myassisthread,flag-1.\n",TAG);
   sleep (5);
   pthread_exit (0);
}
int main(void){
   ////////////////////////////////////////
   /*public var,start*/
   char sTag[] = TAG;
   char sFlag1[]="this program is starting to show how to use pthread_exit() function";
   char sFlag2[]="this program is ending to show how to use pthread_exit() function";
   /*public var,end*/
   ////////////////////////////////////////
   /*private var,start*/
   pthread_t myassistthid;
   int status = -1;
   /*private var,end*/
   ////////////////////////////////////////
   printf("%s,%s.\n",sTag,sFlag1);
   /*利用线程终止函数进行系统调用，来演示如何终止线程*/
   //printf("%s,status:%d,null,flag-1.\n",sTag,status);
   printf("%s,before pthread_join assistthread's status is :%d,flag-1.\n",sTag,status);
   pthread_create(&myassistthid, NULL, (void *) myassisthread, NULL);
   pthread_join(myassistthid, (void *) &status);
   printf("%s,after pthread_join assistthread's status is :%d,flag-1.\n",sTag,status);
   printf("%s,%s.\n",sTag,sFlag2);
   exit(0);
   //return 0;
}
```

代码在 Linux 系统终端中的编译过程和运行结果如图 7-2 所示。

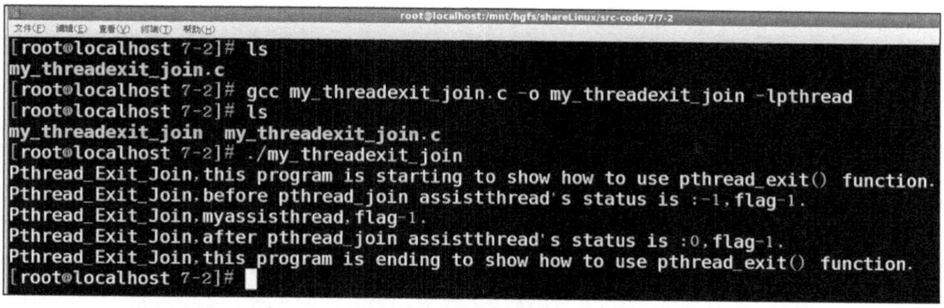
root@localhost:/mnt/hgfs/shareLinux/src-code/7/7-2
文件(F) 编辑(E) 查看(V) 终端(T) 帮助(H)
[root@localhost 7-2]# ls
my_threadexit_join.c
[root@localhost 7-2]# gcc my_threadexit_join.c -o my_threadexit_join -lpthread
[root@localhost 7-2]# ls
my_threadexit_join my_threadexit_join.c
[root@localhost 7-2]# ./my_threadexit_join
Pthread_Exit_Join,this program is starting to show how to use pthread_exit() function.
Pthread_Exit_Join,before pthread_join assistthread's status is :-1,flag-1.
Pthread_Exit_Join,myassisthread,flag-1.
Pthread_Exit_Join,after pthread_join assistthread's status is :0,flag-1.
Pthread_Exit_Join,this program is ending to show how to use pthread_exit() function.
[root@localhost 7-2]#
图 7-2 使用 pthread_exit 函数实现线程终止

7.1.3 线程的同步

多线程编程的关键问题是线程间的同步问题。在 Linux 系统中，运行在进程中的各个线程是相互独立的，某个线程的终止不会影响别的线程，并且终止的线程也不会及时地把占用的临界资源归还给系统，而是仍归其所在的进程拥有，导致进程内的其他线程没有及时收到通知消息，不能使用临界资源，不能实现彼此线程间的同步协调运行。

鉴于上述问题，Linux 系统提供了多种方式处理线程间的同步问题，目前常用的方式有互斥锁和条件变量，下面给出具体介绍。

1. 互斥锁

互斥锁要求同一时刻只有一个线程访问同一个设备或同一段代码，通过访问前加锁和访问后解锁的机制来实现多线程间的同步问题。

支持线程同步的互斥锁的函数有多个，包括初始化、加锁、解锁、注销等互斥锁函数。系统通过调用它们在程序中完成线程同步的相关工作。在 Linux 系统终端中使用帮助命令，得到互斥锁的函数的信息如下：

```
#include <pthread .h>
int pthread_mutex_init(pthread_mutex_t *mutex, const pthread_mutexattr_t *mutexattr);
int pthread_mutex_lock(pthread_mutex_t *mutex);
int pthread_mutex_trylock(pthread_mutex_t *mutex);
int pthread_mutex_unlock(pthread_mutex_t *mutex);
int pthread_mutex_destroy(pthread_mutex_t *mutex);
```

（1）pthread_mutex_init：该函数的返回类型为整型，用于初始化一个互斥锁。mutex 参数是一个指针，指向生成的互斥锁。mutexattr 参数是一个指针，用于指定互斥锁的属性，若它为 NULL，则表示采用系统默认的属性；若为普通锁，则表示当线程加锁后，其余申请加锁的线程形成等待队列，解锁后按照优先级获得锁；若为适应锁，则表示解锁后重新竞争；若为检错锁，则表示当相同线程请求同一个锁时，返回 EDEADLK，否则执行的动作与普通锁一样；若为嵌套锁，则表示允许同一个线程对同一个锁多次加锁，通过多次 unlock 解锁，若不是同线程请求，则在解锁后重新竞争。

（2）pthread_mutex_lock：该函数的返回类型为整型，用于对一个线程加锁，若不成功则阻塞等待。mutex 参数含义与 pthread_mutex_init 函数中的相同。

（3）pthread_mutex_trylock：该函数的返回类型为整型，用于对一个线程测试加锁，若不成功则立即返回。mutex 参数含义与 pthread_mutex_init 函数中的相同。

（4）pthread_mutex_unlock：该函数的返回类型为整型，用于对一个线程解锁。mutex 参数含义与 pthread_mutex_init 函数中的相同。

（5）pthread_mutex_destroy：该函数的返回类型为整型，用于注销一个互斥锁。mutex 参数含义与 pthread_mutex_init 函数中的相同。

上述 5 个函数调用成功返回 0，调用失败返回错误码。

综上所述，在 Linux 系统编程中，使用互斥锁实现多线程的同步基本上需要四步来完成。首先，使用前必须对互斥锁进行初始化操作。初始化有静态初始化和函数初始化两种方式，静态初始化是对互斥锁直接赋值，函数初始化是通过调用 pthread_mutex_init 函数初始化互斥锁。其次，调用 pthread_mutex_lock 或 pthread_mutex_trylock 函数对互斥锁进行加锁。然后，调用 pthread_mutex_unlock 函数对互斥锁进行解锁，解锁要求互斥锁必须处于加锁状态、调用线程必须是加锁线程。最后，互斥锁使用完后，调用 pthread_mutex_destroy 函数对互斥锁进行清除。

2. 条件变量

条件变量是在互斥锁的基础上，通过使用线程间共享的全局变量，使用判断语句判断条件是否成立，若成立则执行某地代码，否则等待条件成立，从而实现线程间的同步问题。

支持线程同步的条件变量函数有多个，包括初始化、等待、解除、清除等条件变量函数。系统通过调用它们在程序中完成线程同步的相关工作。在 Linux 系统终端中使用帮助命令，得到条件变量的函数的信息如下：

```
#include <pthread.h>
pthread_cond_t cond = PTHREAD_COND_INITIALIZER;
int pthread_cond_init(pthread_cond_t *restrict cond, const pthread_condattr_t *restrict attr);
int pthread_cond_wait(pthread_cond_t *restrict cond,pthread_mutex_t *restrict mutex);
int pthread_cond_timedwait(pthread_cond_t *restrict cond,pthread_mutex_t *restrict mutex,const struct timespec *restrict abstime);
int pthread_cond_signal(pthread_cond_t *cond);
int pthread_cond_broadcast(pthread_cond_t *cond);
int pthread_cond_destroy(pthread_cond_t *cond);
```

（1）pthread_cond_init：该函数的返回类型为整型，用于初始化条件变量。cond 参数是一个指针，指向条件变量。attr 参数是一个指针，表示条件变量的属性。

（2）pthread_cond_wait：该函数的返回类型为整型，表示基于条件变量阻塞并无条件等待。cond 参数含义与 pthread_cond_init 函数中的相同。mutex 参数是一个指针，指向互斥锁。

（3）pthread_cond_timedwait：该函数的返回类型为整型，功能与 pthread_cond_wait 函数一样，用于对条件变量的限时等待，超时后将无条件返回。cond 参数和 mutex 参数含义与 pthread_cond_wait 函数中的相同。abstime 参数表示等待的时间。

（4）pthread_cond_signal：该函数的返回类型为整型，用于解除特定线程的阻塞或从等待队列中激活第一个入队的线程。cond 参数含义与 pthread_cond_init 函数中的相同。

（5）pthread_cond_broadcast：该函数的返回类型为整型，用于解除所有线程的阻塞。cond 参数含义与 pthread_cond_init 函数中的相同。

（6）pthread_cond_destroy：该函数的返回类型为整型，用于清除条件变量。cond 参数含义与 pthread_cond_init 函数中的相同。

上述 6 个函数调用成功返回 0，调用失败返回错误码。

综上所述，在 Linux 系统编程中，使用条件变量实现多线程的同步基本上需要四步来完成。首先，使用前必须对条件变量进行初始化操作。初始化有静态初始化和函数初始化两种方式，静态初始化是对条件变量直接赋值，函数初始化是通过调用 pthread_cond_init 函数初始化条件变量。其次，调用 pthread_cond_wait 或 pthread_cond_timedwait 函数对条件变量进行等待。然后，调用 pthread_cond_signal 或 pthread_cond_broadcast 函数解除特定或所有线程的阻塞。最后，条件变量使用完后，调用 pthread_cond_destroy 函数对条件变量进行清除，只有在没有等待线程等待该条件变量的时候，才可以清除它。

3. 综合示例

下面通过利用线程同步函数进行系统调用，来演示如何进行线程的同步，以加强读者对线程控制的理解。如例 7-3 所示。

【例 7-3】my_pthread_mutex_cond.c。

```
/****my_pthread_mutex_cond.c***/
#include <unistd.h>
#include <sys/types.h>
#include <sys/stat.h>
#include <fcntl.h>
#include <stdio.h>
#include <errno.h>
#include <stdlib.h>
#include <string.h>
#include <pthread.h>
#define TAG ("Pthread_Mutex_Cond")
pthread_mutex_t my_mutex;
int myglobalnum;
void mywrite(){
    printf("%s,myglobalnum:%d,before mywrite,flag-1.\n",TAG,myglobalnum);
    pthread_mutex_lock(&my_mutex);
    myglobalnum++;
    pthread_mutex_unlock(&my_mutex);
    printf("%s,myglobalnum:%d,after mywrite,flag-1.\n",TAG,myglobalnum);
}
int myread(){
    int myread = 0;
    printf("%s,myread:%d,before myread,flag-1.\n",TAG,myread);
    pthread_mutex_lock(&my_mutex);
    myread = myglobalnum;
    pthread_mutex_unlock(&my_mutex);
    printf("%s,myread:%d,after myread,flag-1.\n",TAG,myread);
    return myread;
}
pthread_mutex_t   mutex;
pthread_cond_t    cond;
void *mythread1(void *arg) {
    //pthread_cleanup_push (pthread_mutex_unlock, &mutex);
    while(1) {
        printf("%s,mutex:%d,before mythread1 is running,flag-1.\n",TAG,mutex);
```

```
            pthread_mutex_lock (&mutex);
            pthread_cond_wait (&cond, &mutex);
            printf("%s,mutex:%d,cond:%d,mythread1  applied  the  condition,flag-2.\n",TAG,
mutex,cond);
            pthread_mutex_unlock (&mutex);
            printf("%s,mutex:%d,after mythread1 is running,flag-3.\n",TAG,mutex);
            sleep (5);
        }
    }
    void *mythread2(void *arg) {
        while(1) {
            printf("%s,mutex:%d,before mythread2 is running,flag-4.\n",TAG,mutex);
            pthread_mutex_lock (&mutex);
            pthread_cond_wait (&cond, &mutex);
            printf("%s,mutex:%d,cond:%d,mythread2  applied  the  condition,flag-5.\n",TAG,
mutex,cond);
            pthread_mutex_unlock (&mutex);
            printf("%s,mutex:%d,after mythread2 is running,flag-6.\n",TAG,mutex);
            sleep (2);
        }
    }
    int main(void){
        ////////////////////////////////////////
        /*public var,start*/
        char sTag[] = TAG;
        char sFlag1[]="this program is starting to show how to use pthread_mutex_cond()
function";
        char sFlag2[]="this program is ending to show how to use pthread_mutex_cond()
function";
        /*public var,end*/
        ////////////////////////////////////////
        /*private var,start*/
        pthread_t tid1, tid2;
        /*private var,end*/
        ////////////////////////////////////////
        printf("%s,%s.\n",sTag,sFlag1);
        /*利用线程同步函数进行系统调用，来演示如何进行线程的同步*/
        //printf("%s,status:%d,null,flag-1.\n",sTag,status);
        printf("%s,mutex and condition variable study,flag-7.\n",sTag);
        printf("%s,mutex:%d,before pthread_mutex_init,flag-8.\n",sTag,mutex);
        pthread_mutex_init (&mutex, NULL);
        printf("%s,mutex:%d,after pthread_mutex_init,flag-9.\n",sTag,mutex);
        printf("%s,cond:%d,before pthread_cond_init,flag-10.\n",sTag,cond);
        pthread_cond_init (&cond, NULL);
        printf("%s,cond:%d,after pthread_cond_init,flag-11.\n",sTag,cond);
        pthread_create (&tid1, NULL, (void *) mythread1, NULL);
        printf("%s,tid1:%d,pthread_create,flag-12.\n",sTag,tid1);
        pthread_create (&tid2, NULL, (void *) mythread2, NULL);
        printf("%s,tid2:%d,pthread_create,flag-13.\n",sTag,tid2);
        do {
            printf("%s,cond:%d,before,flag-14.\n",sTag,cond);
            mywrite();
            myread();
            pthread_cond_signal (&cond);
            printf("%s,cond:%d,after,flag-15.\n",sTag,cond);
        } while (1);
```

```
    sleep (40);
    printf("%s,%s.\n",sTag,sFlag2);
    pthread_exit (0);
}
```

代码在 Linux 系统终端中的编译过程和运行结果，如图 7-3 所示。

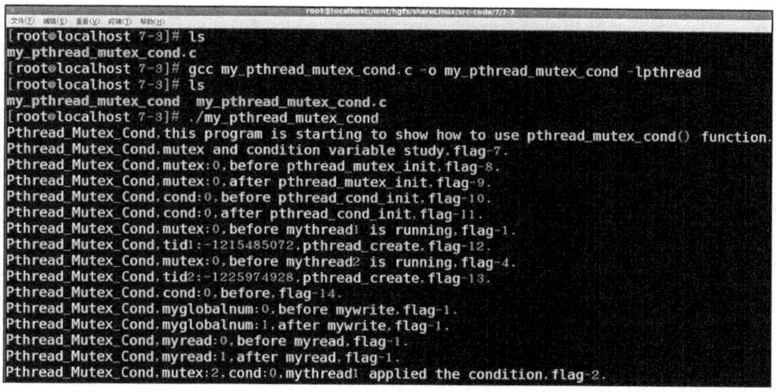
root@localhost:/mnt/hgfs/shareLinux/src-code/7/7-3
文件(F) 编辑(E) 查看(V) 终端(T) 帮助(H)
[root@localhost 7-3]# ls
my_pthread_mutex_cond.c
[root@localhost 7-3]# gcc my_pthread_mutex_cond.c -o my_pthread_mutex_cond -lpthread
[root@localhost 7-3]# ls
my_pthread_mutex_cond my_pthread_mutex_cond.c
[root@localhost 7-3]# ./my_pthread_mutex_cond
Pthread_Mutex_Cond,this program is starting to show how to use pthread_mutex_cond() function.
Pthread_Mutex_Cond,mutex and condition variable study,flag-7.
Pthread_Mutex_Cond,mutex:0,before pthread_mutex_init,flag-8.
Pthread_Mutex_Cond,mutex:0,after pthread_mutex_init,flag-9.
Pthread_Mutex_Cond,cond:0,before pthread_cond_init,flag-10.
Pthread_Mutex_Cond,cond:0,after pthread_cond_init,flag-11.
Pthread_Mutex_Cond,mutex:0,before mythread1 is running,flag-1.
Pthread_Mutex_Cond,tid1:-1215485072,pthread_create,flag-12.
Pthread_Mutex_Cond,mutex:0,before mythread2 is running,flag-4.
Pthread_Mutex_Cond,tid2:-1225974928,pthread_create,flag-13.
Pthread_Mutex_Cond,cond:0,before,flag-14.
Pthread_Mutex_Cond,myglobalnum:0,before mywrite,flag-1.
Pthread_Mutex_Cond,myglobalnum:1,after mywrite,flag-1.
Pthread_Mutex_Cond,myread:0,before myread,flag-1.
Pthread_Mutex_Cond,myread:1,after myread,flag-1.
Pthread_Mutex_Cond,mutex:2,cond:0,mythread1 applied the condition,flag-2.

图 7-3　使用线程同步函数实现线程同步

7.1.4　私有数据

在 Linux 系统多线程的编程中，同一进程内的各个线程可以共享进程的数据空间，包括全局变量，但是线程也需要保存自己的全局变量，而且又要求这种全局变量只供本线程所私有。例如标准的出错代码变量 ERRNO，系统要求它是个全局变量，每个函数出错后，都可以访问到它，并且返回本线程所要求的出错代码值。这种为线程所私有的全局变量就是线程的私有数据（Thread-specific Data，TSD），它可以被本线程内的各个函数访问，但是其他线程函数无法访问它的值。

1. **线程私有数据函数**

线程私有数据采用了一键多值技术。进程内的各个线程都可以通过公共的键名来访问它的值，但是各个线程所访问的值是不一样的。

支持线程私有数据的函数有多个，包括创建、设置、读取、删除等函数。系统通过调用它们在程序中完成线程私有数据的相关工作。在 Linux 系统终端中使用帮助命令，得到线程私有数据的函数信息如下：

```
#include <pthread.h>
int pthread_key_create(pthread_key_t *key, void (*destructor)(void*));
int pthread_setspecific(pthread_key_t key, const void *value);
void *pthread_getspecific(pthread_key_t key);
int pthread_key_delete(pthread_key_t key);
```

（1）pthread_key_create：该函数的返回类型为整型，用于创建一个键。key 参数是一个指针，指向生成的键值。destructor 参数是一个函数指针，指向线程退出时所要执行的以 key 关联的数据为参数的释放资源的函数。key 值创建成功后，进程内的所有线程都可以访问它，并且各个线程可以往 key 中注入自己的值，实现一键多值的线程私有数据功能。函数调用成功返回 0，调用失败返回错误码。

（2）pthread_setspecific：该函数的返回类型为整型，用于为一个键设置新线程的私有数据。key 参数是一个类型为 pthread_key_t 的参数，表示具体的键名。value 参数是一个指针，指向所设置键的具体值。函数调用成功返回 0，调用失败返回错误码。

（3）pthread_getspecific：该函数的返回类型为指针，用于从一个键中读取本线程的私有数据。key 参数含义与 pthread_setspecific 函数中的相同。函数调用成功返回与 key 关联的值，调用失败返回 NULL。

（4）pthread_key_delete：该函数的返回类型为整型，用于删除指定的键。key 参数含义与 pthread_setspecific 函数中的相同。键删除成功后，其所占用的内存也被释放。函数调用成功返回 0，调用失败返回错误码。

综上所述，在 Linux 系统编程中，使用线程私有数据进行多线程编程基本上需要四步来完成。首先，使用前必须通过调用 pthread_key_create 函数创建一个键。其次，调用 pthread_setspecific 函数为一个键设置新线程的私有数据。然后，调用 pthread_getspecific 函数从一个键中读取本线程的私有数据。最后，私有数据使用完后，调用 pthread_key_delete 函数删除指定的键。

2. 综合示例

下面通过利用线程私有数据函数进行系统调用，来演示如何创建和使用线程的私有数据，以加强读者对线程控制的理解。如例 7-4 所示。

【例 7-4】my_ pthread_key_value.c。

```
/****my_pthread_key_value.c***/
#include <unistd.h>
#include <sys/types.h>
#include <sys/stat.h>
#include <fcntl.h>
#include <stdio.h>
#include <errno.h>
#include <stdlib.h>
#include <string.h>
#include <pthread.h>
#define TAG ("Pthread_Key_Value")
pthread_key_t key;
void * mythread1(void *arg){
    char *myselfstr = (char *) malloc(50);
    printf("%s,thread:%d,memset(),strcpy(),flag-1.\n",TAG,pthread_self());
    memset (myselfstr, 0, 50);
    strcpy (myselfstr, "this program is starting to show how to use pthread_key_value()
function in mythread1");
    printf("%s,thread:%d is running,myselfstr:%s,flag-2.\n",TAG,pthread_self(), myselfstr);
    pthread_setspecific (key, (void *) myselfstr);
    printf("%s,pthread_setspecific: %s,flag-3.\n",TAG,myselfstr);
    sleep (4);
    printf("%s,thread    %d,pthread_getspecific:    %s,flag-4.\n",TAG,pthread_self(),
pthread_getspecific(key));
    sleep (5);
}
void * mythread2(void *arg){
    char * myselfstr = (char *)malloc(50);
    printf("%s,thread:%d,memset(),strcpy(),flag-5.\n",TAG,pthread_self());
    memset (myselfstr,0,50);
    strcpy (myselfstr, "this program is starting to show how to use pthread_key_value()
function in mythread2");
    printf("%s,thread:%d is running,myselfstr:%s,flag-6.\n",TAG,pthread_self(), myselfstr);
    pthread_setspecific (key, (void *) myselfstr);
    printf("%s,pthread_setspecific: %s,flag-7.\n",TAG,myselfstr);
    sleep (2);
```

```
        printf("%s,thread %d,pthread_getspecific: %s,flag-8.\n",TAG,pthread_self(), pthread_
getspecific(key));
        sleep (7);
    }
    void mydestructor (char * mystr){
        printf("%s,mydestructor,thread:%d,flag-18.\n",TAG,pthread_self());
        free (mystr);
        mystr = NULL;
    }
    int main(void){
        ///////////////////////////////////////
        /*public var,start*/
        char sTag[] = TAG;
        char sFlag1[]="this program is starting to show how to use pthread_key_value()
function";
        char sFlag2[]="this program is ending to show how to use pthread_key_value() function";
        /*public var,end*/
        ///////////////////////////////////////
        /*private var,start*/
        pthread_t thid1;
        pthread_t thid2;
        /*private var,end*/
        ///////////////////////////////////////
        printf("%s,%s.\n",sTag,sFlag1);
        /*利用线程私有数据函数进行系统调用，来演示如何创建和使用线程的私有数据*/
        //printf("%s,status:%d,null,flag-1.\n",sTag,status);
        printf("%s,main thread is running,flag-19.\n",sTag);
        pthread_key_create (&key, (void *)mydestructor);
        pthread_create (&thid1, NULL, mythread1, NULL);
        printf("%s,pthread_create thid1 : %d ,flag-20.\n",sTag,thid1);
        pthread_create (&thid2, NULL, mythread2, NULL);
        printf("%s,pthread_create thid2 : %d ,flag-21.\n",sTag,thid2);
        sleep (8);
        printf("%s,pthread_key_delete key : %d ,flag-23.\n",sTag,key);
        pthread_key_delete(key);
        printf("%s,main thread is exiting,flag-24.\n",sTag);
        printf("%s,%s.\n",sTag,sFlag2);
        exit(0);
    }
```

代码在 Linux 系统终端中的编译过程和运行结果如图 7-4 所示。

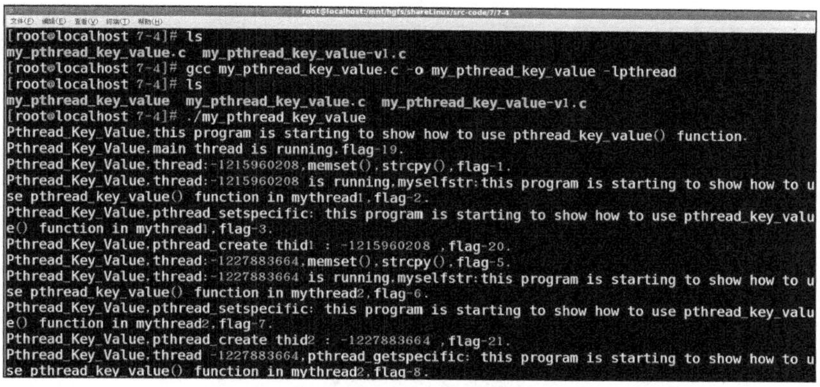

```
root@localhost:/mnt/hgfs/shareLinux/src-code/7/7-4
文件(F) 编辑(E) 查看(V) 终端(T) 帮助(H)
[root@localhost 7-4]# ls
my_pthread_key_value.c  my_pthread_key_value-v1.c
[root@localhost 7-4]# gcc my_pthread_key_value.c -o my_pthread_key_value -lpthread
[root@localhost 7-4]# ls
my_pthread_key_value  my_pthread_key_value.c  my_pthread_key_value-v1.c
[root@localhost 7-4]# ./my_pthread_key_value
Pthread_Key_Value,this program is starting to show how to use pthread_key_value() function.
Pthread_Key_Value,main thread is running,flag-19.
Pthread_Key_Value,thread:-1215960208,memset(),strcpy(),flag-1.
Pthread_Key_Value,thread:-1215960208 is running,myselfstr:this program is starting to show how to u
se pthread_key_value() function in mythread1,flag-2.
Pthread_Key_Value,pthread_setspecific: this program is starting to show how to use pthread_key_valu
e() function in mythread1,flag-3.
Pthread_Key_Value,pthread_create thid1 : -1215960208 ,flag-20.
Pthread_Key_Value,thread:-1227883664,memset(),strcpy(),flag-5.
Pthread_Key_Value,thread:-1227883664 is running,myselfstr:this program is starting to show how to u
se pthread_key_value() function in mythread2,flag-6.
Pthread_Key_Value,pthread_setspecific: this program is starting to show how to use pthread_key_valu
e() function in mythread2,flag-7.
Pthread_Key_Value,pthread_create thid2 : -1227883664 ,flag-21.
Pthread_Key_Value,thread -1227883664,pthread_getspecific: this program is starting to show how to u
se pthread_key_value() function in mythread2,flag-8.
```

图 7-4　创建和使用线程的私有数据函数

7.2 项目实训：线程的实现

7.2.1 实训描述

编写一个包含文件监听线程接口和新建接收信息两个线程的程序。

7.2.2 参考代码

代码分为三部分：init.h、init.c 和 main.c。

（1）init.h 文件内容

```
#include <unistd.h>
#include <pthread.h>
//文件监听线程
pthread_t file_id;
//文件接收监听线程
pthread_t recv_id;
//文件监听线程接口
void * file_incept(void *arg) ;
//新建收信息线程
void s_recv_th();
//线程初始化函数
void inithread();
```

（2）init.c 文件内容

```
#include "init.h"
void* file_incept(void *arg)//文件监听线程接口
{
   printf ("file_incept is running!\n");
}

void s_recv_th()
{
   printf ("s_recv_th is running!\n");
}
void inithread()
{
   if(pthread_create(&file_id,NULL,(void *)file_incept,NULL)!=0)
   {
      printf ("Create pthread error!\n");
      exit (1);
   }

   if((pthread_create(&recv_id,NULL,(void *)s_recv_th,NULL))==-1){//新建收信息线程
      perror("receive thread create error!\n");
      exit(1);
   }
}
```

（3）main.c 的内容

```
#include <stdio.h>
#include <unistd.h>
int main()
{
```

```
inithread();
    sleep(3);
}
```

7.2.3 编译

编写该项目的 make 脚本如下：

```
CC=gcc
app:main.o init.o
    $(CC) $^ -o $@ -lpthread
clean:
    rm -f app *.o
```

7.3 本章小结

线程的相关操作是 Linux 编程的重要环节。熟悉线程控制的 API 的调用，对于读者学习 Linux 平台下的 C 语言编程将大有帮助。本章介绍了线程操作的理论知识，然后结合具体的项目案例——网络数据传输中文件传输线程功能，详细阐述了线程的创建、终止、同步、私有数据的操作。

习题

一、选择题

1. 以下多线程对 int 变量 x 的操作，不需要进行同步的是（　　）。

   A. x=y;　　B. x++;　　C. ++x;　　D. x=1;

2. 多线程中栈与堆是（　　）。

   A. 栈公有，堆私有　　B. 栈公有，堆公有
   C. 栈私有，堆公有　　D. 栈私有，堆私有

3. 创建多线程的函数是（　　）。

   A. oncreate　　B. pthread_create　　C. create_pthread　　D. pthread

二、填空题

1. Linux 系统下的多线程遵循______线程接口。
2. Linux 系统下创建线程成功后会返回整型数______。
3. Linux 系统下若创建线程失败会返回______。

三、思考题

1. 简述线程和进程的区别和联系。
2. 简述 Linux 系统中线程的优点。

四、综合题

1. 给出具体的示例，通过利用线程创建函数进行系统调用，来演示如何创建线程。
2. 给出具体的示例，通过利用线程终止函数进行系统调用，来演示如何终止线程。
3. 给出具体的示例，通过利用线程同步函数进行系统调用，来演示如何同步线程。

08 第8章　进程间通信

本章首先介绍 Linux 环境下进程间通信的相关内容；然后介绍 Linux 平台下进程间相互通信的方法，包括共享内存、信号量、管道通信、命名管道、消息队列；最后结合具体的项目案例——网络数据传输中对数据和消息两进程之间通信功能的实现，阐述进程间通信的相关操作的具体应用。

本章学习目标：

- 掌握共享内存的用法
- 掌握信号量的用法
- 掌握管道通信的用法
- 了解命名管道的用法
- 掌握消息队列的用法

8.1 概述

Linux 系统是多任务、多进程的操作系统，对于大型的应用系统而言，通常需要多个任务、多个进程相互协作共同完成，而进程的地址空间又是各自独立的，所以需要进程间进行通信。进程间的通信（Internet Process Connection，IPC）是指多个进程间相互协调，进行信息交换，相互交流。Linux 环境下进程间相互通信的方法包括共享内存、信号量、管道通信、命名管道、消息队列等，下面进行简单介绍。

（1）共享内存：共享内存是指由一个进程创建并且能够被其他进程访问的内存段。共享内存是进程间通信最快的方式，经常与信号量等通信机制配合使用，通信速度快、运行效率高。

（2）信号量：信号量在形式上是一个计数器，主要用来协调进程间或同一个进程内不同线程间同时访问共享资源的问题。所以，信号量也称为一种信号锁，它能保证同一时刻只有一个进程或线程访问共享资源，其余进程或线程无法访问该共享资源。信号量也是一种同步机制，同一时刻可以有多个进程访问共享资源。

（3）管道通信：管道在形式上是一种文件，主要用在具有亲缘关系的进程间的通信上。管道通信是一种半双工的通信方式，它的显著特点是管道有读入端和写入端，数据只能单向流动。与共享内存相比，管道通信相对慢些，但是它用起来方便很多，系统开销也小。

（4）命名管道：命名管道是管道中的一种，具有管道的所有功能和特点。命名管道是一个设备文件，不仅可用在具有亲缘关系的进程间的通信上，而且也可用在不具有亲缘关系的进程间的通信上。命名管道要求提供一个路径名与它关联的文件，只要可以访问这个路径文件的进程，都可以进行进程间的相互通信。

（5）消息队列：消息队列是存放在操作系统内核中的消息链表，每个消息队列由消息队列标识符标示。消息队列存放在内核中，所以只有重启操作系统或主动删除一个消息队列，消息队列才会消除。消息队列具有传递信息量大，可以承载各种格式的字节流和可以动态设置缓冲区大小的优点。

8.2 共享内存

在 Linux 系统中，共享内存是由一个进程创建并且能够被其他进程访问的内存段。每个进程所创建的共享内存在操作系统内核中维护着一个与之相应的数据结构 shmid_ds，它的具体定义如下所示：

```
struct shmid_ds {
    struct ipc_perm  shm_perm;
    size_t           shm_segsz;
    time_t           shm_atime;
    time_t           shm_dtime;
    time_t           shm_ctime;
    pid_t            shm_cpid;
    pid_t            shm_lpid;
    shmatt_t         shm_nattch;
    ushort           shm_lkcnt;
    ...
};
```

这个结构详细描述了共享内存的各种属性，它们的具体含义如下所示。

① shm_perm：表示共享内存的用户 ID、组 ID 等信息。

② shm_segsz：以字节为单位表示共享内存的大小。

③ shm_lkcnt：表示共享内存段锁定的时间大小。

④ shm_cpid：表示创建共享内存的进程 ID。

⑤ shm_lpid：表示最后一次操作共享内存的进程 ID。

⑥ shm_nattch：表示当前使用共享内存的进程数。

⑦ shm_atime：表示最后一次附加共享内存的时间。

⑧ shm_dtime：表示最后一次分离共享内存的时间。

⑨ shm_ctime：表示最后一次修改共享内存的时间。

下面给出基于上述共享内存数据结构的函数调用。

1. 共享内存的创建

创建共享内存的函数是 shmget。系统通过调用它在程序中完成共享内存的创建工作。在 Linux 系统终端中使用帮助命令“man shmget”，得到共享内存的创建函数信息如下：

```
#include <sys/ipc.h>
#include <sys/shm.h>
int shmget(key_t key, size_t size, int shmflg);
```

shmget 函数的返回值类型为整型，用于创建进程的共享内存。key 参数表示由 ftok 生成的共享内存键。size 参数表示共享内存的大小，若是新创建一个共享内存，则 size 需大于 0；若是访问已经存在的共享内存，则 size 为 0。shmflg 参数表示共享内存的操作标志位，用于设置共享内存的访问权限，若 shmflg 参数取值为 IPC_CREATE，则表示系统将参数 key 与其他的共享内存 key 进行比较，相同就返回已经存在的共享内存区的标识符，不同就新建一个共享内存区并返回其标识符；若 shmflg 参数取值为 IPC_EXCL，则表示无意义；若 shmflg 参数取值为 IPC_CREATE | IPC_EXCL，表示如果发现信号集已经存在，则返回-1。

函数 shmget 调用成功会返回共享内存的引用标识符，同时该共享内存的 shmid_ds 结构会被初始化；调用失败则返回-1。

2. 共享内存的附加

共享内存的附加函数是 shmat。系统通过调用它在程序中完成共享内存的附加工作。在 Linux 系统终端使用帮助命令“man shmat”，得到共享内存的附加函数信息如下：

```
#include <sys/types.h>
#include <sys/shm.h>
void *shmat(int shmid, const void *shmaddr, int shmflg);
```

shmat 函数的返回值类型为指针，指向共享内存的地址，用于附加进程的共享内存。shmid 参数表示附加的共享内存的引用标识符。shmflg 参数表示共享内存的读写操作方式。shmaddr 参数表示共享内存的附加地址空间，若 shmaddr 参数取值为空，则表示由内核选择一个空闲的内存区；若 shmaddr 参数取值为非空，且 shmflg 参数指定为 SHM_RND 值，则附加地址为共享内存的低端边界地址后的地址，否则附加地址为 shmaddr 指定的地址。通常 shmaddr 参数设置为 NULL。

函数 shmat 调用成功会返回共享内存的附加地址，调用失败则返回-1。

3. 共享内存的分离

共享内存的分离函数是 shmdt。系统通过调用它在程序中完成共享内存的分离工作。在 Linux 系统终端使用帮助命令“man shmdt”，得到共享内存的分离函数信息如下：

```
#include <sys/types.h>
#include <sys/shm.h>
int shmdt(const void *shmaddr);
```

shmdt 函数的返回值类型为整型，用于分离进程的共享内存。shmaddr 参数为函数 shmdt 的返回值。进程与共享内存分离后，shmid_ds 中的 shm_nattch 会自动减 1。若 shm_nattch 的值减为 0 后，表示没有任何进程使用此共享内存，该共享内存将被系统删除。

函数 shmdt 调用成功会返回 0，调用失败则返回-1。

4. 共享内存的控制

共享内存的控制函数是 shmctl。系统通过调用它在程序中完成共享内存的控制工作。在 Linux 系统终端使用帮助命令“man shmctl”，得到共享内存的控制函数信息如下：

```
#include <sys/ipc.h>
#include <sys/shm.h>
int shmctl(int shmid, int cmd, struct shmid_ds *buf);
```

shmctl 函数的返回值类型为整型，用于对共享内存的控制。shmid 参数表示附加的共享内存的引用标识符。buf 参数为指向 shmid_ds 结构体的指针。cmd 参数为操作标志位，若 cmd 参数取值为 IPC_RMID，则表示删除由 shmid 标示的共享内存区；若 cmd 参数取值为 IPC_SET，则表示设置共享内存区 shmid_ds 结构；若 cmd 参数取值为 IPC_STAT，则表示将共享内存区 shmid_ds 结构存储到 buf 指向的地址中。

函数 shmdt 调用成功会返回 0，调用失败则返回-1。

5. 综合示例

下面通过利用共享内存的相关函数进行系统调用，来演示如何创建和使用共享内存，以加强读者对进程通信的理解。共享内存的读函数 my_shmget_reader 和共享内存的写函数 my_shmget_writer 如例 8-1a 和 8-1b 所示。

【例 8-1a】my_shmget_reader.c。

```
/****my_shmget_reader.c***/
#include <unistd.h>
#include <sys/types.h>
#include <sys/stat.h>
#include <fcntl.h>
#include <stdio.h>
#include <errno.h>
#include <stdlib.h>
#include <string.h>
#include <pthread.h>
#include <sys/ipc.h>
#include <sys/shm.h>
#include <sys/sem.h>
#define TAG ("Shmget_Reader")
#define BUF_SIZE 1024
#define MYPATH ("/mnt/hgfs/shareLinux/src-code/8/8-1/ss")
/*创建共享内存函数*/
int createshm( char * pathname, int proj_id, size_t size){
    key_t shmkey;
    int      sid;
    /*获取键值*/
```

```
    if ((shmkey = ftok(pathname, proj_id)) == -1){
        //printf("%s,ftok error!flag-1.\n",TAG);
        perror("ftok error!\n");
        return -1;
    }
    if ((sid = shmget(shmkey, size, IPC_CREAT | 0666)) == -1){
        //printf("%s,shmget call failed!flag-2.\n",TAG);
        perror ("shmget call failed.\n");
        return -1;
    }
    return (sid);
}
int main(void){
    ////////////////////////////////////////
    /*public var,start*/
    char sTag[] = TAG;
    char sFlag1[]="this program is starting to show how to use shmget() shmgat() function";
    char sFlag2[]="this program is ending to show how to use shmget() shmgat() function";
    /*public var,end*/
    ////////////////////////////////////////
    /*private var,start*/
    int shmid;
    char *shmptr;
    key_t mykey;
    /*private var,end*/
    printf("%s,%s.\n",sTag,sFlag1);
    /*利用共享内存的相关函数进行系统调用，来演示如何创建和使用共享内存*/
    //printf("%s,status:%d,null,flag-1.\n",sTag,status);
    if ((shmid = createshm(MYPATH, 'm', BUF_SIZE)) == -1){
        //printf("%s,shmid:%d,createshm error!flag-3.\n",sTag,shmid);
        exit (1);
    }
    if((shmptr = shmat (shmid, (char *)0, 0)) == (char *)-1){
        //printf("%s,shmat error!flag-4.\n",sTag);
        perror ("attach shared memory error!\n");
        exit (1);
    }
    while(1){
        printf("get string:%s\n",shmptr);
        sleep(20);
    }
    printf("%s,%s.\n",sTag,sFlag2);
    exit(0);
    //return 0;
}
```

【例 8-1b】my_shmget_writer.c。

```
/****my_shmget_writer.c***/
#include <unistd.h>
#include <sys/types.h>
#include <sys/stat.h>
#include <fcntl.h>
#include <stdio.h>
```

```
#include <errno.h>
#include <stdlib.h>
#include <string.h>
#include <pthread.h>
#include <sys/ipc.h>
#include <sys/shm.h>
#define TAG ("Shmget_Writer")
#define BUF_SIZE 1024
#define MYPATH ("/mnt/hgfs/shareLinux/src-code/8/8-1/ss")
/*创建共享内存函数*/
int createshm( char * pathname, int proj_id, size_t size){
    key_t shmkey;
    int sid;
    /*获取键值*/
    if ((shmkey = ftok(pathname, proj_id)) == -1){
        //printf("%s,ftok error!flag-1.\n",TAG);
        perror("ftok error!\n");
        return -1;
    }
    if ((sid = shmget(shmkey, size, IPC_CREAT | 0666)) == -1){
        //printf("%s,shmget call failed!flag-2.\n",TAG);
        perror ("shmget call failed.\n");
        return -1;
    }
    return (sid);
}
int main(void){
    ////////////////////////////////////////
    /*public var,start*/
    char sTag[] = TAG;
    char sFlag1[]="this program is starting to show how to use shmget() shmgat() function";
    char sFlag2[]="this program is ending to show how to use shmget() shmgat() function";
    /*public var,end*/
    ////////////////////////////////////////
    /*private var,start*/
    int shmid;
    char *shmptr;
    key_t mykey;
    /*private var,end*/
    ////////////////////////////////////////
    printf("%s,%s.\n",sTag,sFlag1);
    /*利用共享内存的相关函数进行系统调用，来演示如何创建和使用共享内存*/
    //printf("%s,status:%d,null,flag-1.\n",sTag,status);
    if ((shmid = createshm (MYPATH, 'm', BUF_SIZE)) == -1){
        //printf("%s,shmid:%d,createshm error!flag-3.\n",sTag,shmid);
        exit(1);
    }
    if ((shmptr = shmat (shmid, (char *)0, 0)) ==(char *)-1){
        //printf("%s,shmat error!flag-4.\n",sTag);
        perror ("attach shared memory error!\n");
        exit (1);
    }
    while(1){
        printf("input a string:");
        scanf("%s",shmptr);
```

```
        sleep (10);
    }
    printf("%s,%s.\n",sTag,sFlag2);
    exit(0);
    }
```

代码在 Linux 系统终端的编译过程和运行结果如下所示。

写入程序在终端中的运行情况如图 8-1 所示。

```
[root@localhost 8-1]# ls
my_shmget_reader.c  my_shmget_writer.c  ss
[root@localhost 8-1]# gcc my_shmget_writer.c -o my_shmget_writer
[root@localhost 8-1]# gcc my_shmget_reader.c -o my_shmget_reader
[root@localhost 8-1]# ls
my_shmget_reader  my_shmget_reader.c  my_shmget_writer  my_shmget_writer.c  ss
[root@localhost 8-1]# ./my_shmget_writer
Shmget_Writer.this program is starting to show how to use shmget() shmgat() function.
input a string:123456
input a string:abcdef
input a string:ABCDEF
input a string:QWERTY
input a string:
```

图 8-1　创建和使用共享内存的写功能

读取程序在终端中的运行情况如图 8-2 所示。

```
[root@localhost 8-1]# ls
my_shmget_reader.c  my_shmget_writer.c  ss
[root@localhost 8-1]# ls
my_shmget_reader  my_shmget_reader.c  my_shmget_writer  my_shmget_writer.c  ss
[root@localhost 8-1]# ./my_shmget_reader
Shmget_Reader.this program is starting to show how to use shmget() shmgat() function.
get string:123456
get string:123456
get string:123456
get string:abcdef
get string:ABCDEF
get string:ABCDEF
get string:QWERTY
get string:QWERTY
get string:QWERTY
```

图 8-2　创建和使用共享内存的读功能

8.3 信号量

在 Linux 系统中，信号量实质是整数计数器，常用于处理进程或线程的对共享资源的同步和互斥问题。同步共享资源在同一时刻允许多个进程或线程访问该资源；互斥共享资源在同一时刻只允许一个进程或线程访问该资源。这里的资源可以是某种硬件资源、一段代码或一个变量等。信号量的值大于或等于 0，表示并发进程或线程可使用的资源实体数；信号量小于 0 表示正在等待使用共享资源的进程数。

每个进程所创建的信号量在操作系统内核中维护着一个与之相应的数据结构 semid_ds 实例，它的具体定义如下所示：

```
struct semid_ds {
    struct ipc_perm  sem_perm;
    struct sem      *sem_base;
    time_t          sem_otime;
    time_t          sem_ctime;
```

```
    unsigned short  sem_nsems;
};
```

这个结构详细描述了信号集的各种属性，它们的具体含义如下所示。

sem_perm：表示信号集的用户 ID、组 ID、权限等信息。

sem_base：表示信号量的基地址，指向信号集中第一个信号量的地址。

sem_otime：表示最后一次调用 semop 函数的时间。

sem_ctime：表示最后一次改变该信号集的时间。

sem_nsems：表示信号集中信号量的个数。

```
struct sem{
    ushort semval;
    pid_t  sempid;
    ushort semncnt;
    ushort semzcnt;
};
```

这个结构详细描述了信号集中信号量的各种属性，它们的具体含义如下所示。

semval：表示信号量的值。

sempid：表示最近一次访问共享资源的进程 ID。

semncnt：表示等待利用资源的进程数。

semzcnt：表示全部资源被独占的进程数。

下面给出基于上述信号集和信号量数据结构的函数调用。

1. 信号集的创建

信号集的创建函数是 semget。系统通过调用它在程序中完成信号集的创建工作。在 Linux 系统终端中使用帮助命令“man semget”，得到信号集的创建函数信息如下：

```
#include <sys/types.h>
#include <sys/ipc.h>
#include <sys/sem.h>
int semget(key_t key, int nsems, int semflg);
```

semget：该函数的返回类型为整型，用于创建或打开一个信号集。key 参数表示由 ftok 生成的信号集键。nsems 参数表示创建信号集中信号量的个数，若是新创建一个信号集则 nsems 需大于 0；若是访问已经存在的信号集则 nsems 为 0。semflg 参数表示信号集的操作标志位，用于设置信号集的访问权限，若 semflg 参数取值为 IPC_CREATE，则表示系统将参数 key 与其他的信号集 key 进行比较，如果相同则返回已经存在的信号集标识符，如果不同则新建一个信号集并返回其标识符；若 semflg 参数取值为 IPC_EXCL，则表示无意义；若 semflg 参数取值为 IPC_CREATE | IPC_EXCL，表示如果发现信号集已经存在，则返回-1。

函数调用成功返回信号集的引用标识符，同时该共享内存的 shmid_ds 结构被初始化；调用失败返回-1。

2. 信号量的操作

信号量的值和资源使用情况有关系，信号量的值大于或等于 0，表示并发进程或线程可使用的资源实体数；信号量小于 0 表示正在等待使用共享资源的进程数。通过在 PV 操作中调用信号量的操作函数 semop，来实现信号量的改变。

在 Linux 系统终端中使用帮助命令“man semop”，得到信号量的操作函数信息如下：

```
#include <sys/types.h>
#include <sys/ipc.h>
#include <sys/sem.h>
int semop(int semid, struct sembuf *sops, unsigned nsops);
```

semop：该函数的返回类型为整型，用于创建或打开一个信号集。semid 参数表示信号集的标识符。nsops 参数表示将要进行操作的信号个数。sops 参数表示指向所要操作结构体数组的首地址。每个 sembuf 结构体对应一个信号的操作，该结构体的数据结构如下所示：

```
struct sembuf{
   unsigned short  sem_num;
   short           sem_op;
   short           sem_flg;
}
```

若 sem_op 大于 0，信号加上 sem_op 的值，进程释放资源；若 sem_op 等于 0，未设置 IPC_NOWAIT 则调用进程进入睡眠状态，直到信号值为 0，否则不睡眠，直接返回 EAGAIN；若 sem_op 小于 0，信号加上 sem_op 的值，未设置 IPC_NOWAIT 则调用进程进入阻塞状态，直到资源可用为止，否则直接返回 EAGAIN。

函数调用成功返回 0，调用失败返回-1。

3. 信号集的控制

信号集的控制函数是 semctl。系统通过调用它在程序中完成信号集的控制工作。在 Linux 系统终端中使用帮助命令“man semctl”，得到信号集的控制函数信息如下：

```
#include <sys/types.h>
#include <sys/ipc.h>
#include <sys/sem.h>
int semctl(int semid, int semnum, int cmd, union semun arg);
```

semctl：该函数的返回类型为整型，用于控制信号集中特定的信号量。semid 参数表示信号集的标识符。semnum 参数表示一个特定的信号量。

cmd 参数表示希望执行的操作，若 cmd 参数取值为 IPC_STAT，表示返回当前的 semid_ds 结构体；若 cmd 参数取值为 IPC_SET，表示对信号集的属性进行设置；若 cmd 参数取值为 IPC_RMID，表示删除指定的信号量；若 cmd 参数取值为 GETPID，表示返回最后一个执行 semop 操作的进程 ID；若 cmd 参数取值为 GETVAL，表示返回信号集中指定信号的值；若 cmd 参数取值为 GETALL，表示返回信号集中所有的信号值；若 cmd 参数取值为 GETNCNT，表示返回正在等待资源的进程数量；若 cmd 参数取值为 GETZCNT，表示返回正在等待完全空闲资源的进程数量；若 cmd 参数取值为 SETVAL，表示设置信号集中指定信号的值；若 cmd 参数取值为 SETALL，表示设置信号集中所有的信号值。

arg 参数表示 semun 类型的联合体，该联合体中各个量的使用情况与参数 cmd 设置有关。semun 类型的联合体的数据结构如下所示：

```
union semun {
   int              val;
   struct semid_ds  *buf;
   unsigned short   *array;
   struct seminfo   *_ _buf;
};
```

val：用于 SETVAL 操作，设置某个信号量的值。

buf：用于 IPC_STAT 和 IPC_SET 操作，存取 semid_ds 数据结构。

array：用于 SETALL 和 GETALL 操作。

__buf：为控制 IPC_INFO 所提供的缓冲区。

函数调用成功返回非-1，调用失败返回-1。

4. 综合示例

下面通过利用信号量的相关函数进行系统调用，来演示如何创建和使用信号量，以加强读者对进程通信的理解。共享内存的读函数 my_semget_reader 和共享内存的写函数 my_semget_writer 如例 8-2a 和例 8-2b 所示。

【例 8-2a】my_semget_reader.c。

```
/****my_semget_reader.c***/
#include <unistd.h>
#include <sys/types.h>
#include <sys/stat.h>
#include <stdio.h>
#include <errno.h>
#include <stdlib.h>
#include <string.h>
#include <sys/types.h>
#include <sys/sem.h>
#define TAG ("Semget_Reader")
#define MAX_RESOURCE (10)
#define MYPATH ("/mnt/hgfs/shareLinux/src-code/8/8-1/")
union semun{
    int             val;
    struct semid_ds         *buf;
    unsigned short      *array;
};
/*打开信号量函数*/
int opensem(const char * pathname, int proj_id){
    key_t msgkey;
    int   sid;
    if ((msgkey = ftok(pathname, proj_id)) == -1){
        perror ("ftok error!\n");
        return -1;
    }
    if ((sid = semget(msgkey, 0, IPC_CREAT | 0666)) == -1){
        perror("semget call failed.\n");
        return -1;
    }
    return (sid);
}
int main(void){
    /////////////////////////////////////////
    /*public var,start*/
    char sTag[] = TAG;
    char sFlag1[]="this program is starting to show how to use semget() semop() function";
    char sFlag2[]="this program is ending to show how to use semget() semop() function";
    /*public var,end*/
    /////////////////////////////////////////
    /*private var,start*/
    int   semid, semval;
```

```
    /*private var,end*/
    ////////////////////////////////////////
    printf("%s,%s.\n",sTag,sFlag1);
    /*利用信号量的相关函数进行系统调用，来演示如何创建和使用信号量*/
    //printf("%s,status:%d,null,flag-1.\n",sTag,status);
    semid = opensem(MYPATH,'s');
    if(semid != -1){
       printf("%s,semid:%d,opensem()is success,flag-1.\n",sTag,semid);
    }else{
       printf("%s,semid:%d,opensem()is fail,flag-2.\n",sTag,semid);
    }
    while(1){
       if ((semval = semctl(semid, 0, GETVAL, 0)) == -1){
          perror ("semctl error!\n");
          exit (1);
       }
       if (semval > 0){
          printf ("%s,system resources %d was used\n",sTag,semval);
       }
       else{
          printf ("no more resources was used!\n");
          break;
       }
       sleep (5);
    }
    printf("%s,%s.\n",sTag,sFlag2);
    exit(0);
}
```

【例 8-2b】my_semget_writer.c。

```
/****my_semget_writer.c***/
#include <unistd.h>
#include <sys/types.h>
#include <sys/stat.h>
#include <stdio.h>
#include <errno.h>
#include <stdlib.h>
#include <string.h>
#include <sys/types.h>
#include <sys/sem.h>
#define TAG ("Semget_Writer")
#define MAX_RESOURCE (10)
#define MYPATH ("/mnt/hgfs/shareLinux/src-code/8/8-1/")
union semun{
   int              val;
   struct semid_ds        *buf;
   unsigned short     *array;
};
/*创建信号量函数*/
int createsem (const char * pathname, int proj_id, int members, int init_val){
   key_t     msgkey;
   int        index, sid;
   union semun    semopts;
   if ((msgkey = ftok(pathname, proj_id)) == -1){
      perror ("ftok error!\n");
      return -1;
```

```
    }
    if ((sid = semget (msgkey, members, IPC_CREAT | 0666)) == -1){
        perror ("semget call failed.\n");
        return -1;
    }
    /*初始化操作*/
    semopts.val = init_val;
    for (index = 0; index < members; index++){
        semctl (sid, index, SETVAL, semopts);
    }
    return (sid);
}
int main(void){
    ////////////////////////////////////////
    /*public var,start*/
    char sTag[] = TAG;
    char sFlag1[]="this program is starting to show how to use semget() semop() function";
    char sFlag2[]="this program is ending to show how to use semget() semop() function";
    /*public var,end*/
    ////////////////////////////////////////
    /*private var,start*/
    int     semid,semval;
    struct sembuf sbuf = {0, -1, IPC_NOWAIT};
    /*private var,end*/
    ////////////////////////////////////////
    printf("%s,%s.\n",sTag,sFlag1);
    /*利用信号量的相关函数进行系统调用，来演示如何创建和使用信号量*/
    //printf("%s,status:%d,null,flag-1.\n",sTag,status);
    semid = createsem(MYPATH,'s',1,MAX_RESOURCE);
    if(semid != -1){
        printf("%s,semid:%d,createsem()is success,flag-1.\n",sTag,semid);
    }else{
        printf("%s,semid:%d,createsem()is fail,flag-2.\n",sTag,semid);
    }
    while (1){
        semval = semop(semid, &sbuf, 1);
        if(semval == -1){
            perror ("semop error!\n");
            exit (1);
        }else{
            int mysemval = semctl (semid, 0, GETVAL, 0);
            printf ("%s,system still has %d resources\n",sTag,mysemval);
            if(mysemval == 0){
                break;
            }
        }
        sleep (5);
    }
    printf("%s,%s.\n",sTag,sFlag2);
    exit(0);
}
```

代码在 Linux 系统终端中的编译过程和运行结果，如下所示。

写入程序在终端中的运行情况如图 8-3 所示。

```
root@localhost:/mnt/hgfs/shareLinux/src-code/8/8-2
文件(F) 编辑(E) 查看(V) 终端(T) 帮助(H)
[root@localhost 8-2]# ls
my_semget_reader.c  my_semget_writer.c
[root@localhost 8-2]# gcc my_semget_writer.c -o my_semget_writer
[root@localhost 8-2]# gcc my_semget_reader.c -o my_semget_reader
[root@localhost 8-2]# ls
my_semget_reader  my_semget_reader.c  my_semget_writer  my_semget_writer.c
[root@localhost 8-2]# ./my_semget_writer
Semget_Writer,this program is starting to show how to use semget() semop() function.
Semget_Writer,semid:32769,createsem()is success,flag-1.
Semget_Writer,system still has 9 resources
Semget_Writer,system still has 8 resources
Semget_Writer,system still has 7 resources
Semget_Writer,system still has 6 resources
Semget_Writer,system still has 5 resources
Semget_Writer,system still has 4 resources
Semget_Writer,system still has 3 resources
Semget_Writer,system still has 2 resources
Semget_Writer,system still has 1 resources
Semget_Writer,system still has 0 resources
Semget_Writer,this program is ending to show how to use semget() semop() function.
[root@localhost 8-2]#
```

图 8-3　创建和使用信号量的写功能

读取程序在终端中的运行情况如图 8-4 所示。

```
root@localhost:/mnt/hgfs/shareLinux/src-code/8/8-2
文件(F) 编辑(E) 查看(V) 终端(T) 帮助(H)
[root@localhost 8-2]# ls
my_semget_reader  my_semget_reader.c  my_semget_writer  my_semget_writer.c
[root@localhost 8-2]# ./my_semget_reader
Semget_Reader,this program is starting to show how to use semget() semop() function.
Semget_Reader,semid:32769,opensem()is success,flag-1.
Semget_Reader,system resources 9 was used
Semget_Reader,system resources 8 was used
Semget_Reader,system resources 7 was used
Semget_Reader,system resources 6 was used
Semget_Reader,system resources 5 was used
Semget_Reader,system resources 4 was used
Semget_Reader,system resources 3 was used
Semget_Reader,system resources 2 was used
Semget_Reader,system resources 1 was used
no more resources was used!
Semget_Reader,this program is ending to show how to use semget() semop() function.
You have new mail in /var/spool/mail/root
[root@localhost 8-2]#
```

图 8-4　创建和使用信号量的读功能

8.4　管道通信

在 Linux 系统中，管道的实质是存放在内核中的特殊文件，常用于处理进程间的同步和通信问题。管道是一种半双工的通信方式，它的特点是每个管道都有读入端和写入端，数据只能单向流动，主要用在有亲缘关系的进程间的通信。

与共享内存、信号量和消息队列相比，管道通信有自己的优点和缺点。它的优点是用起来方便很多，系统开销也小。它的缺点为：一是数据只能单向流动，进行半双工通信；二是管道只能用于父子进程或兄弟进程间的通信，非亲缘关系的进程无法通信；三是管道没有名字，传输的是无格式的字节流，而且缓冲区大小受限。

8.4.1　管道的创建和关闭

管道的创建和关闭函数分别是 pipe 和 close。系统通过调用它们在程序中完成管道的创建和关闭工作。在 Linux 系统终端中使用帮助命令“man pipe”和“man close”，得到管道的创建和关闭函数信息如下：

```
#include <unistd.h>
int pipe(int pipefd[2]);
#include <unistd.h>
int close(int fd);
```

（1）pipe：该函数的返回类型为整型，用于创建一个管道。pipefd 参数是一个二元型的整型数组，用于存放管道读写两端的文件描述符，pipefd[0]存放管道读入端的文件描述符，pipefd[1]存放管道写入端的文件描述符。函数调用成功返回 0，调用失败返回-1。

（2）close：该函数的返回类型为整型，用于关闭一个管道。fd 参数是一个整型数，用于存放所要关闭管道的文件描述符。函数调用成功返回 0，调用失败返回-1。

8.4.2　管道的读写操作

管道是一种文件，所以对文件操作的读写函数 read 和 write 都适用于管道。管道创建成功后，当父进程调用 fork 成功创建子进程时，父子进程才共享该管道的读入端和写入端的文件描述符，此时父子进程可以通过管道实现进程间的通信。

使用管道进行通信的两个父子进程，一个进程负责向管道写数据（称为写进程），另一个进程负责向管道读数据（称为读进程）。因此，所创建的一个管道有读入端和写入端，分别用文件描述符 fd[0]和 fd[1]表示。管道的读入端 fd[0]和写入端 fd[1]，分别具有开和关两种状态。

因此要通过管道实现读写进程间同步通信，必须控制好管道两端的状态。当读进程需要从管道中读数据的时候，读进程会打开管道的读入端，即 fd[0]状态为开，同时要求写进程关闭管道的写入端，即 fd[1]状态为关；同样道理，当写进程需要向管道中写数据的时候，写进程会打开管道的写入端，即 fd[1]状态为开，同时要求读进程关闭管道的读入端，即 fd[0]状态为关。

读进程在管道读入端读取数据时，若管道写入端不存在，则读到文件尾，返回读取字节数为 0；若管道写入端存在，并且请求读取的数据量大于管道中的数据量，则返回管道中所有现有的数据，否则，请求读取的数据量小于等于管道中的数据量，则返回管道中缓冲区头部的请求字节数的数据。

写进程在管道写入端写入数据时，若读进程不读走管道中的数据，则写进程会等待处于阻塞状态。在写管道时，若请求写入的数据量小于等于管道中缓冲区的数据量，则多进程的写操作不会交错进行；若请求写入的数据量大于管道中缓冲区的数据量，则多进程的写操作会交错进行。

下面通过利用管道的相关函数进行系统调用，演示如何创建和使用管道，以加强读者对进程通信的理解。管道函数 my_pipe 如例 8-3 所示。

【例 8-3】my_pipe.c。

```
/****my_pipe.c***/
#include <unistd.h>
#include <errno.h>
#include<stdio.h>
#include<fcntl.h>
```

```
#include<stdlib.h>
#include<string.h>
#include<sys/types.h>
#define TAG ("PIPE")
#define MYPATH ("/mnt/hgfs/shareLinux/src-code/8/8-1/")
/*父进程读写管道的函数*/
void my_parent_rw_pipe(int myreadfd,int mywritefd){
    //父进程向管道 writefd 中写数据
    char *mymessage1 = "The parent process to write data in pipe.\n";
    write(mywritefd, mymessage1,strlen(mymessage1)+1);
    //父进程从管道 readfd 中读数据
    char mymessage2[100];
    read (myreadfd,mymessage2,100);
    printf("%s,The parent process to read:%s",TAG,mymessage2);
}
/*子进程读写管道的函数*/
void my_child_rw_pipe (int myreadfd, int mywritefd){
    //子进程向管道 writefd 中写数据
    char *mymessage1 = "The child process to write data in pipe.\n";
    write(mywritefd, mymessage1,strlen(mymessage1)+1);
    //子进程从管道中 readfd 读数据
    char mymessage2[100];
    read (myreadfd,mymessage2,100);
    printf("%s,The child process to read:%s",TAG,mymessage2);
}
int main(void){
    /////////////////////////////////////////
    /*public var,start*/
    char sTag[] = TAG;
    char sFlag1[]="this program is starting to show how to use pipe() function";
    char sFlag2[]="this program is ending to show how to use pipe() function";
    /*public var,end*/
    /////////////////////////////////////////
    /*private var,start*/
    int   mypipe1[2],mypipe2[2];
    pid_t     mypid;
    int   my_stat_val;
    /*private var,end*/
    /////////////////////////////////////////
    printf("%s,%s.\n",sTag,sFlag1);
    /*利用管道的相关函数进行系统调用，演示如何创建和使用管道*/
    //printf("%s,status:%d,null,flag-1.\n",sTag,status);
    printf("%s,realize pipeline communication:\n",sTag);
    if(pipe(mypipe1)){
        printf("%s,mypipe1 failed!\n",sTag);
        exit(7);
    }
    if(pipe(mypipe2)){
        printf("%s,mypipe2 failed!\n",sTag);
        exit(7);
    }
    mypid = fork();
    switch(mypid){
        case -1:
            printf("%s,fork error!\n",sTag);
```

```
            exit(1);
        case 0:
            /*子进程关闭 mypipe1 的读端，关闭 mypipe2 的写端*/
            close(mypipe1[0]);
            close(mypipe2[1]);
            my_child_rw_pipe(mypipe2[0],mypipe1[1]);
        default:
            /*父进程关闭 mypipe1 的写端，关闭 mypipe2 的读端*/
            close(mypipe1[1]);
            close(mypipe2[0]);
             my_parent_rw_pipe(mypipe1[0],mypipe2[1]);
            wait(&my_stat_val);
    }
    printf("%s,%s.\n",sTag,sFlag2);
    exit(0);
}
```

代码在 Linux 系统终端中的编译过程和运行结果，如图 8-5 所示。

```
[root@localhost 8-3]# ls
my_pipe.c
[root@localhost 8-3]# gcc my_pipe.c -o my_pipe
[root@localhost 8-3]# ls
my_pipe  my_pipe.c
[root@localhost 8-3]# ./my_pipe
PIPE.this program is starting to show how to use pipe() function.
PIPE.realize pipeline communication:
PIPE.The child process to read:The parent process to write data in pipe.
PIPE.The parent process to read:The parent process to write data in pipe.
PIPE.this program is ending to show how to use pipe() function.
PIPE.The parent process to read:The child process to write data in pipe.
PIPE.this program is ending to show how to use pipe() function.
[root@localhost 8-3]#
```

图 8-5　创建和使用无名管道的功能演示

8.5　命名管道

8.4 节介绍的管道只能用于具有亲缘关系的进程间的通信，原因是管道没有名字。本节介绍命名管道，它是有名字的管道。与管道相比，命名管道有自己独特的特点。

（1）命名管道的使用比管道更灵活方便。命名管道不但可用于亲缘关系进程间的通信，也可用于非亲缘关系进程间的通信，这是二者的最明显区别。

（2）命名管道存放在文件系统中，管道存放在系统的内核中。进程对管道使用结束后，系统会从内核中删除管道的文件信息；而进程对命名管道使用结束后，命名管道文件依然存放在文件系统中，系统不会删除它。

（3）无论是命名管道还是管道，它们都只能进行单向数据传输，若要实现数据的双向传输，则需要创建两个命名管道或管道。

8.5.1　命名管道的创建

命名管道的创建函数有 mkfifo 和 mknod 两种。系统通过调用它们在程序中完成管道的创建工作。在 Linux 系统终端中使用帮助命令“man 3 mkfifo”和“man 2 mknod”，得到管道的创建函数信息如下。

```
#include <sys/types.h>
#include <sys/stat.h>
int mkfifo(const char *pathname, mode_t mode);
#include <sys/types.h>
#include <sys/stat.h>
#include <fcntl.h>
#include <unistd.h>
int mknod(const char *pathname, mode_t mode, dev_t dev);
```

mkfifo：该函数的返回类型为整型，用于创建一个命名管道。pathname 参数是一个字符串指针，用于存放命名管道的文件名。mode 参数是一个整型参数，用于表示所创建文件的权限信息，具体含义和创建普通文件 create 函数中的 mode 参数类似。函数调用成功返回 0，调用失败返回-1。

mknod：该函数的返回类型为整型，用于创建一个命名管道。pathname 和 mod 参数的含义和 mkfifo 函数中的一样。dev 参数只在创建设备文件时用到，表示设备的值，该值取决于创建文件的种类。函数调用成功返回 0，调用失败返回-1。

命名管道也可通过 Shell 命令创建，这种创建方式简单直接。实现创建的具体的命令也是 mkfifo 和 mknod。

8.5.2　命名管道的使用

命名管道创建成功后，系统会将其保存在文件系统中。如果一个进程要使用该命名管道，则该进程首先要打开这个命名管道。命名管道是一个特殊的文件，它的操作和使用方法与普通文件的操作和使用方法类似，通过 open、read、write 和 close 函数打开、读取、写入和关闭一个命名管道。若要删除一个命名管道，使用 unlink 函数即可完成。

命名管道的读写操作和管道的操作方式相似，在此不再重述。在使用命名管道时，需要注意的是通信的两个进程要分别打开该命名管道，所以当某个进程读打开（或写打开）一个命名管道，而其他进程没及时写打开（或读打开）该命名管道时，该进程就会处于阻塞状态，直到有其他进程写打开（或读打开）该命名管道为止。

下面通过利用命名管道的相关函数进行系统调用，来演示如何创建和使用命名管道，以加强读者对进程通信的理解。命名管道的写函数 my_fifo_writer.c 和读函数 my_fifo_reader.c 如例 8-4a 和例 8-4b 所示。

【例 8-4a】my_fifo_writer.c。

```
/****my_fifo_writer.c***/
#include<unistd.h>
#include<errno.h>
#include<sys/sem.h>
#include<stdio.h>
#include<fcntl.h>
#include<stdlib.h>
#include<string.h>
#include<sys/types.h>
#include<sys/ipc.h>
#include<sys/msg.h>
#include<sys/stat.h>
#include <limits.h>
#define TAG ("FIFO_Writer")
#define MYPATH ("/mnt/hgfs/shareLinux/src-code/8/8-4/Data.txt")
```

```
#define FIFO_NAME ("/tmp/my_fifo_pipe")
int create_fifo_pipe(){
    int res = 0;
    if(access(FIFO_NAME, F_OK) == -1){
        //管道文件不存在,创建命名管道
        res = mkfifo(FIFO_NAME, 0777);
        if(res != 0){
            fprintf(stderr, "Could not create fifo %s\n", FIFO_NAME);
            //exit(EXIT_FAILURE);
            return 0;
        }else{
            return 1;
        }
    }else{
        return 0;
    }
}
int main(void){
    ////////////////////////////////////////
    /*public var,start*/
    char sTag[] = TAG;
    char sFlag1[]="this program is starting to show how to use mkfifo() function";
    char sFlag2[]="this program is ending to show how to use mkfifo() function";
    /*public var,end*/
    ////////////////////////////////////////
    /*private var,start*/
    int my_pipe_fd = -1;
    int my_data_fd = -1;
    int res = 0;
    const int open_mode = O_WRONLY;
    int bytes_sent = 0;
    char buffer[PIPE_BUF + 1];
    /*private var,end*/
    ////////////////////////////////////////
    printf("%s,%s.\n",sTag,sFlag1);
    /*利用命名管道的相关函数进行系统调用，来演示如何创建和使用命名管道*/
    //printf("%s,status:%d,null,flag-1.\n",sTag,status);
    if(create_fifo_pipe(FIFO_NAME) == 0){
        printf("%s,create_fifo_pipe() error,flag-1.\n",sTag);
        exit(1);
    }
    //以只写阻塞方式打开 FIFO 文件，以只读方式打开数据文件
    my_pipe_fd = open(FIFO_NAME, open_mode);
    printf("%s,Process  %d  opening  FIFO  O_WRONLY,my_pipe_fd  %d\n",sTag,getpid(),
my_pipe_fd);
    my_data_fd = open(MYPATH, O_RDONLY);
    printf("%s,Process %d,my_data_fd %d\n",sTag,getpid(),my_data_fd);
    if(my_pipe_fd != -1){
        int bytes_read = 0;
        //向 Data.txt 数据文件读取数据
        bytes_read = read(my_data_fd, buffer, PIPE_BUF);
        buffer[bytes_read] = '\0';
        while(bytes_read > 0){
            //printf("%s,write pipe data is :%s.\n",sTag,buffer);
            //向 FIFO 管道文件写数据
```

```
            res = write(my_pipe_fd, buffer, bytes_read);
            if(res == -1){
                fprintf(stderr, "Write error on pipe\n");
                exit(1);
            }
            //累加写的字节数，并继续读取数据
            bytes_sent += res;
            bytes_read = read(my_data_fd, buffer, PIPE_BUF);
            buffer[bytes_read] = '\0';
        }
        printf("%s,Process %d finished,read bytes is %d:\n",sTag,getpid(),bytes_sent);
        close(my_pipe_fd);
        close(my_data_fd);
    }else{
        exit(1);
    }
    printf("%s,%s.\n",sTag,sFlag2);
    exit(0);
    //return 0;
}
```

【例 8-4b】my_fifo_reader.c。

```
/****my_fifo_reader.c***/
#include<unistd.h>
#include<errno.h>
#include<sys/sem.h>
#include<stdio.h>
#include<fcntl.h>
#include<stdlib.h>
#include<string.h>
#include<sys/types.h>
#include<sys/ipc.h>
#include<sys/msg.h>
#include<sys/stat.h>
#include <limits.h>
#define TAG ("FIFO_Reader")
#define MYPATH ("/mnt/hgfs/shareLinux/src-code/8/8-4/DataFormFIFO.txt")
#define FIFO_NAME ("/tmp/my_fifo_pipe")
int main(void){
    ////////////////////////////////////////
    /*public var,start*/
    char sTag[] = TAG;
    char sFlag1[]="this program is starting to show how to use mkfifo() function";
    char sFlag2[]="this program is ending to show how to use mkfifo() function";
    /*public var,end*/
    ////////////////////////////////////////
    /*private var,start*/
    int my_pipe_fd = -1;
    int my_data_fd = -1;
    int res = 0;
    int open_mode = O_RDONLY;
    char buffer[PIPE_BUF + 1];
    int bytes_read = 0;
    int bytes_write = 0;
```

```
    /*private var,end*/
    ////////////////////////////////////////
    printf("%s,%s.\n",sTag,sFlag1);
    /*利用命名管道的相关函数进行系统调用，来演示如何创建和使用命名管道*/
    //printf("%s,status:%d,null,flag-1.\n",sTag,status);
    //缓冲数组置为 0
    memset(buffer, '\0', sizeof(buffer));
    //以只读阻塞方式打开管道文件，注意与 my_fifo_write.c 文件中的 FIFO 同名
    my_pipe_fd = open(FIFO_NAME, open_mode);
    printf("%s,Process  %d  opening  FIFO  O_RDONLY,my_pipe_fd  %d\n",sTag,getpid(),
my_pipe_fd);
    //以只写方式创建需要保存的数据文件
    my_data_fd = open(MYPATH, O_WRONLY|O_CREAT, 0644);
    printf("%s,Process %d,my_data_fd %d\n",sTag,getpid(),my_data_fd);
    if(my_pipe_fd != -1){
        do{
            //读取 FIFO 管道中的数据，并把它保存在文件 DataFormFIFO.txt 中
            res = read(my_pipe_fd, buffer, PIPE_BUF);
            //printf("%s,read pipe data is :%s.\n",sTag,buffer);
            bytes_write = write(my_data_fd, buffer, res);
            bytes_read += res;
        }while(res > 0);
        printf("Process %d finished, %d bytes read\n", getpid(), bytes_read);
        close(my_pipe_fd);
        close(my_data_fd);
    }else{
        exit(1);
    }
    printf("%s,%s.\n",sTag,sFlag2);
    exit(0);
}
```

代码在 Linux 系统终端中的编译过程和运行结果如下所示。

写入程序在终端中的运行情况如图 8-6 所示。

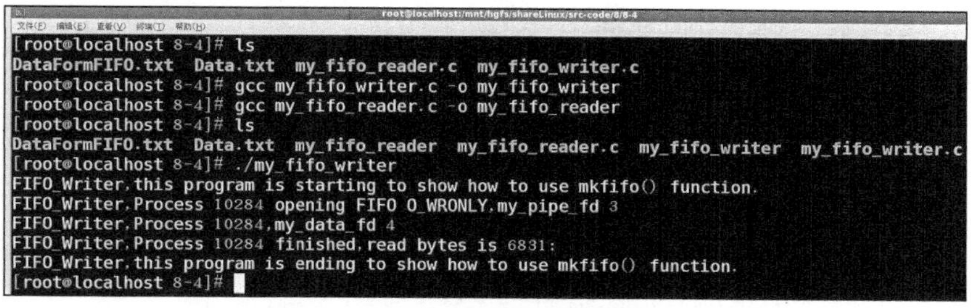

```
[root@localhost 8-4]# ls
DataFormFIFO.txt  Data.txt  my_fifo_reader.c  my_fifo_writer.c
[root@localhost 8-4]# gcc my_fifo_writer.c -o my_fifo_writer
[root@localhost 8-4]# gcc my_fifo_reader.c -o my_fifo_reader
[root@localhost 8-4]# ls
DataFormFIFO.txt  Data.txt  my_fifo_reader  my_fifo_reader.c  my_fifo_writer  my_fifo_writer.c
[root@localhost 8-4]# ./my_fifo_writer
FIFO_Writer,this program is starting to show how to use mkfifo() function.
FIFO_Writer,Process 10284 opening FIFO O_WRONLY,my_pipe_fd 3
FIFO_Writer,Process 10284,my_data_fd 4
FIFO_Writer,Process 10284 finished,read bytes is 6831:
FIFO_Writer,this program is ending to show how to use mkfifo() function.
[root@localhost 8-4]#
```

图 8-6 创建和使用命名管道的写功能

读取程序在终端中的运行情况如图 8-7 所示。

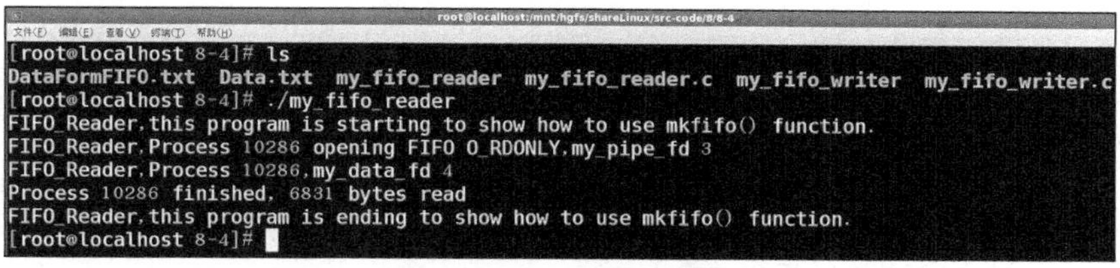

```
[root@localhost 8-4]# ls
DataFormFIFO.txt  Data.txt  my_fifo_reader  my_fifo_reader.c  my_fifo_writer  my_fifo_writer.c
[root@localhost 8-4]# ./my_fifo_reader
FIFO_Reader,this program is starting to show how to use mkfifo() function.
FIFO_Reader,Process 10286 opening FIFO O_RDONLY,my_pipe_fd 3
FIFO_Reader,Process 10286,my_data_fd 4
Process 10286 finished, 6831 bytes read
FIFO_Reader,this program is ending to show how to use mkfifo() function.
[root@localhost 8-4]#
```

图 8-7 创建和使用命名管道的读功能

8.6 消息队列

在 Linux 系统中，消息队列的实质是存放在操作系统内核中的消息链表，常用于处理进程间的同步和互斥问题。消息队列同信号量、共享内存一样，都由引用标识符标示。它们不同的是，消息队列为每个消息指定了特定消息类型和消息内容。消息队列具有传递信息量大、可以承载各种格式的字节流和可以动态设置缓冲区大小的优点。

每个消息队列在操作系统内核中维护着一个与之相应的数据结构 msqid_ds 实例，它的具体定义如下所示：

```
struct msqid_ds {
    struct ipc_perm  msg_perm;
    time_t           msg_stime;
    time_t           msg_rtime;
    time_t           msg_ctime;
    unsigned long    __msg_cbytes;
    msgqnum_t        msg_qnum;
    msglen_t         msg_qbytes;
    pid_t            msg_lspid;
    pid_t            msg_lrpid;
};
```

这个结构详细描述了消息队列的各种属性，它们的具体含义如下所示。

msg_perm：表示消息队列的用户 ID、组 ID、权限等信息。

msg_stime：表示最近一次调用 msgsnd 函数的时间。

msg_rtime：表示最近一次调用 msgrcv 函数的时间。

msg_ctime：表示最近一次改变该消息队列的时间。

__msg_cbytes：表示消息队列中当前的总字节数。

msg_qnum：表示消息队列中当前的消息总数。

msg_qbytes：表示消息队列中最大容纳的字节数。

msg_lspid：表示最近一次调用 msgsnd 函数的进程 ID。

msg_lrpid：表示最近一次调用 msgrcv 函数的进程 ID。

ipc_perm 的内核数据结构具体定义如下所示：

```
struct ipc_perm {
    key_t           __key;
    uid_t           uid;
    gid_t           gid;
    uid_t           cuid;
    gid_t           cgid;
    unsigned short  mode;
    unsigned short  __seq;
};
```

__key：表示创建消息队列用到的键值。

uid：表示消息队列的用户 ID。

gid：表示消息队列的组 ID。

cuid：表示创建消息队列的进程用户 ID。

cgid：表示创建消息队列的进程组 ID。

mode：表示权限标识符。

__seq：表示消息队列中的消息数。

消息队列中每个消息指定了特定消息类型和消息内容，消息的结构详细描述具体含义如下所示：

```
struct msgbuf{
    long mtype;
    char  mtext[1024];
};
```

mtype：表示消息类型。

mtext：表示消息内容。

下面给出基于上述消息队列的数据结构的函数调用。

8.6.1　消息队列的创建与打开

消息队列的创建函数是 msgget。系统通过调用它在程序中完成消息队列的创建工作。在 Linux 系统终端中使用帮助命令"man msgget"，得到消息队列的创建函数信息如下：

```
#include <sys/types.h>
#include <sys/ipc.h>
#include <sys/msg.h>
int msgget(key_t key, int msgflg);
```

msgget：该函数的返回类型为整型，用于创建或打开一个消息队列。key 参数表示由 ftok 生成的消息队列键。msgflg 参数表示消息队列的操作标志位，用于设置消息队列的访问权限。msgflg 参数含义和共享内存的 shmget 函数一样。msgget 函数所执行的操作由参数 key 和 msgflg 共同决定，相关约定和 shmget 函数类似，在此不再重述。

函数调用成功返回消息队列的引用标识符，同时该消息队列的 msqid_ds 结构被初始化，msg_perm 中各成员被设置相应的值，msg_qtypes 设置为系统限制的值，msg_ctime 设置为当前时间，其余成员的值设置为 0，函数调用失败返回-1。

8.6.2　向消息队列中发送消息

发送消息的函数是 msgsnd。系统通过调用它在程序中完成消息的发送工作。在 Linux 系统终端中使用帮助命令"man msgsnd"，得到消息的发送函数信息如下：

```
#include <sys/types.h>
#include <sys/ipc.h>
#include <sys/msg.h>
int msgsnd(int msqid, const void *msgp, size_t msgsz, int msgflg);
```

msgsnd：该函数的返回类型为整型，用于向一个消息队列的末尾发送消息。msqid 参数表示消息队列的引用标识符。msgp 参数是一个指针，用于指向要发送的消息。msgsz 参数是发送消息中数据的字节长度。msgflg 参数用于指定当消息队列满时的处理方法，若消息队列满了，且使 msgflg 参数为 IPC_NOWAIT，则立即返回出错，否则阻塞发送消息的进程，直到有消息被删除或消息队列中有空间时返回。

函数调用成功返回 0，调用失败返回-1。

8.6.3　从消息队列中接收消息

接收消息的函数是 msgrcv。系统通过调用它在程序中完成消息的接收工作。在 Linux 系统终端中使用帮助命令“man msgrcv”，得到消息的接收函数信息如下：

```
#include <sys/types.h>
#include <sys/ipc.h>
#include <sys/msg.h>
ssize_t msgrcv(int msqid, void *msgp, size_t msgsz, long msgtyp, int msgflg);
```

msgrcv：该函数的返回类型为整型，用于从指定的消息队列接收消息。msqid 参数表示消息队列的引用标识符。msgp 参数表示一个指针，用于指向要接收的消息。msgsz 参数表示接收消息中数据的字节长度。msgtyp 参数表示接收消息的类型。msgflg 参数用于指定当实际接收消息字节长度大于预设 msgsz 时的处理方法，它是一个标志位。

若 msgtyp 参数取值为 0，则表示接收消息队列中的第一条消息；若 msgtyp 参数大于 0，则表示接收消息队列中类型值等于 msgtyp 的第一条消息；若 msgtyp 参数小于 0，则表示接收消息队列中类型值小于等于 msgtyp 的绝对值的所有消息中，类型值最小的消息中的第一条消息。

若 msgflg 参数为 IPC_NOWAIT，且 msgtyp 位无效时，则函数立即返回出错，否则阻塞接收消息的进程，一直到该消息被删除或 msgtyp 位有效；若 msgflg 参数为 MSG_NOERROR，且消息长度大于 msgsz 时，则接收该消息，超出部分截断，函数正常返回，否则不接受该消息并将其保存在消息队列中，返回出错。

函数调用成功返回接收消息数据的字节长度，调用失败返回-1。

8.6.4 消息队列的控制

消息队列的控制函数是 msgctl。系统通过调用它在程序中完成消息队列的控制工作。在 Linux 系统终端中使用帮助命令“man msgctl”，得到消息队列的控制函数信息如下：

```
#include <sys/types.h>
#include <sys/ipc.h>
#include <sys/msg.h>
int msgctl(int msqid, int cmd, struct msqid_ds *buf);
```

msgctl：该函数的返回类型为整型，用于控制消息队列。msqid 参数表示消息队列的引用标识符。buf 参数表示结构体 msqid_ds 的指针。cmd 参数表示调用此函数希望执行的操作码。若 cmd 参数取值为 IPC_RMID，则表示删除消息队列；若 cmd 参数取值为 IPC_SET，则表示设置该消息队列 msqid_ds 结构体成员值为 buf 指向的结构体成员的对应值；若 cmd 参数取值为 IPC_STAT，则表示得到该消息队列中的 msqid_ds 结构成员值后，保存到 buf 指向的缓冲区中。

函数调用成功返回非-1 值，调用失败返回-1。

8.6.5 综合示例

下面通过利用消息队列的相关函数进行系统调用，来演示如何创建和使用消息队列，以加强读者对进程通信的理解。消息队列的读函数 my_msgget_reader 和消息队列的写函数 my_msgget_writer 如例 8-5a 和例 8-5b 所示。

【例 8-5a】my_msgget_reader.c。

```
/****my_msgget_reader.c***/
#include <unistd.h>
#include <errno.h>
#include <sys/sem.h>
```

```
#include<stdio.h>
#include<fcntl.h>
#include<stdlib.h>
#include<string.h>
#include<sys/types.h>
#include<sys/ipc.h>
#include<sys/msg.h>
#include<sys/stat.h>
#define TAG ("Msgget_Reader")
#define MYPATH ("/mnt/hgfs/shareLinux/src-code/8/8-1/")
#define MY_SERVER_MSG 2
#define MY_CLIENT_MSG 8
#define MY_BUF_SIZE   512
/*用户自定义消息缓冲区*/
struct mymsgbuf{
    long mymsgtype;
    char myctrlstr[MY_BUF_SIZE];
} mymsgbuf;
/*打开信号量函数*/
int openmsg(const char * pathname, int proj_id){
    int   qid; /*消息队列标识符*/
    key_t msgkey;
    /*获取键值*/
    if ((msgkey = ftok (pathname, proj_id)) == -1){
        perror ("Msgget_Writer,ftok error!\n");
        exit(1);
    }
    if ((qid = msgget (msgkey, IPC_CREAT|0660)) == -1){
        perror ("Msgget_Writer,msgget error!\n");
        exit(1);
    }
    return (qid);
}
int myfgets(){
    printf ("server: %s\n", mymsgbuf.myctrlstr);
    printf ("client: ");
    fgets ( mymsgbuf.myctrlstr, MY_BUF_SIZE, stdin);
    if (strncmp ("exit", mymsgbuf.myctrlstr, 4) == 0) {
        return -1;
        //break;
    }else{
        return 0;
    }
}
int mymsgsnd(int msgqid,int msgtype){
    mymsgbuf.myctrlstr[strlen(mymsgbuf. myctrlstr)-1] = '\0';
    mymsgbuf.mymsgtype = msgtype;
    if(msgsnd(msgqid,&mymsgbuf,strlen(mymsgbuf.myctrlstr) + 1,0) == -1){
        perror("client msgsnd error!\n");
        //exit(1);
        return -1;
    }else{
        return 0;
    }
}
```

```
int mymsgrcv(int msgqid,int msgtype){
    if (msgrcv(msgqid,&mymsgbuf,MY_BUF_SIZE,msgtype,0) == -1){
        perror ("Server msgrcv error!\n");
        //exit(1);
        return -1;
    }else{
        return 0;
    }
}
int main(void){
    ////////////////////////////////////////
    /*public var,start*/
    char sTag[] = TAG;
    char sFlag1[]="this program is starting to show how to use semget() semop() function";
    char sFlag2[]="this program is ending to show how to use semget() semop() function";
    /*public var,end*/
    ////////////////////////////////////////
    /*private var,start*/
    int   qid; /*消息队列标识符*/
    /*private var,end*/
    ////////////////////////////////////////
    printf("%s,%s.\n",sTag,sFlag1);
    /*利用消息队列的相关函数进行系统调用，来演示如何创建和使用它*/
    //printf("%s,status:%d,null,flag-1.\n",sTag,status);
    qid = openmsg(MYPATH,32);
    if(qid != -1){
        printf("%s,qid:%d,openmsg()is success,flag-1.\n",sTag,qid);
    }else{
        printf("%s,qid:%d,openmsg()is fail,flag-2.\n",sTag,qid);
    }
    while (1) {
        if(mymsgrcv(qid,MY_SERVER_MSG)!= 0){
            printf("%s,qid:%d,mymsgrcv()is fail,flag-3.\n",sTag,qid);
            exit(1);
        }
        if(myfgets()!= 0){
            printf("%s,qid:%d,myfgets()is fail,flag-4.\n",sTag,qid);
            break;
        }
        if(mymsgsnd(qid,MY_CLIENT_MSG)!= 0){
            printf("%s,qid:%d,mymsgsnd()is fail,flag-5.\n",sTag,qid);
            exit(1);
        }
    }
    printf("%s,%s.\n",sTag,sFlag2);
    exit(0);
    //return 0;
}
```

【例 8-5b】my_ msgget_writer.c。

```
/****my_msgget_writer.c***/
#include <unistd.h>
#include <errno.h>
#include <sys/sem.h>
#include<stdio.h>
#include<fcntl.h>
```

```
#include<stdlib.h>
#include<string.h>
#include<sys/types.h>
#include<sys/ipc.h>
#include<sys/msg.h>
#include<sys/stat.h>
#define TAG ("Msgget_Writer")
#define MYPATH ("/mnt/hgfs/shareLinux/src-code/8/8-1/")
#define MY_SERVER_MSG 2
#define MY_CLIENT_MSG 8
#define MY_BUF_SIZE  512
/*用户自定义消息缓冲区*/
struct msgbuffer{
    long mymsgtype;
    char myctrlstr[MY_BUF_SIZE];
} mymsgbuf;
/*创建消息队列函数*/
int createmsg (const char * pathname,  int proj_id){
    int   qid; /*消息队列标识符*/
    key_t msgkey;
    /*获取键值*/
    if ((msgkey = ftok (pathname, proj_id)) == -1){
        perror ("Msgget_Writer,ftok error!\n");
        exit(1);
    }
    if ((qid = msgget (msgkey, IPC_CREAT|0660)) == -1){
        perror ("Msgget_Writer,msgget error!\n");
        exit(1);
    }
    return (qid);
}
int myfgets(int msgqid){
    printf ("server: ");
    fgets (mymsgbuf.myctrlstr, MY_BUF_SIZE, stdin);
    if (strncmp("exit", mymsgbuf.myctrlstr, 4) == 0) {
        msgctl(msgqid,IPC_RMID,NULL);
        return -1;
        //break;
    }else{
        return 0;
    }
}
int mymsgsnd(int msgqid,int msgtype){
    mymsgbuf.myctrlstr[strlen(mymsgbuf.myctrlstr)-1] = '\0';
    mymsgbuf.mymsgtype = msgtype;
    if (msgsnd(msgqid,&mymsgbuf,strlen(mymsgbuf.myctrlstr) + 1,0) == -1){
        perror ("Server msgsnd error!\n");
        //exit(1);
        return -1;
    }else{
        return 0;
    }
```

```
}
int mymsgrcv(int msgqid,int msgtype){
    if (msgrcv (msgqid,&mymsgbuf,MY_BUF_SIZE,msgtype,0) == -1){
        perror("Server msgrcv error!\n");
        //exit(1);
        return -1;
    }else{
        printf ("client: %s\n",mymsgbuf.myctrlstr);
        return 0;
    }
}
int main(void){
    /////////////////////////////////////////
    /*public var,start*/
    char sTag[] = TAG;
    char sFlag1[]="this program is starting to show how to use semget() semop() function";
    char sFlag2[]="this program is ending to show how to use semget() semop() function";
    /*public var,end*/
    /////////////////////////////////////////
    /*private var,start*/
    int   qid; /*消息队列标识符*/
    /*private var,end*/
    /////////////////////////////////////////
    printf("%s,%s.\n",sTag,sFlag1);
    /*利用消息队列的相关函数进行系统调用，来演示如何创建和使用它*/
    //printf("%s,status:%d,null,flag-1.\n",sTag,status);
    qid = createmsg(MYPATH,32);
    if(qid != -1){
        printf("%s,qid:%d,createmsg()is success,flag-1.\n",sTag,qid);
    }else{
        printf("%s,qid:%d,createmsg()is fail,flag-2.\n",sTag,qid);
    }
    while (1) {
        if(myfgets(qid)!= 0){
            printf("%s,qid:%d,myfgets()is fail,flag-3.\n",sTag,qid);
            break;
        }
        if(mymsgsnd(qid,MY_SERVER_MSG)!= 0){
            printf("%s,qid:%d,mymsgsnd()is fail,flag-4.\n",sTag,qid);
            exit(1);
        }
        if(mymsgrcv(qid,MY_CLIENT_MSG)!= 0){
            printf("%s,qid:%d,mymsgrcv()is fail,flag-5.\n",sTag,qid);
            exit(1);
        }
    }
    printf("%s,%s.\n",sTag,sFlag2);
    exit(0);
}
```

代码在 Linux 系统终端中的编译过程和运行结果，见下面所示。

写入程序在终端中的运行情况如图 8-8 所示。

读取程序在终端中的运行情况如图 8-9 所示。

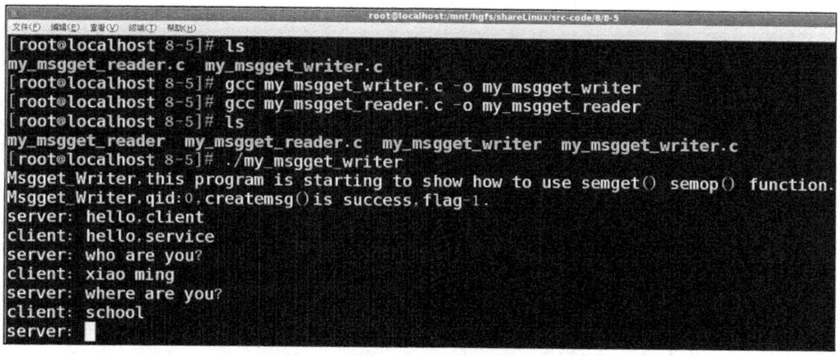
root@localhost:/mnt/hgfs/shareLinux/src-code/8/8-5
文件(F) 编辑(E) 查看(V) 终端(T) 帮助(H)
[root@localhost 8-5]# ls
my_msgget_reader.c my_msgget_writer.c
[root@localhost 8-5]# gcc my_msgget_writer.c -o my_msgget_writer
[root@localhost 8-5]# gcc my_msgget_reader.c -o my_msgget_reader
[root@localhost 8-5]# ls
my_msgget_reader my_msgget_reader.c my_msgget_writer my_msgget_writer.c
[root@localhost 8-5]# ./my_msgget_writer
Msgget_Writer,this program is starting to show how to use semget() semop() function.
Msgget_Writer,qid:0,createmsg()is success,flag-1.
server: hello,client
client: hello,service
server: who are you?
client: xiao ming
server: where are you?
client: school
server:

图 8-8　创建和使用消息队列的写功能

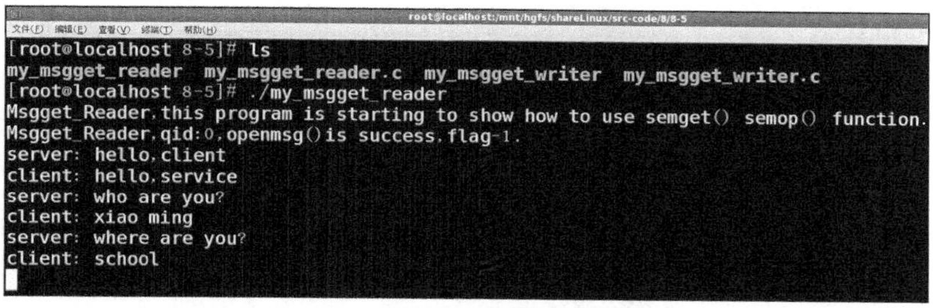
root@localhost:/mnt/hgfs/shareLinux/src-code/8/8-5
文件(F) 编辑(E) 查看(V) 终端(T) 帮助(H)
[root@localhost 8-5]# ls
my_msgget_reader my_msgget_reader.c my_msgget_writer my_msgget_writer.c
[root@localhost 8-5]# ./my_msgget_reader
Msgget_Reader,this program is starting to show how to use semget() semop() function.
Msgget_Reader,qid:0,openmsg()is success,flag-1.
server: hello,client
client: hello,service
server: who are you?
client: xiao ming
server: where are you?
client: school

图 8-9　创建和使用消息队列的读功能

8.7　项目实训：进程之间通信功能的实现

8.7.1　实训描述

编写程序建立一个无名管道，然后生成 3 个子进程，使这 4 个进程利用同一个管道进行通信。分别试验 3 写 1 读、2 写 2 读的情况，多次执行，看结果是否一致，并对记录的执行结果进行解释。

8.7.2　参考代码

```
#include <unistd.h>
#include <signal.h>
#include <stdio.h>
int pid[3];
int main(void)
{
    int fd[2], i;
    char outpipe[100],inpipe[100];//暂存读出或要写入的字符串
    pipe(fd);
    for(i=0;i<3;i++)
    {
        pid[i]=fork( );
        if(pid[i]==0)
            break;
    }
```

```
        if(pid[1]==0)
        {
            lockf(fd[1],1,0);
            sprintf(outpipe,"child 1 process is sending message!");
            write(fd[1],outpipe,50);
            sleep(5);
            lockf(fd[1],0,0);
            exit(0);
        }
        if(pid[2]==0)
        {
            lockf(fd[1],1,0);
            sprintf(outpipe,"child 2 process is sending message!");
            write(fd[1],outpipe,50);
            sleep(5);
            lockf(fd[1],0,0);
            exit(0);
        }


        if(pid[3]==0)
        {
            lockf(fd[0],1,0);
            read(fd[0],inpipe,50);
            printf("Child 3 read:\n%s ",inpipe);
            lockf(fd[0],0,0);//释放
            exit(0);
        }

        wait(3);
        read(fd[0],inpipe,50);
        printf("Parent read:\n%s\n",inpipe);
        exit(0);
    }
```

8.7.3 编译运行

通过以下程序：

```
for(i=0;i<3;i++)
{
    pid[i]=fork( );
        if(pid[i]==0)
            break;
    }
```

可以实现父进程创建 3 个子进程，同时也避免了子进程再次创建子进程。子进程 1、2 向管道中写入数据，子进程 3 和父进程从管道中读出数据并输出。用 wait 实现 3 个子进程先执行，子进程 1、2 抢占管道资源并向管道中写入信息，然后父进程和子进程 3 从管道中读出信息并输出。

8.8 本章小结

进程间通信是 Linux 编程的重要环节。熟悉进程间通信的系统调用，对于读者学习 Linux 平台下的 C 语言编程将大有帮助。本章介绍了进程间通信操作的理论知识，然后结合具体的项目案

例——网络数据传输中对数据和消息两进程之间通信功能的实现，详细阐述了通过共享内存、信号量、管道通信、命名管道、消息队列方式进行进程间通信的原理。

习题

一、选择题

1. Linux 系统下进程间的通信不包括（　　）。

A. 管道　　B. 信号　　C. 共享内存　　D. 堆栈

2. 管道通信的使用不包括（　　）间的通信。

A. 父子进程　　B. 兄弟进程　　C. 亲缘关系进程　　D. 没有关系的进程

二、填空题

1. 管道的种类有两种，分别是_______和_______。
2. 信号的名字都以_______开头，信号编号类型为_______。
3. 进程对信号的处理方式有_______、_______、_______。
4. 进程设置信号的处理方式使用系统调用_______。
5. Shell 中管道的命令为_______，作用是_______。
6. Linux 进程间通信的方式主要有_______、_______、_______、_______、_______、_______。

三、思考题

1. 简述进程间进行通信的原因。
2. Linux 系统中进程间通信的方式有哪些？具体通信过程各是什么？

四、综合题

1. 给出具体的示例，通过利用共享内存的相关函数 shmget、shmat、shmdt、shmctl 进行系统调用，来演示如何创建和使用共享内存。

2. 给出具体的示例，通过利用信号量的相关函数 semget、semop、semctl 进行系统调用，来演示如何创建和使用信号量。

3. 给出具体的示例，通过利用管道的相关函数 pipe、close、read、write 进行系统调用，来演示如何创建和使用管道。

09 第9章　信号及信号处理

信号（Signals）是通知事件的一种最直接的机制，操作系统通过信号来通知进程某种事件的发生。信号也是用户进程之间通信和同步的一种原始机制。信号是在软件层次上对中断机制的一种模拟。在原理上，一个进程收到一个信号与处理器收到一个中断请求可以说是一样的。在 Linux 系统中，根据 POSIX 标准扩展以后的信号机制，不仅可以用来通知某进程发生了什么事件，还可以给进程传递数据。

本章学习目标

- 了解信号的概念
- 掌握信号的捕获与屏蔽方法
- 掌握信号的发送方法

9.1 信号及其使用

9.1.1 Linux 信号的产生

信号由内核生成，信号的生成与事件的发生密切相关。事件的发生源可分为如下三类。

1. 用户

当用户在终端上按某些键时，将产生信号。如按 Ctrl+C 或 Ctrl+\等组合键时，终端驱动程序将通知内核产生信号，发送至相应的进程。

2. 内核

硬件异常产生的信号（如除数为 0、无效的存储访问等），通常会由硬件（如 CPU）检测到，将其通知给 Linux 操作系统内核，然后内核生成相应的信号，并把信号发送给该事件发生时正在运行的程序。

3. 进程

用户在终端下调用 kill 命令可以向进程发送任意信号；进程调用 kill 或 sigqueue 函数可以发送信号；当检测到某种软件条件已经具备时发出信号，如由 alarm 或 settimer 设置的定时器超时后也会生成 SIGALRM 信号。

9.1.2 信号的种类

在 Shell 中输入 kill -l 可显示 Linux 系统支持的全部依赖信号，如图 9-1 所示。

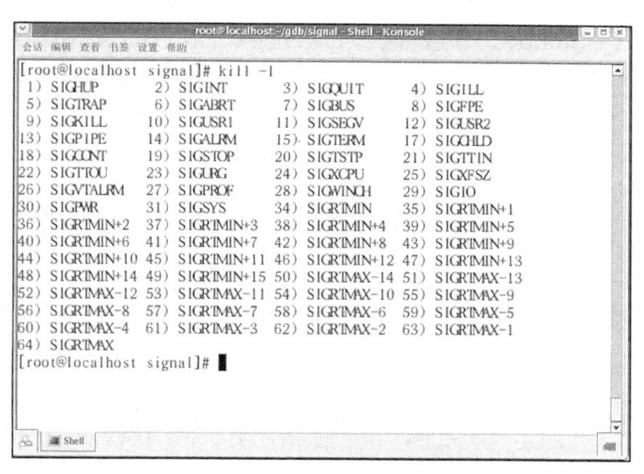

图 9-1　信号种类

信号的值定义在 signal.h 中，在 Linux 中没有 16、32 和 33 号信号。上面信号的含义如下所示。

（1）SIGHUP：当用户退出 Shell 时，由该 Shell 启动的所有进程都会接收到这个信号，默认动作为终止进程。

（2）SIGINT：当用户按 Ctrl+C 组合键时，用户终端会向正在运行的由该终端启动的程序发出此信号。默认动作为终止进程。

（3）SIGQUIT：当用户按 Ctrl+\组合键时产生该信号，用户终端会向正在运行的由该终端启动的程序发出此信号。默认动作为终止进程并产生 core 文件。

（4）SIGILL：CPU 检测到某进程执行了非法指令。默认动作为终止进程并产生 core 文件。

（5）SIGTRAP：该信号由断点指令或其他 trap 指令产生。默认动作为终止进程并产生 core 文件。

（6）SIGABRT：调用 abort 函数时会产生该信号。默认动作为终止进程并产生 core 文件。

（7）SIGBUS：非法访问内存地址，包括内存地址对齐（Alignment）出错，默认动作为终止进程并产生 core 文件。

（8）SIGFPE：在发生致命的算术错误时产生该信号，不仅包括浮点运行错误，还包括溢出及除数为 0 等所有的算术错误。默认动作为终止进程并产生 core 文件。

（9）SIGKILL：无条件终止进程。本信号不能被忽略、处理和阻塞。默认动作为终止进程。它向系统管理员提供了一种可以终止任何进程的方法。

（10）SIGUSR1：用户定义的信号，即程序可以在程序中定义并使用该信号。默认动作为终止进程。

（11）SIGSEGV：指示进程进行了无效的内存访问。默认动作为终止进程并使用该信号。

（12）SIGUSR2：这是另外一个用户定义的信号，程序员可以在程序中定义并使用该信号。默认动作为终止进程。

（13）SIGPIPE：Broken pipe，向一个没有读端的管道写数据。默认动作为终止进程。

（14）SIGALRM：定时器超时，超时的时间由系统调用 alarm 设置。默认动作为终止进程。

（15）SIGTERM：程序结束（Terminate）信号，与 SIGKILL 不同的是，该信号可以被阻塞和处理。通常用来要求程序正常退出。执行 Shell 命令 kill 时，会默认产生这个信号。默认动作为终止进程。

（16）SIGCHLD：子程序结束时，父进程会收到这个信号。默认动作为忽略该信号。

（17）SIGCONT：让一个暂停的进程继续执行。

（18）SIGSTOP：停止（Stopped）进程的执行。注意它和 SIGTERM 以及 SIGINT 的区别，该信号表示进程还未结束，只是暂停执行。该信号不能被忽略、处理和阻塞。默认动作为暂停进程。

（19）SIGTSTP：停止进程的动作，但该信号可以被处理和忽略。按 Ctrl+Z 组合键时会发出该信号。默认动作为暂停进程。

（20）SIGTTIN：当后台进程要从用户终端读数据时，该终端的所有进程都会收到 SIGTTIN 信号。默认动作为暂停进程。

（21）SIGTTOU：该信号类似 SIGTTIN，在后台进程要向终端输出数据时产生。默认动作为暂停进程。

（22）SIGURG：套接字（Socket）上有紧急数据时，向当前正在运行的进程发出此信号，报告有紧急数据到达。默认动作为忽略该信号。

（23）SIGXCPU：进程执行时间超过了分配给该进程的 CPU 时间，系统产生该信号并发送给该进程。默认动作为终止进程。

（24）SIGXFSZ：超过文件最大长度的限制。默认动作为终止进程并产生 core 文件。

（25）SIGVTALRM：虚拟时钟超时会产生该信号。类似 SIGALRM，但是它只计算该进程占用的 CPU 时间。默认动作为终止进程。

（26）SIGPROF：类似 SIGVTALRM，它不仅包括该进程占用的 CPU 时间，还包括执行系统调用的时间。默认动作为终止进程。

（27）SIGWINCH：窗口大小改变时发出。默认动作为忽略该信号。

（28）SIGIO：此信号向进程指示发出一个异步 I/O 事件。默认动作为忽略。

（29）SIGPWR：关机。默认动作为终止进程。

（30）SIGRTMIN~SIGRTMAX：Linux 的实时信号，它没有固定的含义（或者说可以由用户自由使用）。注意，Linux 线程机制使用了前 3 个实时信号。所有的实时信号的默认动作都是终止进程。

9.1.3 对信号的响应

当信号发生时，用户可以要求进程以下列三种方式之一对信号做出响应。

（1）捕获信号。对于要捕获的信号，可以为其指定信号处理函数，信号发生时该函数自动被调用，在该函数内部实现对该信号的处理。

（2）忽略信号。大多数信号都可使用这种方式进行处理，但是 SIGKILL 和 SIGSTOP 这两个信号不能被忽略，同时这两个信号也不能被捕获和阻塞。此外，如果忽略某些由硬件异常产生的信号（如非法存储访问或除以 0），则进程的行为是不可预测的。

（3）按照系统默认方式处理。大部分信号的默认操作是终止进程，且所有的实时信号的默认动作都是终止进程。

9.2 信号处理

内核在接收到信号后，未必会马上对信号进行处理，而是选择在适当的时机，例如在发生中断、发生异常或系统调用返回时，以及在将控制权切换至进程之际，处理所接收的信号。但对于用户进程，进程在接收到信号后，会暂停代码的执行，并保存当前的运行环境，转而执行信号处理程序，待信号处理结束后，才恢复中断点的运行环境，按正常流程继续执行。

Linux 系统中对信号的处理主要由 signal 和 sigaction 函数来完成。

9.2.1 信号的捕获

signal 函数可用来设置进程在接收到信号时的动作，在 Shell 下输入 man signal 可获取该函数原型：

```
#include <signal.h>
typedef  void (*sighandler_t)(int);
sighandler_t  signal(int signum, sighandler_t handler);
```

signal 会根据参数 signum 指定的信号编号来设置该信号的处理函数。当指定的信号到达时就会跳转到参数 handler 指定的函数执行。如果参数 handler 不是函数指针，则必须是常数 SIG_IGN（忽略该信号）或 SIG_DFL（对该信号执行默认操作）。

signal 函数执行成功时返回以前的信号处理函数指针，有错误发生时返回 SIG_ERR（即-1）。注意，SIGKILL 和 SIGSTOP 这两个信号不能被捕获或忽略。

例 9-1 会使用 signal 函数对信号 SIGINT 进行重新定义，当信号 SIGINT 发生时，显示字符串“hello Linux!”。

【例 9-1】重新定义信号的处理方式。

```
//9-1.c
#include <signal.h>
```

```
#include <stdio.h>
#include <unistd.h>

void fun(int sig)
{
   printf("signal %d is captured.\n", sig);
   signal(SIGINT, SIG_DFL);
}

int  main()
{
   signal(SIGINT, fun);
   while(1)
   {
      printf("Hello World!\n");
      sleep(1);
   }
}
```

程序定义了一个函数 fun，然后在主函数 main 中用 signal 函数将其设置为 SIGINT 信号的回调函数。程序中 while 循环是个死循环，没有退出条件，因此该程序只能通过信号来终止。

程序执行后，用户可以按两次 Ctrl+C 组合键，第一次程序会输出“^C signal 2 is captured”，说明程序捕获到了 SIGINT 信号；第二次按 Ctrl+C 组合键时，程序终止，这是因为执行回调函数时对 SIGINT 信号的处理设置了默认动作。

9.2.2 信号的屏蔽

信号屏蔽就是临时阻塞信号被发送至某个进程，它包含一个被阻塞的信号集。通过操作信号集，可增加和删除需要阻塞的信号。信号屏蔽与信号忽略不同，当进程屏蔽某个信号时，内核将不发送该信号至屏蔽它的进程，直至该信号的屏蔽被解除；而对于信号忽略，内核将被忽略的信号发送至进程，只是进程对被忽略的信号不进行处理。

POSIX.1 标准定义了数据类型 sigest_t 可以存放一个信号集（由多个信号构成的集合），并且定义了 5 个处理信号集的函数。在 Linux 中，包含 signal.h 头文件即可引用 sigest_t 和这 5 个信号集处理函数。这些函数的原型如下：

```
#include <signal.h>
int sigemptyset (sigset_t *set);
int sigfillset (sigset_t *set);
int sigaddset (sigset_t *set,int sig);
int sigdelset(sigset_t *set,int sig);
int sigismember(const sigset_t *set,int sig);
```

各函数的参数和返回值的含义如下。

① set：信号集。

② sig：信号。

③ 返回值：

- 成功时，sigismember 函数返回 1 （表示“是”）或 0 （表示“否”）；其他函数返回 0。
- 失败时返回-1，并设置 errno 变量，只有一个可能的错误代码 EINVAL，表示给定的信号无效。

函数 sigemptyset 初始化是由 set 指向的信号集，使其排出所有信号。函数 sigfillset 初始化是由

set 指向的信号集，使其包括所有信号。所有应用程序在使用信号集前，应该对该信号集调用 sigemptyset 或 sigfillset 一次。

一旦已经初始化了一个信号集，就可在该信号集中增、删特定的信号。例如，函数 sigaddset 可将一个信号添加到信号集中，sigdelset 可从信号集中删除一个信号，sigismember 可判断一个信号是否为信号集中的一员。

sigaction 是一个比 signal 更稳健的、用于捕获信号的编程接口，其原型如下：

```
#include <signal.h>
int sigaction(int sig,const struct sigaction *act, struct sigaction  *oldact);
```

参数 sig 是准备捕获或忽略的信号；act 是将要设置的信号处理动作；oldact 用于取回原先的信号处理动作。

返回值：成功时返回 0；失败时返回-1，并设置 errno 变量，如果给出的是一个无效的信号或不可捕获或不可忽略的信号，errno 为 EINVAL。

sigaction 函数的 act 和 oldact 参数是一个结构体指针，该结构体具有如下的定义：

```
struct sigaction {
    void (*sa_handler)(int);   /*信号处理函数，同 signal */
    sigset_t  sa_mask;          /* 回调过程中将被屏蔽的信号集 */
    int sa_flags;               /* 可决定回调行为的位标志值*/
    ......                     /* 未列出的其他成员*/
}
```

如果 act 指针非空，则表示要修改 sig 信号的处理动作。如果 oldact 指针非空，则系统在其中返回该信号的原先动作。

当要更改信号动作时，如果 act 参数的 sa_handler 指向一个信号捕获函数（不是常数 SIG_IGN 或 SIG_DFL），则 sa_mask 字段说明了一个信号集。在调用信号捕获函数之前，该信号集被加入进程的信号屏蔽字中。仅当从信号捕获函数（也称“信号处理程序”）中返回时才将进程的信号屏蔽字恢复为原先值。这样，在调用信号处理程序时就能阻塞某些信号。在信号处理程序被调用时，系统建立的新信号屏蔽字会自动包括正被递送的信号。因此保证了在处理一个给定的信号时，如果这种信号再次发生，那么它会被阻塞到对前一个信号的处理结束为止。系统在同一种信号产生多次的情况下，通常并不将它们排队，所以如果在某种信号被阻塞时，它产生了 5 次，那么对这种信号解除阻塞后，其信号处理函数通常只会被调用一次。

一旦对给定的信号设置了一个动作，那么在用 sigaction 改变它之前，该设置就一直有效。

sigaction 结构的 sa_flags 字段用于设置对信号进行处理的可选项，常用选项及其含义如下。

- SA_NOCLDSTOP：子进程停止时不产生 SIGCHLD 信号。
- SA_RESETHAND：在信号处理函数入口处将把此信号的处理方式重置为 SIG_DFL。
- SA_RESTART：重启可中断的函数而不是给出 EINTR 错误。
- SA_NODEFER：捕获到信号时不将它添加到信号屏蔽字当中，即不自动阻塞当前捕获到的信号。

使用 SA_RESTART 的理由是，程序中使用的许多系统调用都是可中断的，当接到一个信号时，它们将返回一个错误并设置 errno，以此表明函数是因为一个信号而返回的。在设置了 SA_RESTART 的情况下，信号处理函数执行完后被中断的系统调用将被重启。

下面对例 9-1 的程序进行改写，用 sigaction 代替 signal 完成相似的功能，改写后的代码如例 9-2 所示。

【例 9-2】ex_sigaction.c。

```
#include <signal.h>
#include <stdio.h>
#include <unistd.h>

void fun(int sig)            /* 定义信号回调函数 */
{
   printf("signal %d is captured.\n", sig);

   sleep(20);                /* 睡眠 20 秒 */
}

int main()
{
   struct sigaction act;

   act.sa_handler = fun;
   sigemptyset(&act.sa_mask);
   sigaddset(&act.sa_mask, SIGQUIT);/* 在信号回调函数中屏蔽 SIGQUIT*/
   act.sa_flags = 0;

   sigaction(SIGINT, &act, 0); /* 设置 SIGINT 信号的回调函数 */
   while(1)
   {
      printf("Hello World!\n");
      sleep(1);
   }
}
```

比 signal 稍微复杂的是，为了将 fun 函数设置为信号处理程序，先定义了一个 struct sigaction 结构体类型的变量 act，然后将 fun 函数指针设置为 act 变量的 sa_handler 成员的值。

通过调用 sigaddset 函数将 SIGQUIT 信号（按 Ctrl+\组合键时产生）添加到 SIGINT 信号回调函数的屏蔽集中，当进程因捕获到 SIGINT 信号而进入信号回调函数 fun 中时，进程将不响应 SIGQUIT 信号，而是在退出 fun 函数时才响应。为了清晰地观察到这种效果，在 fun 函数中调用了 sleep 函数让进程睡眠 20 秒。在调用 sigaction 函数时，第三个参数值设置为 0，意为不关心信号原先的处理动作是什么。

程序执行后，用户可以先后按 Ctrl+C 组合键和 Ctrl+\组合键。当按 Ctrl+C 组合键时，输出“^C signal 2 is captured”信息，说明程序捕获到了 SIGINT 信号。此时，按 Ctrl+\组合键时，程序不会马上终止，这是因为程序将 SIGQUIT 信号添加到了屏蔽信号集中。

9.2.3 信号的发送

信号发送的关键是让系统知道该向哪个进程发送信号，以及发送什么信号。只要明确了这两点，就可以很方便地发送信号了。进程除了从用户和内核接收信号外，还可以接收其他进程发送的信号。Linux 内核提供的发送信号的应用编程接口主要有 kill、raise、sigqueue、alarm、setitimer 和 abort 等。

通过 kill 函数可发送信号给指定的进程，其函数原型如下：

```
#include <sys/types.h>
#include <signal.h>
```

```
int kill(pid_t  pid, int sig);
```

该函数的行为与第一个参数 pid 的取值有关，第二个参数 sig 表示信号编号。

- 如果 pid 是正数，则发送信号 sig 给进程号为 pid 的进程。
- 如果 pid 为 0，则发送信号 sig 给当前进程所属进程组里的所有进程。
- 如果 pid 为-1，则把信号 sig 广播至系统内除 1 号进程（init 进程）和自身以外的所有进程。
- 如果 pid 是比-1 还小的负数，则发送信号 sig 给属于进程组-pid 的所有进程。
- 如果参数 sig 是 0，则 kill 仍执行正常的错误检查，但不发送信号。可以利用这一点来确定某进程是否有权向另外一个进程发送信号。如果向一个并不存在的进程发送空信号，则 kill 返回-1，ermo 被设置为 ESRCH。

编写一个程序，测试用 kill 函数发送已被阻塞的信号 SIGTERM，程序如例 9-3 所示。

【例 9-3】exam9-3.c。

```
// exam9-3.c
//ex_kill.c
#include <sys/types.h>
#include <sys/wait.h>
#include <unistd.h>
#include <stdio.h>
#include <stdlib.h>
int main()
{
   pid_t pid;
   char *message;
   int n = 2;

   printf("fork program starting\n");
   pid = fork();

   switch(pid)
   {
   case -1:
      perror("fork failed");
      exit(1);
   case 0:
      message = "This is the child";
      n = 5;
      break;
   default:
      message = "This is the parent";
      n++;
      break;
   }

   for(; n > 0; n--)
   {
      puts(message);
      sleep(1);
   }

   if (pid != 0)
   {
      kill(pid, SIGINT);
```

```
    }

    return 0;
}
```

这段代码的作用是在父进程中向子进程发送 SIGINT 信号。

从程序的输出结果可以看出，子进程的 for 循环只循环了 3 次（比设定的 n=5 次少了 2 次），这是因为父进程发送的 SIGINT 信号使子进程中途终止了。

9.3 项目实训：信号的处理

9.3.1 实训描述

在项目运行过程中，程序可能会接收到一些信号，如 SIGINT、SIGTERM，这些信号的默认动作是立即终止程序。在信号处理模块定义这些信号的函数，当信号产生时，系统会自动调用相应的信号处理函数以便执行一些善后操作，如释放动态申请的内存、关闭文件描述符、关闭套接字。

9.3.2 参考代码

本模块由 sig.h、sig.c 和 main.c 文件构成。

（1）sig.h 的内容

```
//做一些清理工作，如释放动态分配的内存
void do_clear_work();

// 处理一些信号
void process_signal(int signo);

// 设置信号处理函数
int set_signal_hander();
```

（2）sig.c 的内容

```
#include <stdio.h>
#include <unistd.h>
#include <stdlib.h>
#include <signal.h>
#include "sig.h"

void do_clear_work()
{
    // 关闭所有 peer 的 socket
    printf("关闭所有 peer 的 socket\n");

    // 保存位图
    printf("保存位图\n");

    // 关闭文件描述符
    printf("关闭文件描述符\n");

    // 释放动态分配的内存
```

```
    printf("释放动态分配的内存\n");

    exit(0);
}

void process_signal(int signo)
{
    printf("Please wait for clear operations\n");
    do_clear_work();
}


int set_signal_hander()
{
    if(signal(SIGPIPE,SIG_IGN) == SIG_ERR) {
        perror("can not catch signal:sigpipe\n");
        return -1;
    }

    if(signal(SIGINT,process_signal)  == SIG_ERR) {
        perror("can not catch signal:sigint\n");
        return -1;
    }

    if(signal(SIGTERM,process_signal) == SIG_ERR) {
        perror("can not catch signal:sigterm\n");
        return -1;
    }

    return 0;
}
```

（3）main.c 的内容

```
int main()
{
    int ret;
    // 设置信号处理函数
    ret = set_signal_hander();
    if(ret != 0)  { printf("%s:%d error\n",__FILE__,__LINE__); return -1; }

    while(1)
    {
        printf("program is running\n");
        sleep(1);
    }
}
```

9.3.3 编译运行

由 sig.h、sig.c 和 main.c 文件构成的项目，编译脚本如下。

```
CC=gcc
app:main.o sig.o
    $(CC) $^ -o $@
clean:
    rm -f app *.o
```

项目运行过程中，如果发送 SIGINT 信号（Ctrl+C），项目会做图 9-2 所示的处理。

```
[root@localhost pro9]# ./app
program is running
program is running
program is running
program is running
Please wait for clear operations
关闭所有peer的socket
保存位图
关闭文件描述符
释放动态分配的内存
[root@localhost pro9]#
```

图 9-2　信号测试

9.4　本章小结

本章详细地介绍了 Linux 中信号的概念和操作方法。对于这部分知识，读者应注意掌握信号的机制与信号处理函数的使用方法。

习题

1. 信号有哪几个来源?
2. 信号有哪几种?
3. 进程有哪几种响应信号的方法?
4. 编写程序，捕获和处理 SIGINT 信号。
5. 编程实现：每隔 2 秒输出一个字符串“Hello Linux!”。
6. 编写程序，在程序中捕获 SIGINT 和 SIGQUIT 信号，并循环等待信号的到来；在捕获到 SIGINT 时输出“You press Ctrl+C”，在捕获到 SIGQUIT 时输出“You press Ctrl+\”；在收到第 10 个 SIGINT 信号或第 3 个 SIGQUIT 信号时退出进程。

第10章　网络编程

本章首先介绍 Linux 环境下网络编程基本原理的相关内容；然后介绍套接字编程基础知识，包括套接字地址结构、创建套接字、建立连接、绑定套接字、在套接字上监听以及接收连接；之后讲解了基于 TCP 套接口编程和基于 UDP 套接口编程的示例；最后结合具体的项目案例阐述网络编程相关操作的具体应用。

本章学习目标：

- 了解网络模型及协议
- 掌握套接字地址结构和创建套接字的方法
- 掌握建立连接和绑定套接字的方法
- 掌握在套接字上监听和接收连接的方法
- 掌握在套接字上发送和接收数据的方法

10.1 网络编程的基本概念

10.1.1 IP 地址

IP 地址是指互联网协议地址，是 IP Address 的缩写。IP 地址是 IP 协议提供的一种统一的地址格式，它为互联网上的每一个网络和每一台主机分配一个逻辑地址，以此来屏蔽物理地址的差异。IP 地址具有统一的格式，是 32 位长度的二进制数值，存储空间是 4 字节。但二进制的数值是不方便用户记忆的，这时就可以使用点分十进制数来表示 IP 地址。例如 11000000 10101000 00000001 00000110 是一台计算机的 IP 地址，转换成十进制数后是 192.168.1.1。

10.1.2 端口

端口包括物理端口和逻辑端口。物理端口是用于连接物理设备之间的接口，逻辑端口是逻辑上用于区分服务的端口。本节中所讲的是逻辑端口，是计算机中为了标识访问网络的不同程序的编号。每个程序在访问网络时，都会分配一个标识符。

端口号是一个 16 位的无符号整数，对应的十进制数取值范围是 0 ~ 65535。不同编号范围的端口有不同的作用，服务器一般都是通过知名端口号来识别的。例如，对于每个 TCP/IP 实现来说，FTP 服务器的 TCP 端口号都是 21，每个 Telnet 服务器的 TCP 端口号都是 23，每个 TFTP（简单文件传送协议）服务器的 UDP 端口号都是 69。任何 TCP/IP 实现所提供的服务都用 1 ~ 1023 的端口号。

10.1.3 域名

域名是用来代替 IP 地址以标识计算机的一种直观名称。由于 IP 地址很难记忆，所以由一串用点分隔的名字组成 Internet 上某一台计算机或计算机组的名称，这就是域名。在访问计算机时，可以用这个域名来代替 IP 地址。在使用 C 语言编程时，有时需要用域名来访问一个计算机，这时要将域名转换成相应的 IP 地址。在终端中。可以用 ping 命令来查看域名所对应的 IP 地址。

10.1.4 TCP 和 UDP

TCP 与 UDP 是两种不同的网络传输方式。两个不同计算机中的程序，使用 IP 地址和端口，要使用一种约定的方法进行数据传输。TCP 与 UDP 就是网络中的两种数据传输约定，二者主要的区别是进行数据传输时是否进行连接。

（1）TCP 是一种面向连接的网络传输方式，这种方式可以理解为打电话。计算机 A 先呼叫计算机 B，计算机 B 接收连接后发出确认信息，计算机 A 收到确认信息以后发送信息，计算机 B 完成数据接收以后发送完毕信息，这时再关闭数据连接。所以 TCP 是面向连接的可靠的信息传输方式。这种方式是可靠的，缺点是传输过程复杂，需要占用较多的网络资源。

（2）UDP 是一种面向无连接的传输方式，可以简单理解成邮寄信件。将信件封装放入邮筒以后，不再参与邮件的传送过程。使用 UDP 传送信息时，不建立连接，直接把信息发送到网络上，由网络完成信息的传送，信息传递完成以后也不发送确认信息。这种传输方式是不可靠的，但是有很好的传输效率。对传输可靠性要求不高时，可以选择使用这种传输方式。如果使用 UDP 协议进行数据通信，数据传输的可靠性由软件开发人员编程实现。

10.2　网络编程基础

10.2.1　套接字简介

1. 套接字的概念

Linux 中的网络编程是通过套接字（Socket）接口来进行的。Socket 是一种特殊的 I/O 接口，也是一种文件描述符。Socket 是一种常用的进程之间的通信机制，通过它不仅能实现本地机器上的进程之间的通信，而且通过网络能够在不同机器上的进程之间进行通信。

在网络通信模型中，一个连接一旦建立，则必然包括以下要素：协议、本地地址、本地端口号、远端地址和远端端口号。这样的一组要素，称为五元组或全相关。

其中，协议、本地地址和本地端口号这三个要素唯一地标识了网络连接的本地进程，协议、远端地址和远端端口号唯一地标识了网络连接的对端进程。这三项要素称为三元组。由于三元组指定了一个完整的网络连接的半部分，因此又称为半相关。

2. 套接字的类型

套接字类型是指创建套接字的应用程序所希望的通信服务类型。

（1）流套接字（SOCK_STREAM）

流套接字用于提供面向连接、可靠的数据传输服务。该服务将保证数据能够实现无差错、无重复发送，并按顺序接收。流套接字之所以能够实现可靠的数据服务，原因在于其使用了传输控制协议，即 TCP 协议。

（2）数据包套接字（SOCK_DGRAM）

数据包套接字提供了一种无连接的服务。该服务并不能保证数据传输的可靠性，数据有可能在传输过程中丢失或出现数据重复，且无法保证顺序地接收到数据。数据包套接字使用 UDP 协议进行数据的传输。由于数据包套接字不能保证数据传输的可靠性，所以对于有可能出现的数据丢失情况，需要在程序中做相应的处理。

（3）原始套接字（SOCK_RAW）

前面讲述的两种套接字是系统定义的，所有的信息都需要按照这种方式进行封装。原始套接字是没有经过处理的 IP 数据包，可以根据自己程序的要求进行封装，可以实现对较低层次的协议直接访问，例如 IP、ICMP 协议，它常用于检验新的协议实现，或者访问现有服务中配置的新设备。

10.2.2　Socket 地址结构

套接字是一种通信机制，凭借这种机制，客户/服务器系统的开发工作既可以在本地单机上进行，也可以跨网络进行。两个套接字建立了联系通信双方的“桥梁”，而套接字就是这座桥梁的“入口”。套接字可以简单理解成传输层协议、端口号和 IP 地址的联合体。套接字地址结构有两种结构体表示：结构体 sockaddr 和 sockaddr_in，详细说明如下。

（1）结构体 sockaddr

```
struct sockaddr {
    unsigned short sa_family;
    char sa_data[14];
};
```

sa_family：具有 2 字节的地址族，一般形式是“AF_xxx”，其值有三种：AF_INET、AF_INET6 和 AF_UNSPEC。若为 AF_INET，代表 IPv4 相关的地址信息；若为 AF_INET6，代表 IPv6 相关的地址信息；若为 AF_UNSPEC，代表着函数返回的是适用于指定主机名和服务名的任何协议族的地址。一般 sa_family 取值是 AF_INET。

sa_data：包含远程计算机的 IP 地址、端口号和套接字的数目。

（2）结构体 sockaddr_in

```
struct sockaddr_in {
    short int sin_family;
    unsigned short int sin_port;
    struct in_addr sin_addr;
    unsigned char sin_zero[8];
};
```

sin_family：用来存储协议族字段，在 Socket 编程中只能取 AF_INET 值。

sin_port：用来存储端口号字段，使用网络字节顺序。

sin_addr：用来存储 IP 地址字段，使用 in_addr 这个数据结构。

sin_zero：保证 sockaddr 与 sockaddr_in 两个数据结构具有相同大小而保留的空字节。

其中 in_addr 结构的定义如下。

```
typedef struct in_addr {
    union {
        struct{
            unsigned char s_b1, s_b2, s_b3, s_b4;
        } S_un_b;
        struct{
            unsigned short s_w1, s_w2;
        } S_un_w;
        unsigned long S_addr;
    } S_un;
} IN_ADDR;
```

in_addr 结构体中定义了共用体，该共用体有三种数据类型可以存储 IP 地址：第一种用 4 个字节来表示 IP 地址的 4 个数字；第二种用 2 个双字节来表示 IP 地址；第三种用 1 个长整型来表示 IP 地址。

通过 inet_aton 函数可以将形式为字符串的 IP 地址转换为 in_addr 类型；通过 inet_ntoa 反函数可将 in_addr 类型转换为一个字符串。

10.2.3 主机字节序与网络字节序

网络中存在多种类型的机器，如基于 Intel 芯片的个人计算机和基于 RISC 芯片的工作站，这些不同类型的机器表示数据的字节顺序是不同的。考虑一个 16 位的整数 A103，它由 2 个字节组成，高位字节是 A1，低位字节是 03，在内存中可以有两种方式来存储这个整数：一种是小端字节序，即内存低地址存储数据低字节，高地址存储数据高字节，如图 10-1（a）所示；另一种是大端字节序，即内存低地址存储数据高字节，高地址存储数据低字节，如图 10-1（b）所示，大多数基于 RISC 的机器采用的是这种方式。主机存储数据的顺序称为主机字节序。

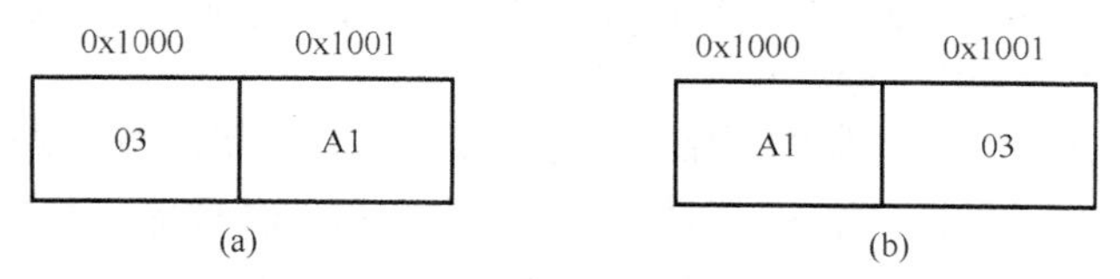

图 10-1　内存中数据存储方式

网络字节序使用的是大端字节序。某个给定系统所采用的字节序为主机字节序，它可能是小端字节序，也可能是大端字节序。在网络协议中处理多字节数据时采用的都是网络字节序，而不是主机字节序。要把主机字节序和网络字节序相对应，就要用到提供主机字节序和网络字节序之间相互转换功能的函数。在 Linux 中有 4 个专用的字节排序函数，如下所述。

```
#include <netinet/in.h>
uint16_t  htons(uint16_t  hostvalue);
uint32_t  htonl(uint32_t  hostvalue);
```

上述两个函数返回的是网络字节序。

```
#include <netinet/in.h>
uint16_t  ntohs(uint16_t  netvalue);
uint32_t  ntohl(uint32_t  netvalue);
```

上述两个函数返回的是主机字节序。

在这 4 个函数中，加粗的字母 h 代表 host，n 代表 network，s 代表 short，l 代表 long。

10.2.4　字节处理函数

在套接口编程中，经常需要读取一些结构体中的某几个字节，这就要用到字节处理函数，包括以 b 打头的函数和以 mem 打头的函数，前者由任何支持套接口函数的系统所提供，后者由任何支持 ANSI C 库的系统所提供。

常见的字节处理函数及其功能如下：bzero 函数将指定的起始地址设置为 0；bcopy 和 memcpy 函数的功能是用来复制；bcmp 和 memcmp 函数的功能是用来比较大小；memset 函数给目标中指定数目的字节设置位值。

一般不建议使用 bzero 和 bcopy 函数。

函数的具体定义形式如下：

```
#include <strings.h>
void bzero(void  *dest, size_t  nbytes) ;
void bcopy(const void *src, void *dest, size_t nbytes);
int bcmp(const void *ptr1, const void  *ptr2, size_t nbytes);
void *memset(void *dest, int c, size_t  len);
void *memcpy(void *dest, const void *src, size_t  nbytes);
int memcmp(const void *ptrl, const void *ptr2, size_t  nbytes);
```

函数 bcmp 和 memcmp 中的参数 ptrl、ptr2，如果前者大于后者，将返回大于 0 的值；如果相等，则返回 0；如果前者小于后者，将返回小于 0 的值。

10.2.5 地址转换函数

在 TCP/IP 网络上，使用 ASCII 地址，即使用以“.”隔开的 4 个十进制的数表示。但是在套接口地址中则是使用网络字节序的 32 位二进制数值。要实现两者之间的转换，就要用到以下三个函数。

```
in_addr_t inet_addr(const char *straddr);
```

函数调用成功时返回 32 位二进制的网络字节序地址，如果出错返回 INADDR_NONE。

INADDR_NONE 是 Linux 定义的一个常数，是一个不存在的 IP 地址，当返回值是这个常数时，就说明转换出了问题。一般将这个常数定义成 255.255.255.255，用二进制表示再转换成有符号数就是-1。

```
int inet_aton(const char *straddr, struct in_addr *addrp);
char* inet_ntoa(struct in_addr inaddr);
```

其中，inet_aton 是将 ASCII 地址转换成网络字节序的 32 位二进制值，输入的 ASCII 值放在参数 straddr 中，作为返回结果的整数放在参数 addrp 中。返回 1 表示转换成功，返回 0 表示转换不成功。

函数 inet_ntoa 的功能正好相反，它将 32 位二进制值地址转换成 ASCII 地址，调用的结果作为函数返回值返回给调用它的函数。转换成功返回 ASCII 地址，转换不成功返回 NULL。

函数 inet_addr 的功能和 inet_aton 相同，结果传递的方式不同，输入的 ASCII 地址仍放在 addr 中，但是结果以函数返回值的形式返回，函数类型为 m_addr_t，不同于 inet_aton 的整型。

下面举两个例子。有 struct sockaddr in 类型的变量 sin，若想将 IP 地址“162.105.12.145”存储到其中，可以使用函数 inet_addr。

```
sin. sin_addr. s_addr= inet_addr (" 162.105.12.145 ");
```

函数 inet_addr 返回的地址已经是网络字节序的 32 位二进制地址。

又如，有一个数据结构 struct in_ addr，要按照 ASCII 格式输出，可以使用函数 inet_ntoa。

printf 的参数是 struct in addr 而不是整数，它返回的是一个指向字符的指针。

```
#include <stdio.h>
#include <sys/socket.h>
#include <netinet/in.h>
#include <arpa/inet.h>
int  main()
{
   char cp[]="192.168.1.1";
   printf("%ld\n",inet_addr(cp));
}
```

10.2.6 域名与 IP 地址转换

在网络上标记一台计算机可以使用 IP 地址或者域名，在套接字编程中很自然地会遇到二者的转换。Linux 提供了两个函数实现域名与 IP 地址的转换：

```
#include <netdb.h>
struct hostent *gethostbyname(const  char  *hostname)
struct hostent *gethostbyaddr(const  char  *addr, size_t len, int family);
```

两个函数的返回：若成功则返回一个指向 hostent 结构的指针，若失败则返回空指针 NULL，同时设置全局变量 h_errno 为相应的值。

h_errno 有以下几种取值。

- HOST_NOT_FOUND：找不到主机。

- TRY_AGAIN：出错重试。
- NO_RECOVERY：不可修复性错误。
- NO_DATA：指定的名字有效，但没有记录。

这几个常量都是在头文件 <netdb.h> 中定义的。

hostent 的数据结构如下：

```
struct hostent
{
    char *h_name;           /*主机的正式名称*/
    char **h aliases;       /*主机的别名*/
    int h_addrtype;         /*主机的地址类型，IPv4 为 AF_INET*/
    int h_length;           /*地址长度，对于 IPv4 是 4 个字节，即 32 位*/
    char **h_addr_list;     /*主机的 IP 地址列表*/
}
```

使用 gethostbyaddr 函数取得 IP 地址对应的域名，示例代码如下：

```
#include <stdio.h>
#include <sys/socket.h>
#include <netdb.h>

int  main(int argc,char *argv[])
{
    struct hostent *host;
    char addr[]="202.108.249.216";
    struct in_addr in;
    struct sockaddr_in addr_in;
    extern int h_errno;

    if((host=gethostbyaddr(addr,sizeof(addr),AF_INET))!=(struct hostent *)NULL)
    {
        memcpy(&addr_in.sin_addr.s_addr,host->h_addr,4);
        in.s_addr=addr_in.sin_addr.s_addr;
        printf("Domain name: %s \n",host->h_name);
        printf("IP length:   %d\n",host->h_length);
        printf("Type:   %d\n",host->h_addrtype);
        printf("IP         : %s \n",inet_ntoa(in));
    }
    else
    {
        printf("error: %d\n",h_errno);
        printf("%s\n",hstrerror(h_errno));
    }
}
```

10.3　TCP 通信编程

10.3.1　TCP 通信原理

TCP 的通信工作过程可以分为服务器端 Server 和客户端 Client 两个过程。

（1）服务器端 Server

① 启动服务器。

② 使用 Socket 建立一个 TCP 的套接字，第二个参数 type 取值为 SOCK_STREAM。

③ 新建并初始化 sockaddr_in 结构体变量的协议、IP 地址和端口号。

④ 通过调用 bind 函数绑定 IP 地址、端口和该套接字为一体。

⑤ 调用 listen 函数实现服务器端的监听工作。

⑥ 设置套接字的请求队列的最大长度。

⑦ 程序进入无限循环，调用 accept 函数实现接收客户端的连接功能。

⑧ 调用 recv 函数接收客户端发来的信息。

⑨ 调用 send 函数向客户端发送信息。

⑩ 通信结束后，调用 close 函数结束和客户端的连接。

（2）客户端 Client

① 新建并初始化 sockaddr_in 结构体变量的协议、IP 地址和端口号。

② 使用 Socket 建立一个 TCP 的套接字，第二个参数 type 取值为 SOCK_STREAM。

③ 调用 connect 函数请求与服务器端建立可靠的连接。

④ 连接建立后，调用 send 函数向服务器端发送信息。

⑤ 调用 recv 函数接收服务器端发来的信息。

⑥ 通信结束后，调用 close 函数结束和服务器端的连接。

结合以上步骤，给出基于 TCP 的 Socket 的通信流程图，如图 10-2 所示。

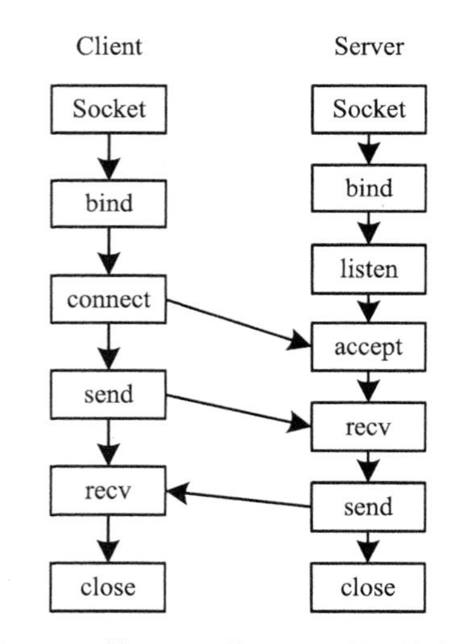

图 10-2　基于 TCP 的 Socket 的通信流程

10.3.2 创建套接字

创建套接字的函数是 socket。系统通过调用它在程序中完成套接字的创建工作。在 Linux 系统终端中使用帮助命令“man 2 socket”，得到套接字的创建函数信息如下：

```
#include <sys/types.h>
#include <sys/socket.h>
int socket(int domain, int type, int protocol);
```

该函数用于创建网络通信的套接字，返回类型为整型，表示所返回套接字的整数描述符。domain 参数表示通信的协议或地址，对于 TCP/IP 通信其值为 AF_INET，具体取值与 socket_addr 中的 sin_family 字段一样。type 参数表示套接字的类型，对于 TCP 其值为 SOCK_STREAM，对于 UDP 为 SOCK_DGRAM，对于原始套接字为 SOCK_RAW。protocol 参数表示具体的协议号，若其值为 0 则指定 domain 和 type 的默认协议号。

函数调用成功返回新创建套接字的文件描述符，调用失败返回-1，同时设置和错误相对应的错误码。错误码为 EPROTONOSUPPORT 表示参数错误，错误码为 ENOBUFS 表示没有可用的缓冲空间，错误码为 EMFILE 表示文件描述符数已满。

10.3.3 绑定套接字

绑定套接字的函数是 bind。系统通过调用它在程序中完成套接字的绑定工作。在 Linux 系统终端中使用帮助命令“man 2 bind”，得到套接字的绑定函数信息如下：

```
#include <sys/types.h>
#include <sys/socket.h>
int bind(int sockfd, const struct sockaddr *addr, socklen_t addrlen);
```

该函数用于绑定套接字到一个 IP 地址和一个端口上，并在该端口上监听服务请求，其返回类型为整型。sockfd 参数表示创建套接字时返回的描述符。addr 参数表示结构体指针，指向 IP 和端口等相关的地址信息。addrlen 参数表示套接字地址接口长度。

函数调用成功返回 0，调用失败返回-1，同时设置和错误相对应的错误码，错误码为 EADDRINUSER 表示端口已被占用。

10.3.4 在套接字上监听

监听函数是 listen。系统通过调用它在程序中完成套接字的监听工作。在 Linux 系统终端中使用帮助命令“man 2 listen”，得到套接字的监听函数信息如下：

```
#include <sys/types.h>
#include <sys/socket.h>
int listen(int sockfd, int backlog);
```

该函数用于将一个套接字转换成监听套接字，准备接收客户端提出的连接请求，其返回类型为整型。listen 函数有两个作用：①将套接字由 CLOSED 状态转换为 LISTEN 状态；②设定连接请求的最大请求数。sockfd 参数表示创建套接字时返回的描述符。backlog 参数表示可连接的最大请求数。

函数调用成功返回 0，调用失败返回-1，同时设置和错误相对应的错误码，错误码为 EBADF 表示 sockfd 参数是无效的。

10.3.5 接收连接

接收连接的函数是 accept。系统通过调用它在程序中完成套接字的接收连接工作。在 Linux 系统终端中使用帮助命令“man 2 accept”，得到套接字的接收连接函数信息如下：

```
#include <sys/types.h>
#include <sys/socket.h>
int accept(int sockfd, struct sockaddr *addr, socklen_t *addrlen);
```

该函数用于响应连接请求，建立连接并产生新的 Socket 描述符来描述该连接，用来与特定的客户端交换信息，其返回类型为整型。sockfd 参数表示套接字描述符。addr 参数是结构体指针，将在 accept 函数调用成功并返回后填入远程计算机的 IP 地址和端口信息。addrlen 参数表示 addr 结构体的大小。

函数调用成功返回可接收的套接字描述符，调用失败返回-1，同时设置和错误相对应的错误码，错误码为 ECONNABORTED 表示连接被意外终止。

10.3.6 建立连接

建立连接的函数是 connect。系统通过调用它在程序中完成套接字的建立连接工作。在 Linux 系统终端中使用帮助命令"man 2 connect"，得到套接字的建立连接函数信息如下：

```
#include <sys/types.h>
#include <sys/socket.h>
int connect(int sockfd, const struct sockaddr *addr, socklen_t addrlen);
```

该函数用于建立客户端与服务器端的连接，其返回类型为整型。函数 connect 通过实现 TCP 的三次握手建立客户端和服务器端的连接，若该函数还没有通过调用 bind 函数指定客户端的 IP 地址和端口，则系统自动选择本地 IP 地址和随机端口填充到套接字结构体中。

sockfd 参数表示套接字文件描述符。addr 参数是结构体指针，用来存储远程计算机的 IP 地址和端口信息。addrlen 参数表示 addr 结构体的大小。

函数调用成功返回 0，调用失败返回-1，同时设置和错误相对应的错误码。错误码为 ENOTSOCK 表示 Socket 没指定套接字描述符，错误码为 EBADF 表示 Socket 没指定合法的套接字描述符，错误码为 EADDRNOTAVAIL 表示指定地址非法，错误码为 EISCONN 表示套接字已被连接。

10.3.7 数据通信

当使用 connect 函数成功建立连接后，客户端可使用 sockfd 作为与服务器端连接的套接字描述符，然后二者便可以使用基本的 I/O 函数（例如 read、write、put、get 等）进行数据传输了。对于 TCP 通信而言，通过连接的套接字流进行通信常用的函数是 send 和 recv，对于 UDP 是 sendto 和 recvfrom。下面主要讲解 TCP 通信函数。

TCP 通信函数是 send 和 recv。系统通过调用它们在程序中完成数据通信工作。在 Linux 系统终端中使用帮助命令"man 2 send"和"man 2 recv"，得到 TCP 通信函数信息如下：

```
#include <sys/types.h>
#include <sys/socket.h>
ssize_t send(int sockfd, const void *buf, size_t len, int flags);
#include <sys/types.h>
#include <sys/socket.h>
ssize_t recv(int sockfd, void *buf, size_t len, int flags);
```

send 函数用于发送数据，其返回类型为整型，表示实际发送数据的长度。sockfd 参数表示与远程程序连接的套接字描述符。buf 参数是结构体指针，指向想发送或存储信息的地址。len 参数类型是整型，表示通信信息的长度。flags 参数类型是整型，表示发送或接收标记符，默认值都为 0。

recv 函数用于接收数据，其返回类型为整型，表示实际接收数据的长度。sockfd 参数表示与远程程序连接的套接字描述符。buf 参数是结构体指针，指向想接收或存储信息的地址。len 参数类型是整型，表示通信信息的长度。flags 参数类型是整型，表示发送或接收标记符，默认值都为 0。

函数 send/recv 调用成功返回实际发送或接收数据的长度，调用失败返回-1，同时设置和错误相对应的错误码，错误码为 EBADF 表示无效的描述符。

10.3.8　关闭连接

关闭连接的函数是 close。系统通过调用它在程序中完成套接字的关闭连接工作。在 Linux 系统终端中使用帮助命令“man 2 close”，得到套接字的关闭连接函数信息如下：

```
#include <unistd.h>
int close(int sockfd);
```

close 函数用于关闭客户端与服务器端的连接，其返回类型为整型。当客户端和服务器端数据通信完毕后，需要关闭套接字描述符所表示的连接，达到关闭系统资源的目的。参数 sockfd 表示需要关闭的套接字文件描述符。

函数调用成功返回 0，调用失败返回-1，同时设置和错误相对应的错误码。错误码为 EBADF 表示无效的套接字描述符，错误码为 EIO 表示输入/输出错误。

10.3.9　基于 TCP 套接口编程示例

下面通过 TCP 的相关函数进行系统调用，演示如何进行 Socket 的创建和使用，以加强读者对网络编程的理解。基于 TCP 的 Socket 网络编程的服务器端函数 my_tcp_server 和客户端函数 my_tcp_client 如例 10-1a 和例 10-1b 所示。

【例 10-1a】my_tcp_server.c。

```
/****my_tcp_server.c***/
#include<stdlib.h>
#include<stdio.h>
#include<errno.h>
#include<string.h>
#include<netdb.h>
#include<sys/types.h>
#include<netinet/in.h>
#include<sys/socket.h>
#define TAG ("MY_TCP_SERVER")
int main(int argc,char *argv[]){
    ////////////////////////////////////////
    /*public var,start*/
    char sTag[] = TAG;
    char sFlag1[]="this program is starting to show how to use tcp server function";
    char sFlag2[]="this program is ending to show how to use tcp server function";
    /*public var,end*/
    ////////////////////////////////////////
    /*private var,start*/
    int sockfd,new_fd;
    struct sockaddr_in server_addr;
    struct sockaddr_in client_addr;
    int sin_size,portnumber;
    /*private var,end*/
    ////////////////////////////////////////
    printf("%s,%s.\n",sTag,sFlag1);
    /*利用 TCP 的相关函数进行系统调用，来演示如何创建 Socket 和使用它*/
    //printf("%s,status:%d,null,flag-1.\n",sTag,status);
    if(2!=argc){
```

```
        fprintf(stderr,"Usage:%s portnumber\a\n",argv[0]);
        printf("%s,argc counter error and return,flag-1.\n",sTag);
        exit(1);
    }
    if((portnumber=atoi(argv[1]))<0){
        fprintf(stderr,"Usage:%s portnumber\a\n",argv[0]);
        printf("%s,portnumber error and return,flag-2.\n",sTag);
        exit(1);
    }
    printf("%s,portnumber:%d,flag-3.\n",sTag,portnumber);
    //server creating
    if(1==(sockfd=socket(AF_INET,SOCK_STREAM,0))){
        fprintf(stderr,"Socket error:%s portnumber\a\n",strerror(errno));
        printf("%s,server creating error sockfd:%d,flag-4.\n",sTag,sockfd);
        exit(1);
    }
    printf("%s,sockfd:%d,flag-5.\n",sTag,sockfd);
    bzero(&server_addr,sizeof(struct sockaddr_in));
    server_addr.sin_family=AF_INET;
    server_addr.sin_port=htons(portnumber);
    server_addr.sin_addr.s_addr=htonl(INADDR_ANY);
    //bind sockfd
    if(-1==bind(sockfd,(struct sockaddr *)(&server_addr),sizeof(struct sockaddr))){
        fprintf(stderr,"Bind error:%s\n\a",strerror(errno));
        printf("%s,bind sockfd error sockfd:%d,flag-6.\n",sTag,sockfd);
        exit(1);
    }
    printf("%s,Bind success sockfd:%d,flag-7.\n",sTag,sockfd);
    //listen sockfd
    if(-1==(listen(sockfd,5))){
        fprintf(stderr,"Listen error:%s\n\a",strerror(errno));
        printf("%s,listen sockfd error sockfd:%d,flag-8.\n",sTag,sockfd);
        exit(1);
    }
    printf("%s,listen success sockfd:%d,flag-7.\n",sTag,sockfd);
    int numSend = 1;
    char strNum[] = "1000";
    char strDef[] = "Hello client from server ";
    char strSend[1024]={0};
    while(1){
        //try until connect
        bzero(&client_addr,sizeof(struct sockaddr_in));
        sin_size = sizeof(struct sockaddr_in);
        if(-1==(new_fd=accept(sockfd,(struct sockaddr *)(&client_addr),&sin_size))){
            fprintf(stderr,"Accept error:%s\n\a",strerror(errno));
            printf("%s,accept sockfd error new_fd:%d,flag-8.\n",sTag,new_fd);
            exit(1);
        }
        printf("%s,accept success new_fd:%d,flag-7.\n",sTag,new_fd);
        fprintf(stderr,"Server  get  connection  from  %s\n",inet_ntoa(client_addr.
sin_addr));
        sprintf(strNum,"%04X",numSend);
        sprintf(strSend,"%s%s",strDef,strNum);
        if(-1==send(new_fd,strSend,strlen(strSend),0)){
            fprintf(stderr,"Send Error:%s\n",strerror(errno));
            exit(1);
        }else{
            printf("%s,I have sended all str is :%s\n",sTag,strSend);
```

```
            printf("%s,I have sended var sub str is:%s\n",sTag,strNum);
            numSend++;
        }
        close(new_fd);
    }
    close(sockfd);
    printf("%s,%s.\n",sTag,sFlag2);
    exit(0);
}
```

【例 10-1b】my_tcp_client.c。

```
/****my_tcp_client.c***/
#include<stdlib.h>
#include<stdio.h>
#include<errno.h>
#include<string.h>
#include<netdb.h>
#include<sys/types.h>
#include<netinet/in.h>
#include<sys/socket.h>
#define TAG ("MY_TCP_CLIENT")
int main(int argc,char *argv[]){
    ///////////////////////////////////////
    /*public var,start*/
    char sTag[] = TAG;
    char sFlag1[]="this program is starting to show how to use tcp client function";
    char sFlag2[]="this program is ending to show how to use tcp client function";
    /*public var,end*/
    ///////////////////////////////////////
    /*private var,start*/
    int sockfd;
    char buffer[1024];
    struct sockaddr_in server_addr;
    struct hostent *host;
    int portnumber,nbytes;
    /*private var,end*/
    ///////////////////////////////////////
    printf("%s,%s.\n",sTag,sFlag1);
    /*利用 TCP 的函数进行系统调用，演示如何进行 Socket 客户端的创建和使用*/
    //printf("%s,status:%d,null,flag-1.\n",sTag,status);
    if(3!=argc){
        fprintf(stderr,"Usage:%s hostname portnumber\a\n",argv[0]);
        printf("%s,argc counter error and return,flag-1.\n",sTag);
        exit(1);
    }
    if(NULL==(host=gethostbyname(argv[1]))){
        fprintf(stderr,"Hostname error:%s\a\n",strerror(errno));
        printf("%s,gethostbyname error and return,flag-2.\n",sTag);
        exit(1);
    }
    if((portnumber=atoi(argv[2]))<0){
        fprintf(stderr,"Usage:%s portnumber\a\n",argv[0]);
        printf("%s,portnumber error and return,flag-2.\n",sTag);
        exit(1);
    }
    printf("%s,portnumber:%d,flag-3.\n",sTag,portnumber);
    char strEnd[] = "FFFF";
    while(1){
```

```
        if(1==(sockfd=socket(AF_INET,SOCK_STREAM,0))){
            fprintf(stderr,"Socket error:%s\a\n",strerror(errno));
            printf("%s,server getting error sockfd:%d,flag-4.\n",sTag,sockfd);
            exit(1);
        }
        printf("%s,success to get sockfd:%d,flag-5.\n",sTag,sockfd);
        bzero(&server_addr,sizeof(struct sockaddr_in));
        server_addr.sin_family=AF_INET;
        server_addr.sin_addr=*((struct in_addr *)host->h_addr);
        server_addr.sin_addr.s_addr=htonl(INADDR_ANY);
        server_addr.sin_port=htons(portnumber);
        if(-1==connect(sockfd,(struct      sockaddr      *)(&server_addr),sizeof(struct
sockaddr))){
            fprintf(stderr,"Connect Error:%s\n\a",strerror(errno));
            printf("%s,connect sockfd error sockfd:%d,flag-6.\n",sTag,sockfd);
            exit(1);
        }
        printf("%s,connect success sockfd:%d,flag-7.\n",sTag,sockfd);
        if(-1==(nbytes=recv(sockfd,buffer,1024,0))){
            fprintf(stderr,"Read Error:%s\n\a",strerror(errno));
            printf("%s,recv error sockfd:%d,flag-7.\n",sTag,sockfd);
            exit(1);
        }
        buffer[nbytes]='\0';
        printf("%s,I have received all str is:%s\n",sTag,buffer);
        char buf[1024]={0};
        strncpy(buf,buffer+25,4);
        printf("%s,I have received var sub str is:%s\n",sTag,buf);
        close(sockfd);
        if(strncmp(strEnd,&buffer[25],4)==0){
            break;
        }
    }
    printf("%s,%s.\n",sTag,sFlag2);
    exit(0);
}
```

代码在 Linux 系统终端中的编译过程和运行结果，如下所示。

服务器端程序在终端中的运行情况如图 10-3 所示。

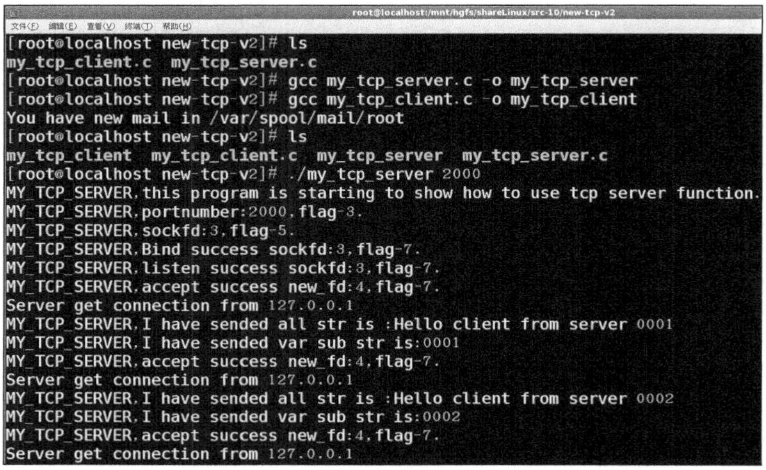

```
[root@localhost new-tcp-v2]# ls
my_tcp_client.c  my_tcp_server.c
[root@localhost new-tcp-v2]# gcc my_tcp_server.c -o my_tcp_server
[root@localhost new-tcp-v2]# gcc my_tcp_client.c -o my_tcp_client
You have new mail in /var/spool/mail/root
[root@localhost new-tcp-v2]# ls
my_tcp_client  my_tcp_client.c  my_tcp_server  my_tcp_server.c
[root@localhost new-tcp-v2]# ./my_tcp_server 2000
MY_TCP_SERVER,this program is starting to show how to use tcp server function.
MY_TCP_SERVER,portnumber:2000,flag-3.
MY_TCP_SERVER,sockfd:3,flag-5.
MY_TCP_SERVER,Bind success sockfd:3,flag-7.
MY_TCP_SERVER,listen success sockfd:3,flag-7.
MY_TCP_SERVER,accept success new_fd:4,flag-7.
Server get connection from 127.0.0.1
MY_TCP_SERVER,I have sended all str is :Hello client from server 0001
MY_TCP_SERVER,I have sended var sub str is:0001
MY_TCP_SERVER,accept success new_fd:4,flag-7.
Server get connection from 127.0.0.1
MY_TCP_SERVER,I have sended all str is :Hello client from server 0002
MY_TCP_SERVER,I have sended var sub str is:0002
MY_TCP_SERVER,accept success new_fd:4,flag-7.
Server get connection from 127.0.0.1
```

图 10-3　创建和使用服务器端的 Socket 功能（基于 TCP）

客户端程序在终端中的运行情况如图 10-4 所示。

```
root@localhost:/mnt/hgfs/shareLinux/src-10/new-tcp-v2
文件(F) 编辑(E) 查看(V) 终端(T) 帮助(H)
[root@localhost new-tcp-v2]# ls
my_tcp_client  my_tcp_client.c  my_tcp_server  my_tcp_server.c
[root@localhost new-tcp-v2]# ./my_tcp_client localhost 2000
MY_TCP_CLIENT,this program is starting to show how to use tcp client function.
MY_TCP_CLIENT,portnumber:2000,flag-3.
MY_TCP_CLIENT,success to get sockfd:3,flag-5.
MY_TCP_CLIENT,connect success sockfd:3,flag-7.
MY_TCP_CLIENT,I have received all str is:Hello client from server 0001
MY_TCP_CLIENT,I have received var sub str is:0001
MY_TCP_CLIENT,success to get sockfd:3,flag-5.
MY_TCP_CLIENT,connect success sockfd:3,flag-7.
MY_TCP_CLIENT,I have received all str is:Hello client from server 0002
MY_TCP_CLIENT,I have received var sub str is:0002
MY_TCP_CLIENT,success to get sockfd:3,flag-5.
MY_TCP_CLIENT,connect success sockfd:3,flag-7.
MY_TCP_CLIENT,I have received all str is:Hello client from server 0003
MY_TCP_CLIENT,I have received var sub str is:0003
MY_TCP_CLIENT,success to get sockfd:3,flag-5.
MY_TCP_CLIENT,connect success sockfd:3,flag-7.
MY_TCP_CLIENT,I have received all str is:Hello client from server 0004
MY_TCP_CLIENT,I have received var sub str is:0004
MY_TCP_CLIENT,success to get sockfd:3,flag-5.
MY_TCP_CLIENT,connect success sockfd:3,flag-7.
```

图 10-4 创建和使用客户端的 Socket 功能（基于 TCP）

10.4 UDP 通信编程

10.4.1 UDP 通信原理

UDP 的通信工作过程可以分为服务器端 Server 和客户端 Client 两个过程。

（1）服务器端 Server

① 启动服务器。

② 使用 socket 函数建立一个 UDP 的套接字，第二个参数 type 取值为 SOCK_DGRAM。

③ 新建并初始化 sockaddr_in 结构体变量的协议、IP 地址和端口号。

④ 通过调用 bind 函数绑定 IP 地址、端口和该套接字为一体。

⑤ 程序进入无限循环，调用 recvfrom 函数接收客户端发来的 UDP 数据包。

⑥ 调用 sendto 函数，向客户端程序发送处理数据后的反馈信息。

⑦ 通信结束后，调用 close 函数结束和客户端的连接。

（2）客户端 Client

① 新建并初始化 sockaddr_in 结构体变量的协议、IP 地址和端口号。

② 使用 socket 函数建立一个 UDP 的套接字，第二个参数 type 取值为 SOCK_ DGRAM。

③ 调用 sendto 函数向服务器端发送信息。

④ 调用 recvfrom 函数接收服务器端发来的信息。

⑤ 通信结束后，调用 close 函数结束和服务器端的连接。

下面结合以上步骤，给出基于 UDP 的 Socket 的通信流程，如图 10-5 所示。

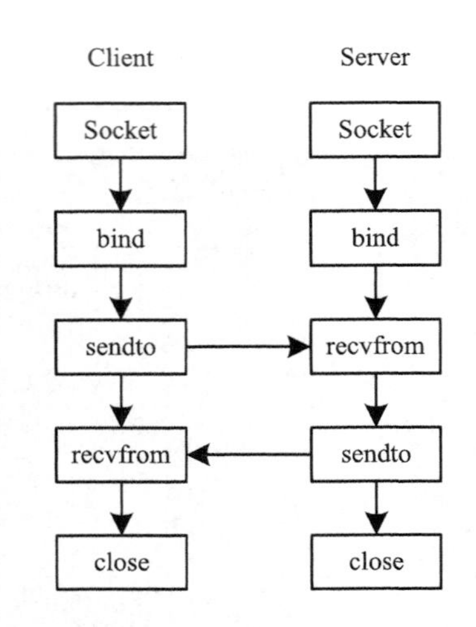

图 10-5　基于 UDP 的 Socket 的通信流程

10.4.2　数据通信

在介绍 UDP 的数据通信前，先简单描述 UDP 通信的基本过程。首先，在服务器端创建一个 UDP 数据包类型的套接字，然后通过调用 bind 函数指定新建 UDP 套接字的端口；其次，在客户端建立 UDP 类型的套接字，然后通过操作系统给该套接字分配端口号；最后，客户端使用 sendto 函数向指定 IP 地址发送 UDP 数据包，服务器端通过 recvfrom 函数接收到该数据包，并对数据包进行处理后通过 sendto 函数返回给客户端。

UDP 通信过程中使用的建立套接字、绑定连接、关闭连接和 TCP 中的基本相同，但是数据通信过程中使用的发送和接收函数与 TCP 的不一样，在此专门介绍 UDP 的数据通信函数 sendto 和 recvfrom。

UDP 通信函数是 sendto 和 recvfrom。系统通过调用它们在程序中完成数据通信工作。在 Linux 系统终端中使用帮助命令“man 2 sendto”和“man 2 recvfrom”，得到 UDP 通信函数信息如下：

```
#include <sys/types.h>
#include <sys/socket.h>
ssize_t sendto(int sockfd, const void *buf, size_t len, int flags,
       const struct sockaddr *dest_addr, socklen_t addrlen);
#include <sys/types.h>
#include <sys/socket.h>
ssize_t recvfrom(int sockfd, void *buf, size_t len, int flags,
       struct sockaddr *src_addr, socklen_t *addrlen);
```

（1）sendto：该函数用于发送数据，其返回类型为整型，表示实际发送数据的长度。sockfd 参数表示要读取数据的套接字描述符。buf 参数是结构体指针，指向存储数据的内存缓存区域。len 参数类型是整型，表示发送信息的长度。flags 参数类型是整型，表示发送标记符，默认值都为 0。dest 参数是结构体指针，指向远程主机的 IP 地址和端口信息。addrlen 参数类型是整型，表示 dest 在内存中的大小。

（2）recvfrom：该函数用于接收数据，其返回类型为整型，表示实际接收数据的长度。sockfd 参数表示与远程程序连接的套接字描述符。buf 参数是结构体指针，指向想接收或存储信息的地址。len 参数类型是整型，表示缓存区的大小。flags 参数类型是整型，表示接收标记符，默认值都为 0。src_addr

参数是结构体指针，存储远程主机的 IP 地址和端口信息。addrlen 参数类型是指针型，表示函数返回时，addrlen 指向的是参数 src_addr 所指的结构体所占的内存大小。

函数 sendto/recvfrom 调用成功返回实际发送或接收数据的长度，调用失败返回-1，同时设置和错误相对应的错误码，错误码为 EINVAL 表示无效的参数。

10.4.3　基于 UDP 套接口编程示例

下面通过 UDP 的相关函数进行系统调用，来演示如何进行 Socket 的创建和使用，以加强读者对网络编程的理解。基于 UDP 的 Socket 网络编程的服务器端函数 my_udp_server 和客户端函数 my_udp_client 如例 10-2a 和例 10-2b 所示。

【例 10-2a】my_udp_server.c。

```
/****my_udp_server.c***/
#include<stdio.h>
#include<string.h>
#include<stdlib.h>
#include<sys/types.h>
#include<netinet/in.h>
#include<sys/socket.h>
#define UDP_SERV_PORT 6666
#define UDP_REC_MAX_NUM 1024
#define UDP_ADDR_IP (127.0.0.1)
#define TAG ("MY_UDP_SERVER")
int main(void){
    ////////////////////////////////////////
        /*public var,start*/
    char sTag[] = TAG;
        char sFlag1[]="this program is starting to show how to use udp server function";
        char sFlag2[]="this program is ending to show how to use udp server function";
    /*public var,end*/
    ////////////////////////////////////////
    /*private var,start*/
    int sockfd;
    int recvNum = 0;
    char strDef[] = "Hello client from server ";
    char strRecv[UDP_REC_MAX_NUM]={0};
    char strEnd[] = "FFFF";
    struct sockaddr_in servaddr,cliaddr;
    /*private var,end*/
    ////////////////////////////////////////
    printf("%s,%s.\n",sTag,sFlag1);
    /*利用 UDP 的函数进行系统调用，来演示如何进行 Socket 端的创建和使用*/
    //printf("%s,status:%d,null,flag-1.\n",sTag,status);
    sockfd=socket(AF_INET,SOCK_DGRAM,0);
    bzero(&servaddr,sizeof(servaddr));
    servaddr.sin_family=AF_INET;
    servaddr.sin_port=htons(UDP_SERV_PORT);
    servaddr.sin_addr.s_addr=htonl(INADDR_ANY);
    int sockLength = sizeof(cliaddr);
    if(-1==bind(sockfd,(struct sockaddr *)&servaddr,sizeof(servaddr))){
```

```
            printf("%s,udp,bind error and return,flag-1.\n",sTag);
            exit(1);
        }
        while(1){
            recvNum = recvfrom(sockfd,strRecv,UDP_SERV_PORT,0,(struct sockaddr *)&cliaddr,
&sockLength);
            strRecv[recvNum] = 0;
            printf("%s,udp,recvfrom success recvNum:%d,strRecv:%s,flag-7.\n",sTag,recvNum,
strRecv);
        }
        return 0;
    }
```

【例 10-2b】my_udp_client.c。

```
/****my_udp_client.c***/
#include<stdio.h>
#include<stdlib.h>
#include<unistd.h>
#include<arpa/inet.h>
#include<sys/types.h>
#include<string.h>
#include<netinet/in.h>
#include<sys/socket.h>
#define UDP_SERV_PORT 6666
#define UDP_REC_MAX_NUM 1024
#define UDP_ADDR_IP (127.0.0.1)
#define TAG ("MY_UDP_CLIENT")
int main(int argc,char **argv){
    /*public var,start*/
    char sTag[] = TAG;
    char sFlag1[]="this program is starting to show how to use udp client function";
    char sFlag2[]="this program is ending to show how to use udp client function";
    /*public var,end*/
    ////////////////////////////////////////
    /*private var,start*/
    int sockfd;
    int numSend = 1;
    char strNum[] = "1000";
    char strSend[UDP_REC_MAX_NUM]={0};
    char strEnd[] = "FFFF";
    char strDef[] = "Hello server from client ";
    struct sockaddr_in servaddr;
    /*private var,end*/
    ////////////////////////////////////////
    printf("%s,%s.\n",sTag,sFlag1);
    /*利用 UDP 的函数进行系统调用，演示如何进行 Socket 客户端的创建和使用*/
    //printf("%s,status:%d,null,flag-1.\n",sTag,status);
    if(argc!=2){
        printf("%s,udp,argc counter error and return,flag-1.\n",sTag);
        exit(1);
    }
    bzero(&servaddr,sizeof(servaddr));
    servaddr.sin_family=AF_INET;
```

```
        servaddr.sin_port=htons(UDP_SERV_PORT);
        if(inet_pton(AF_INET,argv[1],&servaddr.sin_addr)<=0){
            printf("%s,udp,argc  ip  addr  error  and  return,errorIp:%s,flag-2.\n",sTag, argv[1]);
            exit(1);
        }
        sockfd=socket(AF_INET,SOCK_DGRAM,0);
        if(-1 == connect(sockfd,(struct sockaddr *)&servaddr,sizeof(servaddr))){
            printf("%s,udp,connect error and return,flag-3.\n",sTag);
            exit(1);
        }
        while(1){
            sprintf(strNum,"%04X",numSend);
            sprintf(strSend,"%s%s",strDef,strNum);
            int n = sizeof(strSend);
            int    num    =    sendto(sockfd,strSend,n,0,(struct    sockaddr    *)&servaddr, sizeof(servaddr));
            numSend++;
            printf("%s,udp,sendto  success  n:%d,num:%d,strSend:%s.  flag-4.\n",sTag,n,num, strSend);
            if(strncmp(strEnd,&strNum[0],4)==0){
                break;
            }

            if(num !=n ){
                printf("%s,udp,sendto error and return,flag-5.\n",sTag);
                exit(1);
            }
        }
        printf("%s,%s.\n",sTag,sFlag2);
        return 0;
    }
```

代码在 Linux 系统终端中的编译过程和运行结果，如下所示。

服务器端程序在终端中的运行情况如图 10-6 所示。

```
[root@localhost my_udp_v4]# ls
my_udp_client.c  my_udp_server.c
[root@localhost my_udp_v4]# gcc my_udp_server.c -o my_udp_server
[root@localhost my_udp_v4]# gcc my_udp_client.c -o my_udp_client
[root@localhost my_udp_v4]# ls
my_udp_client  my_udp_client.c  my_udp_server  my_udp_server.c
[root@localhost my_udp_v4]# ./my_udp_server
MY_UDP_SERVER,this program is starting to show how to use udp server function.
MY_UDP_SERVER,udp,recvfrom success recvNum:1024,strRecv:Hello server from client 0001,flag-7.
MY_UDP_SERVER,udp,recvfrom success recvNum:1024,strRecv:Hello server from client 0002,flag-7.
MY_UDP_SERVER,udp,recvfrom success recvNum:1024,strRecv:Hello server from client 0003,flag-7.
MY_UDP_SERVER,udp,recvfrom success recvNum:1024,strRecv:Hello server from client 0004,flag-7.
MY_UDP_SERVER,udp,recvfrom success recvNum:1024,strRecv:Hello server from client 0005,flag-7.
MY_UDP_SERVER,udp,recvfrom success recvNum:1024,strRecv:Hello server from client 0006,flag-7.
MY_UDP_SERVER,udp,recvfrom success recvNum:1024,strRecv:Hello server from client 0007,flag-7.
MY_UDP_SERVER,udp,recvfrom success recvNum:1024,strRecv:Hello server from client 0008,flag-7.
MY_UDP_SERVER,udp,recvfrom success recvNum:1024,strRecv:Hello server from client 0009,flag-7.
MY_UDP_SERVER,udp,recvfrom success recvNum:1024,strRecv:Hello server from client 000A,flag-7.
[root@localhost my_udp_v4]#
```

图 10-6　创建和使用服务器端的 Socket 功能（基于 UDP）

客户端程序在终端中的运行情况如图 10-7 所示。

```
[root@localhost my_udp_v4]# ls
my_udp_client  my_udp_client.c  my_udp_server  my_udp_server.c
[root@localhost my_udp_v4]# ./my_udp_client 127.0.0.1
MY_UDP_CLIENT.this program is starting to show how to use udp client function.
MY_UDP_CLIENT.udp.sendto success n:1024.num:1024.strSend:Hello server from client 0001. flag-4.
MY_UDP_CLIENT.udp.sendto success n:1024.num:1024.strSend:Hello server from client 0002. flag-4.
MY_UDP_CLIENT.udp.sendto success n:1024.num:1024.strSend:Hello server from client 0003. flag-4.
MY_UDP_CLIENT.udp.sendto success n:1024.num:1024.strSend:Hello server from client 0004. flag-4.
MY_UDP_CLIENT.udp.sendto success n:1024.num:1024.strSend:Hello server from client 0005. flag-4.
MY_UDP_CLIENT.udp.sendto success n:1024.num:1024.strSend:Hello server from client 0006. flag-4.
MY_UDP_CLIENT.udp.sendto success n:1024.num:1024.strSend:Hello server from client 0007. flag-4.
MY_UDP_CLIENT.udp.sendto success n:1024.num:1024.strSend:Hello server from client 0008. flag-4.
MY_UDP_CLIENT.udp.sendto success n:1024.num:1024.strSend:Hello server from client 0009. flag-4.
MY_UDP_CLIENT.udp.sendto success n:1024.num:1024.strSend:Hello server from client 000A. flag-4.
MY_UDP_CLIENT.this program is ending to show how to use udp client function.
You have new mail in /var/spool/mail/root
[root@localhost my_udp_v4]#
```

图 10-7　创建和使用客户端的 Socket 功能（基于 UDP）

10.5　项目实训：局域网文件下载

10.5.1　实训描述

此项目将完成一个网络环境下的文件传输程序。程序分为服务器端和客户端，分别完成文件的分发和文件的下载请求。首先完成的是服务器端的编码实现，等待用户输入相应端口并创建好相应的套接字之后，进入循环监听，如果有客户端请求下载文件则响应请求并传输文件；如果没有请求则一直监听，直到收到终止信号，终止服务器端程序。客户端程序首先等待用户输入服务器端 IP 地址和端口，然后建立连接，如果连接请求得到回应，则等待用户输入文件名，并根据用户输入的文件名完成文件传输。

10.5.2　参考代码

（1）Server 文件内容

```
#include<netinet/in.h> // sockaddr_in
#include<sys/types.h>  // socket
#include<sys/socket.h> // socket
#include<stdio.h>    // printf
#include<stdlib.h>   // exit
#include<string.h>   // bzero

//#define SERVER_PORT 8000
#define LENGTH_OF_LISTEN_QUEUE 20
#define BUFFER_SIZE 1024
#define FILE_NAME_MAX_SIZE 512

int main(void)
{
    // 声明并初始化一个服务器端的 Socket 地址结构
    int SERVER_PORT;
    printf("INPUT SERVER_PORT:");
    scanf("%d",&SERVER_PORT);
    struct sockaddr_in server_addr;
    bzero(&server_addr, sizeof(server_addr));
```

```
    server_addr.sin_family = AF_INET;
    server_addr.sin_addr.s_addr = htons(INADDR_ANY);
    server_addr.sin_port = htons(SERVER_PORT);

    // 创建 Socket，若成功，返回 Socket 描述符
    int server_socket_fd = socket(PF_INET, SOCK_STREAM, 0);
    if(server_socket_fd < 0)
    {
        perror("Create Socket Failed:");
        exit(1);
    }
    int opt = 1;
    setsockopt(server_socket_fd, SOL_SOCKET, SO_REUSEADDR, &opt, sizeof(opt));

    // 绑定 Socket 和 Socket 地址结构
    if(-1 == (bind(server_socket_fd, (struct sockaddr*)&server_addr, sizeof (server_addr))))
    {
        perror("Server Bind Failed:");
        exit(1);
    }

    // Socket 监听
    if(-1 == (listen(server_socket_fd, LENGTH_OF_LISTEN_QUEUE)))
    {
        perror("Server Listen Failed:");
        exit(1);
    }

    while(1)
    {
        // 定义客户端的 Socket 地址结构
        struct sockaddr_in client_addr;
        socklen_t client_addr_length = sizeof(client_addr);

        // 接收连接请求，返回一个新的 Socket（描述符），这个新 Socket 用于同连接的客户端通信
        // accept 函数会把连接到的客户端信息写到 client_addr 中
        int new_server_socket_fd = accept(server_socket_fd, (struct sockaddr*)& client_addr,
&client_addr_length);
        if(new_server_socket_fd < 0)
        {
            perror("Server Accept Failed:");
            break;
        }

        // recv 函数接收数据到缓冲区 buffer 中
        char buffer[BUFFER_SIZE];
        bzero(buffer, BUFFER_SIZE);
        if(recv(new_server_socket_fd, buffer, BUFFER_SIZE, 0) < 0)
        {
            perror("Server Receive Data Failed:");
            break;
        }

        // 然后从 buffer（缓冲区）复制到 file_name 中
        char file_name[FILE_NAME_MAX_SIZE+1];
```

```
            bzero(file_name, FILE_NAME_MAX_SIZE+1);
            strncpy(file_name, buffer, strlen(buffer)>FILE_NAME_MAX_SIZE?FILE_NAME_MAX_SIZE:
    strlen(buffer));
            printf("%s\n", file_name);

            // 打开文件并读取文件数据
            FILE *fp = fopen(file_name, "r");
            if(NULL == fp)
            {
                printf("File:%s Not Found\n", file_name);
            }
            else
            {
                bzero(buffer, BUFFER_SIZE);
                int length = 0;
                // 每读取一段数据，便将其发送给客户端，循环直到文件读完为止
                while((length = fread(buffer, sizeof(char), BUFFER_SIZE, fp)) > 0)
                {
                    if(send(new_server_socket_fd, buffer, length, 0) < 0)
                    {
                        printf("Send File:%s Failed./n", file_name);
                        break;
                    }
                    bzero(buffer, BUFFER_SIZE);
                }

                // 关闭文件
                fclose(fp);
                printf("File:%s Transfer Successful!\n", file_name);
            }
            // 关闭与客户端的连接
            close(new_server_socket_fd);
        }
        // 关闭监听用的 Socket
        close(server_socket_fd);
        return 0;
    }
```

（2）Client 文件内容

```
#include<netinet/in.h>  // sockaddr_in
#include<sys/types.h>  // socket
#include<sys/socket.h>  // socket
#include<stdio.h>    // printf
#include<stdlib.h>    // exit
#include<string.h>    // bzero

#define BUFFER_SIZE 1024
#define FILE_NAME_MAX_SIZE 512

int main()
{
    int SERVER_PORT;
    char ip[64];
    // 声明并初始化一个客户端的 Socket 地址结构
    struct sockaddr_in client_addr;
```

```
bzero(&client_addr, sizeof(client_addr));
client_addr.sin_family = AF_INET;
client_addr.sin_addr.s_addr = htons(INADDR_ANY);
client_addr.sin_port = htons(0);

// 创建 Socket，若成功，返回 Socket 描述符
int client_socket_fd = socket(AF_INET, SOCK_STREAM, 0);
if(client_socket_fd < 0)
{
    perror("Create Socket Failed:");
    exit(1);
}

// 绑定客户端的 Socket 和客户端的 Socket 地址结构（非必需）
if(-1 == (bind(client_socket_fd, (struct sockaddr*)&client_addr, sizeof (client_addr))))
{
    perror("Client Bind Failed:");
    exit(1);
}

// 声明一个服务器端的 Socket 地址结构，并用服务器端的 IP 地址及端口对其进行初始化，用于后面的连接
struct sockaddr_in server_addr;
bzero(&server_addr, sizeof(server_addr));
server_addr.sin_family = AF_INET;
printf("INPUT IP ADDRESS:");
gets(ip);
//printf("%s",ip);
if(inet_pton(AF_INET, ip, &server_addr.sin_addr) == 0)
{
    perror("Server IP Address Error:");
    exit(1);
}

printf("INPUT SERVER_PORT:");
scanf("%d",&SERVER_PORT);
server_addr.sin_port = htons(SERVER_PORT);
socklen_t server_addr_length = sizeof(server_addr);

// 向服务器端发起连接，连接成功后 client_socket_fd 代表了客户端和服务器端的一个 Socket 连接
if(connect(client_socket_fd, (struct sockaddr*)&server_addr, server_addr_length) < 0)
{
    perror("Can Not Connect To Server IP:");
    exit(0);
}

// 输入文件名，并放到缓冲区 buffer 中等待发送
char file_name[FILE_NAME_MAX_SIZE+1];
bzero(file_name, FILE_NAME_MAX_SIZE+1);
printf("Please Input File Name On Server:\t");
scanf("%s", file_name);

char buffer[BUFFER_SIZE];
bzero(buffer, BUFFER_SIZE);
strncpy(buffer, file_name, strlen(file_name)>BUFFER_SIZE?BUFFER_SIZE:strlen (file_name));
```

```
    // 向服务器端发送 buffer 中的数据
    if(send(client_socket_fd, buffer, BUFFER_SIZE, 0) < 0)
    {
        perror("Send File Name Failed:");
        exit(1);
    }

    // 打开文件，准备写入
    FILE *fp = fopen(file_name, "w");
    if(NULL == fp)
    {
        printf("File:\t%s Can Not Open To Write\n", file_name);
        exit(1);
    }

    // 从服务器端接收数据到 buffer 中
    // 每接收一段数据，便将其写入文件中，循环直到文件接收完并写完为止
    bzero(buffer, BUFFER_SIZE);
    int length = 0;
    while((length = recv(client_socket_fd, buffer, BUFFER_SIZE, 0)) > 0)
    {
        if(fwrite(buffer, sizeof(char), length, fp) < length)
        {
            printf("File:\t%s Write Failed\n", file_name);
            break;
        }
        bzero(buffer, BUFFER_SIZE);
    }

    // 接收成功后，关闭文件，关闭 Socket
    printf("Receive File:\t%s From Server IP Successful!\n", file_name);
    close(fp);
    close(client_socket_fd);
    return 0;
}
```

10.5.3 编译运行

服务器端运行内容如图 10-8 所示。

```
zend@zend-VirtualBox:~/ahac$ ./server
INPUT SERVER_PORT:9090
1611.c
File:1611.c Transfer Successful!
```

图 10-8 服务器端运行内容

客户端运行内容如图 10-9 所示。

```
zend@zend-VirtualBox:~/tcp/tcp2$ ./client
INPUT IP ADDRESS:127.0.0.1
INPUT SERVER_PORT:9090
Please Input File Name On Server:       1611.c
Receive File:   1611.c From Server IP Successful!
```

图 10-9 客户端运行内容

10.6　本章小结

网络编程是 Linux 编程的重要环节。熟悉基于 TCP 和 UDP 的 Socket 的系统调用，对于读者学习 Linux 平台下的 C 语言网络编程将大有帮助。本章介绍了网络编程操作的理论知识，然后结合具体的项目案例，详细阐述了基于 TCP 和 UDP 的网络编程原理。

习题

1. 简述 TCP 通信建立连接的过程。
2. 简述 UDP 通信建立连接的过程。
3. 给出具体的示例，通过利用 TCP 网络编程的相关函数 socket、bind、listen、accept、connect、send、recv 和 close 进行系统调用，来演示如何进行基于 TCP 的 Socket 创建和使用。
4. 给出具体的示例，通过利用 UDP 网络编程的相关函数 socket、bind、connect、sendto、recvfrom 和 close 进行系统调用，来演示如何进行基于 UDP 的 Socket 创建和使用。

11 第11章　GTK+图形界面编程

GTK+是一个软件开发工具包，其设计目的是支持在 X Window 系统下开发图形界面的应用程序。GNU 所认定的标准桌面环境 GNOME 就是用 GTK+开发的。GTK+可免费注册使用，所以用来开发自由软件或商业软件均可避免版权问题，从而降低成本。另外，相比 Shell，图形界面的应用程序在易操作性上具有巨大的优势。因此掌握 GTK+编程是极有必要的。本章主要介绍使用 GTK+进行编程的基础知识。

本章学习目标：

- 了解 GTK+
- 了解 GTK+程序结构
- 熟悉基本构件
- 熟悉布局构件
- 熟悉信号与事件

11.1　Linux 图形界面开发

图形用户界面（Graphical User Interface，GUI）又称图形用户接口，是指采用图形方式显示的计算机操作用户界面。与早期计算机使用的命令界面相比，图形界面对于用户来说在视觉上更易于接受。

程序员用来进行图形用户界面的工具（或库）称为 GUI 工具包（或 GUI 库），GUI 库是构造图形用户界面（程序）所使用的一套按钮、滚动条、菜单和其他对象的集合。在 UNIX 系统里，有很多可供使用的 GUI 库，如 GTK+、Qt、wxWindows、Xforms 等。

11.1.1　Linux 图形用户环境

Linux 系统中的图形用户界面使用的是 X Window 系统，这是一套运行在 UNIX 系统上的性能优良的视窗系统。借助于 X Window，用户可以方便地同系统进行交互，系统可以展示给用户非常友好的界面效果。Linux 系统最常用的两款 X Window 客户端是 KDE 和 GNOME。

1. KDE

KDE 指的是 K 桌面环境（K Desktop Environment），是一种运行于 UNIX 及 Linux、FreeBSD 等类 UNIX 操作系统上面的自由图形工作环境。KDE 是一个综合的桌面环境，建立在 XFree86 和 Qt 的基础上，提供了窗口管理器和许多实用工具。这些工具包括浏览器、文字处理软件、电子表格软件、演示文稿软件、游戏和大量附件工具。借助这些工具，用户可以方便地使用 Linux 桌面环境。

许多 Linux 发行版都安装和使用 KDE。这种桌面环境有着与 Windows 非常相似的文件管理器和开始菜单、任务栏等工具。KDE 中的 Gwenview、Kaffeine、Kate、Kopete、KOffice、Kontact 这些软件提供了功能强大的桌面应用功能。

2. GNOME

GNOME 是不同于 KDE 的一种 Linux 桌面环境，提供了一个功能强大的 Linux 用户桌面。这种桌面以实用性和界面友好著称，其特点如下。

（1）友好性：设计和开发所有人都可以使用的环境，界面操作非常简单，只需要简单的鼠标交互即可完成大部分 Linux 操作。

（2）国际化：桌面和程序支持多种语言，对中文的支持非常好。

（3）在 GNOME 桌面中有着丰富的应用软件，这些应用软件可以替代 Windows 系统中的各种软件完成计算机的桌面操作。

（4）GNOME 桌面系统使用 C 语言编程，对 C 语言的支持非常好。对其他的开发语言（如 C++、Java、Ruby、C#、Python、Perl），GNOME 也提供了很好的支持。很多 Linux 软件项目都是在 GNOME 的环境下开发的。

11.1.2　GTK+简介

图形界面开发环境，指的是开发环境和编译器中提供的图形界面库和函数的支持。Linux 系统下常用的图形界面开发环境有 GTK 和 Qt 两种，本节主要介绍 GTK。

GTK（GIMP Toolkit，GNU 图形处理程序工具包）是一套跨多种平台的图形工具包，目前已发展为一个功能强大、设计灵活的通用图形库。GNOME 使用 GTK 作为图形界面开发环境，很多图形界面的程序使用 GTK 作为图形库。GTK 是用 C 语言写的，对 C 语言有很好的支持，扩展库也可以支持 C++、Guile、Perl、Python、TOM、Ada95、Objective C、Free Pascal 等各种语言。现在使用的 GTK 版本是 GTK+。

使用 GTK+库编写的图形界面程序，必须使用 GTK+库才能编译。现在已经开发出非常成熟的 Windows 系统下的 GTK+支持环境，所有使用 GTK+库开发出的应用程序也可以在 Windows 系统下编译运行。

11.2 GTK+程序结构

11.2.1 第一个 GTK+程序

下面以程序实例来介绍 GTK+程序的基本结构。

【例 11-1】一个简单的 GTK+程序。

示例代码：

```
1 #include <gtk/gtk.h>
2 int main( int argc, char *argv[] )
3 {
4     // 声明一个窗口构件
5     GtkWidget *window;
6     // 初始化 GTK+
7     gtk_init (&argc, &argv);
8     // 创建主窗口
9     window = gtk_window_new (GTK_WINDOW_TOPLEVEL);
10     // 显示主窗口
11     gtk_widget_show (window);
12    // 进入 GTK+循环
13     gtk_main ();
14
15    return 0;
16 }
```

因 GTK+库的头文件和库文件均不在标准目录下，编译时应当使用反引号将“pkg-config --cflags -libs --gtk+-2.0”命令的执行结果替换到编译命令行。具体编译和运行命令如下。

编译：

```
gcc -o 11-1 11-1.c `pkg-config --cflags -libs gtk+-2.0`
```

运行：

```
./11-1
```

本例的运行结果是一个空白窗口，单击窗口的“关闭”按钮将关闭窗口，但应用程序并未终止，原因是尚未处理 GTK+事件，可按 Ctrl+C 组合键终止程序。

11.2.2 GTK+的数据类型

GTK+的设计是面向对象的，一个构件就是一个对象。这里的“构件”指的是 GTK+图形界面上的一个可视构件或容器，是 GTK+图形界面的组成。容器是容纳其他构件的构件，大多数容器占有一块区域但不具有可视外观。窗口、复选框、按钮、输入框等都属于构件。

GTK+用 GtkWidget 类型表示一个构件，即 GtkWidget 是可用于所有构件的通用数据类型。从面向对象的角度看，GtkWidget 是所有构件类的祖先类，即所有构件的数据类型均派生自 GtkWidget。例如：按钮构件（GtkButton）由容器构件（GtkContainer）派生；容器构件又由通用构件（GtkWidget）派生；GtkWidget 则继承自 GtkObject。GtkObject 是所有 GTK+类型的祖先类，用于方便地表示任何类型的 GTK+对象。

所有创建构件的函数均返回指向 GtkWidget 的指针，例如，gtk_window_new 返回的是 GtkWidget*而不是 GtkWindow*。这使通用函数（如：gtk_widget_show）可以对所有构件进行操作。

正确的 GTK+编程要求在调用具体的构件函数之前对构件分配正确的类型。例如，用于为窗口设置标题的 gtk_window_set_title 函数，它的第一个参数为 GtkWindow*类型，其原型为：

```
void gtk_window_set_title(GtkWindow * window,const gchar * title);
```

每一种构件都有一个转换宏可将 GtkWidget*转换为相应构件类型。例如，GTK_WINDOW 宏将 GtkWidget*转换为 GtkWindow*，如下所示。

```
gtk_window_set_title(GTK_WINDOW(window), "第一个 GTK+程序");
```

GTK+会在运行期间检查构件的类型。子类可以安全转换为父类，但父类一般不能转换为子类。在将一个父类指针转换为子类指针时应确保该父类指针指向的是一个子类对。

11.2.3　初始化 GTK+

示例代码调用 gtk_init 函数对 GTK+库进行了初始化。这是任何使用 GTK+库的程序所必需的，只有在初始化之后方可调用其他 GTK+库函数。gtk_init 函数原型如下：

```
# include <gtk/gtk.h>
void gtk_init(int *argc, char *argv);
```

gtk_init 函数的两个参数分别是指向主函数参数 argc 的指针和指向主函数参数 argv 的指针。调用 gtk_init 函数时应将 main 函数的参数的地址传递给它，gtk_init 可以改变一些不满足 GTK+函数要求的命令行参数。

gtk_init 函数没有返回值。如果在初始化过程中发生错误，程序会立即退出。

11.2.4　创建和显示窗口/构件

在初始化 GTK+库后，就可以调用 GTK+库的相关函数创建窗口或其他构件了。通常将构件定义为指向 GtkWidget 类型的指针。

初始化 GTK+库后，大多数 GTK+应用程序都需要建立一个主窗口。主窗口也称为顶层窗口。示例代码调用以 GTK_WINDOW_TOPLEVEL 为参数的 gtk_window_new 函数建立了一个新的顶层窗口。gtk_window_new 函数的原型如下：

```
GtkWidget * gtk_window_new(GtkWindowType type);
```

函数唯一的参数 type 是一个枚举类型，定义如下：

```
Typedef enum
{
   GTK_WINDOW_TOPLEVEL,
   GTK_WINDOW_POPUP
} GtkWindowType;
```

参数 type 一般取值为 GTK_WINDOW_TOPLEVEL，表示创建一个顶层窗口。gtk_window_new 函数返回指向 GtkWidget 结构的指针，该指针指向新创建的窗口。

与 gtk_window_new 函数一样，创建各种构件的函数具有一致的命名规则，也就是以“gtk_”开头，后跟构件类型名，再以“_new”结尾。例如，gtk_label_new 创建标签、gtk_button_new 创建按钮、gtk_entry_new 创建输入框、gtk_menu_new 创建菜单等。

刚创建的构件是不可见的，必须调用 gtk_widget_show 函数使之可见。示例代码调用该函数显示顶层窗口。gtk_widget_show 函数原型如下：

```
void gtk_widget_show(GtkWidget *widget);
```

构件具有父子关系，其中父构件是容器，子构件是包含在容器中的构件。顶层窗口没有父构件，但可能是其他构件的容器。当窗口中容纳了子构件，子构件又容纳了更多的子构件的时候，要一一显示各个构件较为麻烦。为此，可用 gtk_widget_show_all 函数来递归地显示一个容器构件及其所有的子构件。后面会对其详细介绍。

11.2.5 GTK+的主循环

每一个 GTK+程序在初始化及创建了主窗口之后都要调用 gtk_main 函数进入 GTK+主循环（Main Loop）。示例代码在 main 函数退出之前，调用了 gtk_main 函数。gtk_main 函数不带参数，也没有返回值，原型如下：

```
void gtk_main(void);
```

GUI 应用程序都是事件驱动的，这些事件大部分都来自用户，例如键盘事件和鼠标事件；还有一些事件来自系统内部，如定时事件、Socket 事件和其他 I/O 事件等。在没有任何事件发生的情况下，应用程序处于睡眠状态。

在 GTK+主循环中，GTK+会睡眠并等待 X-window 事件（如鼠标单击、键盘按键等）、定时器或文件 I/O 等事件的发生。

进入 GTK+主循环后，gtk_main 函数并不会自动返回，需要调用 gtk_main_quit 函数来终止 GTK+主循环。这也是第一个 GTK+程序在关闭主窗口后并不会退出的原因。gtk_main_quit 函数同样不带参数，也没有返回值，原型如下：

```
void gtk_main_quit(void);
```

显然，gtk_main_quit 函数的最佳调用时机是在关闭主窗口的时候。为此，在调用 gtk_ main 函数进入主循环之前应该为主窗口建立窗口关闭事件的处理函数，在信号处理函数中调用 gtk_main_quit。

11.3 基本构件

本节介绍 GTK+图形界面编程中的基本构件，包括窗口、标签、按钮、文本框等，以及创建和操作这些构件的函数调用。这些函数接口全部在<gtk/gtk.h>头文件中予以声明和定义，因此，在调用这些函数的 C 程序中都必须包含<gtk/gtk.h>头文件。

11.3.1 窗口

窗口指的是一个应用程序的界面框架。程序的所有显示内容和交互都在这一个窗口中实现。在设置程序的界面时，需要先建立一个窗口。

1. 窗口的创建和显示

在GTK+中，窗口使用GtkWindow类型来表示。gtk_window_new函数可以建立一个GTK+窗口，这个函数的原型如下：

```
# include <gtk/gtk.h>
GtkWidget* gtk_window_new (GtkWindowType type);
```

在参数列表中，type是一个显示窗口状态的常量，可以有下面这两种取值。

① GTK_WINDOW_TOPLEVEL：表示这个窗口是正常的窗口。窗口可以最小化，最小化以后，在窗口管理器中可以看到这个窗口的按钮。窗口管理器就是Windows系统的任务栏。

② GTK_WINDOW_POPUP：表示这个窗口是一个弹出式窗口，不可以最小化，但这个窗口是一个独立运行的程序，并不是一个对话框。

若窗口创建成功，返回值是一个GtkWidget类型的指针。图形界面的所有元素都会返回这个指针。GtkWidget 结构体的定义方式如下所示：

```
typedef struct
{
   GtkStyle *style;               /*构件的风格*/
   GtkRequisition requisition;  /*构件的位置*/
   GtkAllocation allocation;     /*构件允许使用的空间*/
   GdkWindow *window;            /*构件所在的窗口或父窗口*/
   GtkWidget *parent;            /*构件的父窗口*/
}GtkWidget;
```

创建一个窗口以后，这个窗口并不会马上显示出来。需要调用gtk_widget_show函数来显示这个窗口。这个函数的原型如下：

```
# include <gtk/gtk.h>
void gtk_widget_show (GtkWidget *widget);
```

参数widget是一个GtkWidget类型的结构体指针，表示需要显示这个元件。在程序中，新建的元件都需要调用这个函数进行显示。

事实上，gtk_widget_show可用于显示GTK+中的任何构件，而不仅限于窗口，但它的缺陷是一次只能显示某一个特定的构件（这个特定的构件由参数widget唯一指定）。一种更简单的方式是使用gtk_widget_show_all函数，将一次性显示整个窗口中的所有构件，函数原型如下：

```
# include <gtk/gtk.h>
void gtk_widget_show_all(GtkWidget *widget);
```

例如，显示窗口window中的所有构件，可以这样来调用：

```
void gtk_widget_show_all(window);  /*显示窗口中的所有构件*/
```

2. 为窗口添加标题

完成窗口的构建以后，需要调用gtk_main函数来实现绘图和显示。窗口显示以后，会一直停留在这个窗口，等待用户交互事件的发生。

函数可以设置一个窗口的标题，这个函数的使用方法如下所示：

```
# include <gtk/gtk.h>
void gtk_window_set_title (GtkWindow *window, gchar *title);
```

在参数列表中，window是表示一个窗口的指针。title是需要设置的标题内容。title是一个指向gchar类型的指针，实际上就是C语言中的char类型，只不过GTK+在标识所有的数据类型之前加上了一个字母“g”。gtk_window_set_title函数无返回值。

3. 设置窗口的大小与位置

窗口的大小指的是窗口的宽度和高度。可以用 gtk_widget_set_usize 函数来设置一个窗口的大小。窗口的位置指的是窗口的左上顶点到屏幕左边和顶边的距离。可以用 widget_uposition 函数来设置窗口的位置。这两个函数的使用方法如下所示：

```
# include <gtk/gtk.h>
void gtk_widget_set_usize(GtkWidget *widget,gint width,gint height);
void gtk_widget_set_uposition (GtkWidget *widget,gint x,gint y);
```

在参数列表中，widget 表示一个窗口的指针。width 表示需要设置窗口的宽度。height 表示这个窗口的高度。x 表示窗口的左边距，也就是窗口左上顶点的 x 坐标。y 表示窗口的顶边距，也就是窗口左上顶点的 y 坐标。下面的实例用这两个函数对窗口的大小与位置进行设置。使用这两个函数时，需要注意函数参数的含义。

例如，设置新建窗口的宽度为 400，高度为 200，窗口的左边距为 200，上边距也为 200（注意：它们的单位均是“像素”），可以在程序中加上下面的代码段：

```
gtk_widget_set_usize(window,400,200);          /*设置窗口大小*/
gtk_widget_set_uposition (window,200,200);     /*设置窗口位置*/
```

4. 为窗口添加图标

GTK+窗口默认没有使用图标，可以人为给它添加一个图标，这样可以使应用程序的界面更加美观。gtk_window_set_icon_from_file 函数实现了这样的功能，函数原型如下：

```
gboolean gtk_window_set_icon_from_file(GtkWindow *window,const gchar *filename,GError
**err) ;
```

参数 window 指向将要设置的窗口构件，filename 指向图标文件，err 指向函数执行失败的错误原因。该函数的返回值为布尔类型，若成功则函数返回非 0 值，若失败则返回 0，并将失败原因存放于 err 中。

【例 11-2】演示一个基本的 GTK+窗口的创建过程，代码如下所示。

```
#include <gtk/gtk.h>
#define _N(str) g_locale_to_utf8(str, -1, NULL,NULL,NULL)

int main (int argc,char *argv[])
{
    GtkWidget *window;                                  /*定义一个指向窗口的指针*/
    char title[]="我的第一个窗口";                      /*窗口标题*/
    gtk_init(&argc,&argv);
    /*初始化图形显示环境，主函数的参数可以带入这个函数中，作为新建窗口的参数*/
    window = gtk_window_new(GTK_WINDOW_TOPLEVEL);       /*新建窗口 window */
    gtk_window_set_title(GTK_WINDOW(window), _N(title));  /*为窗口设置标题*/
    gtk_window_set_icon_from_file(GTK_WINDOW(window),"penguin.ico",NULL);/*为窗口添加图标*/
    gtk_widget_set_usize(window, 200, 100);             /*设置窗口大小*/
    gtk_window_set_position(GTK_WINDOW(window),GTK_WIN_POS_CENTER_ALWAYS); /*设置窗口位置*/
    gtk_widget_show(window);     /*显示窗口*/
    gtk_main();                  /*进入消息处理循环*/
    return 0;
}
```

11.3.2　标签

标签是程序中的一个文本。这个文本可以显示一定的信息，但是用户不能改变标签所显示的文本内容。程序中的提示信息或显示内容都是通过标签来实现的。

1. 创建标签

在窗口使用标签以前，需要创建一个标签。函数 gtk_label_new 可以新建一个标签，这个函数的原型如下：

```
#include <gtk/gtk.h>
GtkWidget* gtk_label_new(gchar *str);
```

参数列表中，str 是标签中需要显示的内容。函数会建立一个标签，然后返回一个 GtkWidget 类型的指针。如果标签创建失败，会返回一个 NULL 指针。建立标签以后，需要用 gtk_widget_show 函数来显示这个标签。

在 gtk 窗口中，除了 window 窗口以外，其他的任何元件都必须放置在一个容器中。标签并不能直接显示，而需要放在一个窗口元件中。gtk_container_add 函数的作用是把一个元件放置在另一个元件窗口中。这个函数的使用方法如下所示：

```
void gtk_container_add (GtkContainer *container, GtkWidget *widget);
```

参数列表中，container 是一个父级容器指针。widget 是需要放置元件的指针。下面的实例将一个标签放置到一个窗口中，然后显示这个窗口和标签。

2. 设置与获取标签的文本

在程序中，可以用 gtk_label_get_text 函数来获取一个标签的文本，或者用 gtk_label_set_text 函数来设置一个标签的文本，这两个函数的原型如下所示：

```
#include <gtk/gtk.h>
const gchar* gtk_label_get_text(GtkLabel *label);
void gtk_label_set_text(GtkLabel   *label,gchar *str);
```

在参数列表中，label 是表示一个标签的指针。gtk_label_set_text 函数参数中的 str 是需要设置标签的文本。gtk_label_get_text 函数会获取标签的文本，然后再返回一个字符串。

下面的实例，是在上一节程序的基础上，用 gtk_label_get_text 函数获取标签的文本。然后在返回的文本后面连接一个字符串，用 gtk_label_set_text 函数设置这个标签的文本。程序需要使用字符串的复制与连接函数。

【例 11-3】用 gtk_label_get_text 函数和 gtk_label_set_text 函数获取与设置标签文本，示例代码如下所示。

```
#include <gtk/gtk.h>
#include <string.h>
int main (int argc, char *argv[])
{
    GtkWidget *window;
    GtkWidget *label;
    char title[]="标签示例";
    char txt[]="你好,GTK!";
    char txt2[20];
    gtk_init (&argc, &argv);
    window=gtk_window_new(GTK_WINDOW_TOPLEVEL);
```

```
    gtk_window_set_title(GTK_WINDOW(window),title);
    gtk_widget_set_usize(GTK_WINDOW(window),300,150);
    label=gtk_label_new(txt);
    gtk_container_add (GTK_CONTAINER(window),label);

    strcpy(txt2,gtk_label_get_text(GTK_LABEL(label)));
    strcat(txt2,"\n 这是补充的字符串! ");
    gtk_label_set_text(GTK_LABEL(label),txt2);

    gtk_widget_show (window);
    gtk_widget_show(label);
    gtk_main ();
    return 0;
}
```

程序的运行界面如图 11-1 所示。在添加文本的最前面，用了一个“\n”换行符，则这一个标签的内容显示为两行。

图 11-1　获取与设置标签中的文本

在这个程序中，需要注意 strcpy 和 strcat 两个函数的使用方法。在参数列表中，第一个参数是目录字符串，第二个参数是需要操作的字符串。

11.3.3　按钮

窗口程序中的很多操作都是通过窗口程序的单击来实现的。本节将讲解如何在 GTK+界面中添加按钮元件，主要内容包括按钮的创建、设置等操作。

1. 创建按钮

函数 gtk_button_new_with_label 可以新建一个带有标签的按钮。这个函数的原型如下所示：

```
#include <gtk/gtk.h>
GtkWidget* gtk_button_new_with_label(gchar *label);
```

函数的参数是一个字符串，这个字符串会显示在按钮上。函数会返回一个 GtkWidget 类型的指针。这个按钮建立以后，并不会直接显示，而是需要调用 gtk_widget_show 函数来显示。

2. 获取与设置按钮的标签

按钮的标签指的是按钮上的文字。函数 gtk_button_get_label 可以获取一个按钮的标签，函数 gtk_button_set_label 可以设置一个按钮的标签。它们的函数原型如下：

```
#include <gtk/gtk.h>
 const gchar* gtk_button_get_label (GtkButton *button);
 void gtk_button_set_label (GtkButton *button, const gchar *label);
```

在参数列表中，button 是表示一个按钮的指针。函数 gtk button_get_label 会获取这个按钮的标签作为一个字符串返回。函数 gtk_button_set_label 会把参数 label 的字符串设置成按钮的标签。

下面的实例是这两个函数的使用实例。先用 gtk button_get_label 函数获取一个按钮的标签，然后在返回的字符串后面添加一个字符串，再把这个字符串设置成按钮的标签。程序的代码如下所示。

【例 11-4】使用 gtk_button_get_label 函数和 gtk_button_set_label 函数获取与设置按钮的标签，示例代码如下所示。

```
#include <gtk/gtk.h>
#include <string.h>
int main (int argc, char *argv[])
{
   GtkWidget *window;
   GtkWidget *button;
   char title[]="按钮示例程序";
   char txt[50];
   gtk_init(&argc, &argv);
   window=gtk_window_new(GTK_WINDOW_TOPLEVEL) ;
   gtk_window_set_title (GTK_WINDOW(window), title);
   gtk_widget_set_usize(GTK_WINDOW(window),300,150);
   button=gtk_button_new_with_label("这是一个按钮");
   gtk_container_add(GTK_CONTAINER(window), button);
   /*获取按钮的文本*/
   strcpy(txt,gtk_button_get_label(GTK_BUTTON(button)));
   /* 添加一个字符串*/
   strcat (txt, "\n 这是补充的字符串! ");
   /*设宽按钮的文本*/
   gtk_button_set_label (GTK_BUTTON (button) , txt) ;

   gtk_widget_show(window);
   gtk_widget_show(button);
   gtk_main();
   return 0;
}
```

程序的运行界面如图 11-2 所示。

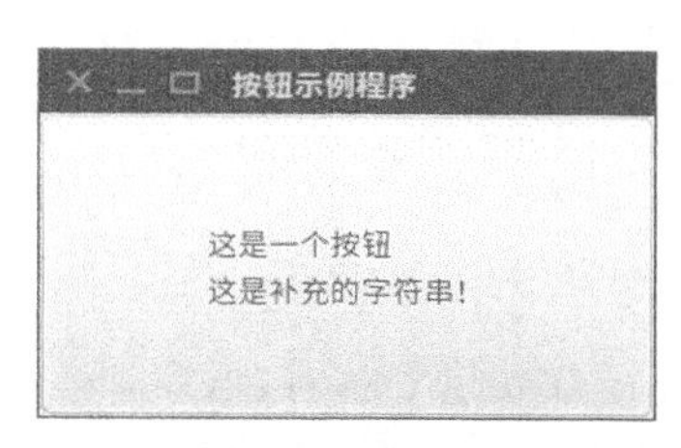

图 11-2　获取与设置按钮的标签

11.3.4　文本框

文本框指的是程序中的输入区域。用户可以在这个区域中用键盘输入内容。界面程序中的各种输入都是通过文本框来完成的。本节将讲解 GTK+窗口中文本框的使用。

1. 创建文本框

窗口中使用文本框前需要先建立文本框，gtk_entry_new 函数可以完成建立文本框的操作。这个函数的原型如下：

```
#include <gtk/gtk.h>
```

```
GtkWidget* gtk_entry_new (void);
```

从函数的使用方法可知，这个函数没有参数，会返回一个 GtkWidget 类型的指针。如果文本框创建不成功，会返回一个 NULL 指针。另一个建立文本框的函数如下所示。

```
#include <gtk/gtk.h>
GtkWidget* gtk_entry_new_with_max_length (gint max);
```

在这个函数中，有一个参数 max，用来表示这个文本框最多可以输入的字符。如果已经输入了这些数目的字符，就不能再向文本框中输入内容了。

2. 获取与设置文本框数据

在文本框中输入数据以后，需要获取这些数据进行处理，新建文本框时可以设置文本框的初始内容。函数 gtk_entry_get_text 与函数 gtk_entry_set_text 可以分别完成这两个功能。这两个函数的原型如下：

```
#include <gtk/gtk.h>
const gchar* gtk_entry_get_text (GtkEntry *entry);
void gtk_entry_set_text (GtkEntry *entry, const gchar *text);
```

在参数列表中，entry 是一个表示文本框的指针。函数 gtk_entry_get_text 会返回用户在文本框中输入的字符串。函数 gtk_entry_set_text 中，text 是需要设置到文框中的字符串，这个函数没有返回值。下面的实例在建立一个文本框以后设置这个文本框的初始内容，再获取文本框的文本添加一个字符串以后设置到这个文本框中。

【例 11-5】使用 gtk_entry_get_text 函数和 gtk_entry_set_text 函数获取与设置文本框数据，示例代码如下所示。

```
#include <gtk/gtk.h>
#include <string.h>
int main (int argc, char *argv[])
{
    GtkWidget *window;
    GtkWidget *txt;
    char title[]="文本框示例";
    char txt2[50];
    gtk_init (&argc, &argv);
    window=gtk_window_new(GTK_WINDOW_TOPLEVEL);
    gtk_window_set_title (GTK_WINDOW (window), title);
    gtk_widget_set_usize(GTK_WINDOW (window), 300,150);
    txt=gtk_entry_new();
    gtk_container_add(GTK_ENTRY(window),txt);
    gtk_entry_set_text(GTK_ENTRY (txt),"第一次设置的文本");
    strcpy(txt2,gtk_entry_get_text(GTK_ENTRY(txt)));
    strcat(txt2,",补充的文本! ");
    gtk_entry_set_text(GTK_ENTRY(txt),txt2);
    gtk_widget_show(window);
    gtk_widget_show(txt);
    gtk_main ();
    return 0;
}
```

程序的运行界面如图 11-3 所示。

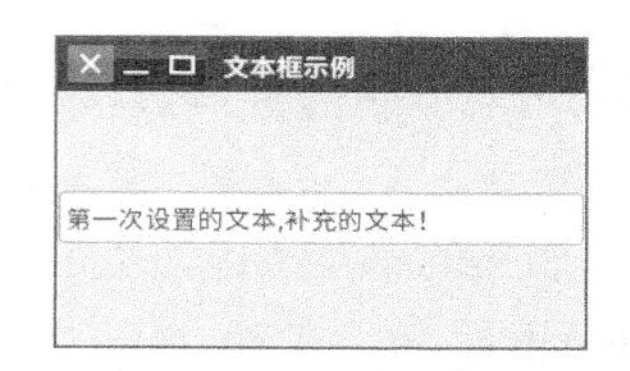

图 11-3 获取与设置文本框的数据

11.4 布局构件

在 GUI 程序中，可能存在很多构件，如菜单、工具栏、按钮等。若多个构件要放置到一个窗口中，如何控制各个构件的定位呢？这时就需要进行布局管理。GTK+图形界面开发中的界面布局构件包括表格、框和窗格等，用户可以通过在这些布局构件容器中插入不同的子构件来实现界面元素的布局和排列，从而设计出复杂而美观的界面。这些布局构件用来“盛放”其他的 GTK+构件。当然，容器也可以用来“盛放”另一个容器。

11.4.1 表格

表格是指用横竖布局的线和格子将一个窗口划分成多个区域，每个区域可以放置不同的构件。如果一个构件中可以存放其他的构件，这个构件就称作容器。GTK+的容器都是二进制，也就是说每个容器只能放置一个构件，如果想在一个窗口中放置多个构件，则需要使用表格、窗格等有多个单元格的容器。

1. 创建表格

在 GTK+中，表格使用 GtkTable 类型表示。gtk_table_new 函数用于创建一个表格，函数原型如下：

```
#include <gtk/gtk.h>
GtkWidget* gtk_table_new (guint rows,guint columns,gboolean homogeneous);
```

在参数列表中，rows 表示表格的行数，columns 表示表格的列数。需要注意的是，这里的行数和列数是从 0 行开始算的。homogeneous 是一个布尔值，如果设置为 TRUE，则每一个单元格的大小相同，所有单元格的高度和宽度与表格中最大的一个元件的宽度和高度相同；如果设置为 FALSE，则表格的单元格大小会根据单元格中的元件自动调整。

表格的作用只是将窗体划分成不同的区域，并不能显示出这个表格。添加一个表格后，需要用 gtk_container_add 函数将这个表格添加到窗口中，并且需要用 gtk_widget_show 函数显示这个表格。

行与列为 0~n 编号，n 是在调用 gtk_table_new 时所指定的值，坐标系开始于左上角。要向同框中放置一个构件，使用下面的函数：

```
#include <gtk/gtk.h>
void gtk_table_attach_defaults(GtkTable *table, GtkWidget *widget,
guint left_attach,
guint right_attach,
guint top_attach,
guint bottom_attach );
```

这个函数参数的含义和作用如下所示。

table：容器表格的指针。

left_attach、right_attach：元件的左边是表格的第几条边，右边是表格的第几条边。需要注意的是，这里的边数是从 0 开始算的。

top_attach、bottom_attach：上边是表格的第几条边，下边是表格的第几条边。

gtk_table_set_row_spacings 和 gtk_table_set_col_spacings 函数用来在指定的行下边或列左右插入空白。它们的原形如下：

```
#include <gtk/gtk.h>
void gtk_table_set_row_spacings(GtkTable *table,guint row,guint spacing);
void gtk_table_set_col_spacings(GtkTable *table, guint column,guint spacing);
```

2. 合并表格

合并表格指的是一个构件占据一个表格中同行或同列的多个单元格。表格的合并没有专门的函数来实现，而是通过设置构件在表格中的位置时，设置它在表格中跨多个单元格的边界来实现的。

【例 11-6】利用 table 进行窗体布局。示例代码如下所示。运行效果如图 11- 4 所示。

```
#include<gtk/gtk.h>
int main( int argc, char *argv[])
{
    GtkWidget *window;
    GtkWidget *table;
    GtkWidget *button;
    GtkWidget *ok;
    GtkWidget *close;

   int i=0,j=0,pos=0;
   char *values[16]={"A","B","C","D","E","F","G","H","J","K","L","M","N","O","P","Q",
"W"};

     gtk_init(&argc, &argv);
     window = gtk_window_new(GTK_WINDOW_TOPLEVEL);
     gtk_window_set_position(GTK_WINDOW(window), GTK_WIN_POS_CENTER);
     gtk_window_set_default_size(GTK_WINDOW(window), 500, 250);
     gtk_window_set_title(GTK_WINDOW(window), "Table Example");
     gtk_container_set_border_width(GTK_WINDOW(window),5);

    table=gtk_table_new(5,4,TRUE);
    gtk_table_set_row_spacings(GTK_TABLE(table),10);
    gtk_table_set_col_spacings(GTK_TABLE(table),10);
    for(i=0;i<4;i++)
        for(j=0;j<4;j++)
        {
            button=gtk_button_new_with_label(values[pos++]);
            gtk_table_attach_defaults(GTK_TABLE(table),button,j,j+1,i,i+1);
        }
    ok=gtk_button_new_with_label("OK");
    close=gtk_button_new_with_label("CLOSE");

        gtk_table_attach_defaults(GTK_TABLE(table),ok,2,3,4,5);
        gtk_table_attach_defaults(GTK_TABLE(table),close,3,4,4,5);
        gtk_container_add(GTK_CONTAINER(window),table);
        gtk_widget_show_all(window);
        gtk_main();
        return 0;
}
```

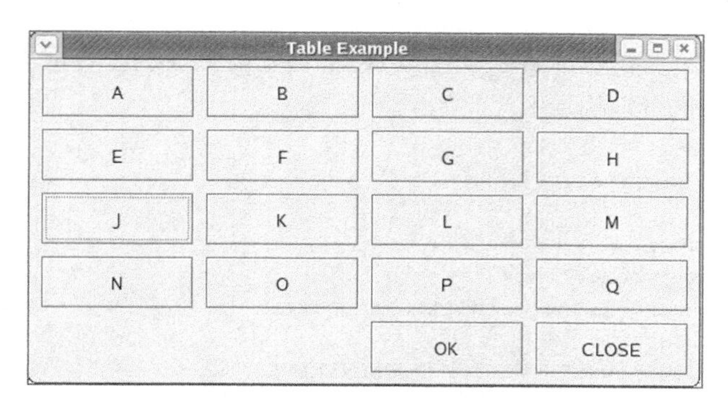

图 11-4 窗体布局效果

11.4.2 框

在 GTK+中，框（Box）是一种不可见的 widget 容器，它有水平框和垂直框两种：水平框是指构件按放入窗口的顺序水平排列，垂直框是指构件按放入窗口的顺序垂直排列，水平框可以看作只有一行的表格，垂直框可以看作只有一列的表格。它们的操作比表格简单，放置构件时不需要考虑构件的位置。

1. 创建框

在 GTK+中，框使用 GtkBox 类型表示。要创建一个新的水平框需要调用 gtk_hbox_new，垂直框使用 gtk_vbox_new 生成，它们的函数原型如下：

```
#include<gtk/gtk.h>
GtkWidget *gtk_hbox_new(gboolean homogeneous,gint spacing);
GtkWidget *gtk_vbox_new(gboolean homogeneous,gint spacing);
```

两个函数的返回：若成功则返回一个 GtkWidget 类型的指针，若失败则返回空指针 NULL。

参数 homogeneous 是一个布尔值，控制每个放入框中的构件是否具有相同的大小（例如，在水平框中等宽或在垂直框中等高）。参数 spacing 是框中每个构件的间距。

同样，建立一个框后，需要调用 gtk_container_add 函数将这个框添加到窗口中，并且需要调用显示函数 gtk_widget_show 来显示这个框。

2. 在框中添加构件

与表格一样，框也是一种容器，没有向这个容器中添加任何构件时，容器是不能显示的。函数 gtk_box_pack_start 和 gtk_box_pack_end 用来将构件放入框容器中。前者将构件从上到下或从左到右放入框容器中，后者则相反，从下到上或者从右到左将构件放入框容器中。它们的函数原型如下：

```
#include<gtk/gtk.h>
void gtk_box_pack_start(GtkBox box,GtkWidget *child,gboolean expand,gboolean fill,guint padding);
void gtk_box_pack_end (GtkBox box,GtkWidget *child,gboolean expand,gboolean fill,guint padding);
```

两个函数均无返回值。

在参数列表中，box 是指向框容器的指针。child 是需要添加的元件的指针。expand 是一个布尔值，用来控制构件在框中是充满所有多余空间（TURE），还是将框收缩到仅仅符合构件的大小（FALSE）。设置 expand 为 FALSE 将允许向左或向右对齐构件，否则它们会在框中展开。fill 设置构件是否填充框的所有区域，它只有在 expand 参数也为 TRUE 时才会生效。padding 表示构件之间的距离。

【例 11-7】组装盒布局管理的示例代码如下。

```
#include<gtk/gtk.h>
int main(int argc,char *argv[])
{
    GtkWidget* window;
    GtkWidget *hbox,*vbox1,*vbox2;
    GtkWidget *ok,*cancel,*help,*setting,*open;
    gtk_init(&argc,&argv);
    window=gtk_window_new(GTK_WINDOW_TOPLEVEL) ;
    gtk_window_set_title(GTK_WINDOW(window),"GTK+布局");
    gtk_widget_set_usize(GTK_WINDOW(window),500,300);
    gtk_widget_set_uposition(GTK_WINDOW(window),200,180);
    hbox=gtk_hbox_new(TRUE,1);
    vbox1=gtk_vbox_new(TRUE,1);
    vbox2=gtk_vbox_new(TRUE,1);

    open=gtk_button_new_with_label("打开");
    setting=gtk_button_new_with_label("设置");
    help=gtk_button_new_with_label("帮助");
    ok=gtk_button_new_with_label("确定");
    cancel=gtk_button_new_with_label("取消");

    gtk_box_pack_start(GTK_BOX(vbox2),open,TRUE,TRUE,0);
    gtk_box_pack_start(GTK_BOX(vbox2),setting,TRUE,TRUE,0);
    gtk_box_pack_start(GTK_BOX(vbox2),help,TRUE,TRUE,0);

    gtk_box_pack_start(GTK_BOX(hbox),ok,TRUE,TRUE,0);
    gtk_box_pack_start(GTK_BOX(hbox),cancel,TRUE,TRUE,0);
    gtk_box_pack_start(GTK_BOX(vbox1),vbox2,TRUE,TRUE,0);
    gtk_box_pack_start(GTK_BOX(vbox1),hbox,TRUE,TRUE,0);

    gtk_container_add(GTK_WINDOW(window),vbox1);
    gtk_widget_show(window);
    gtk_widget_show(vbox1);
    gtk_main();
    return 0;
}
```

在命令行中的程序运行结果如图 11-5 所示。

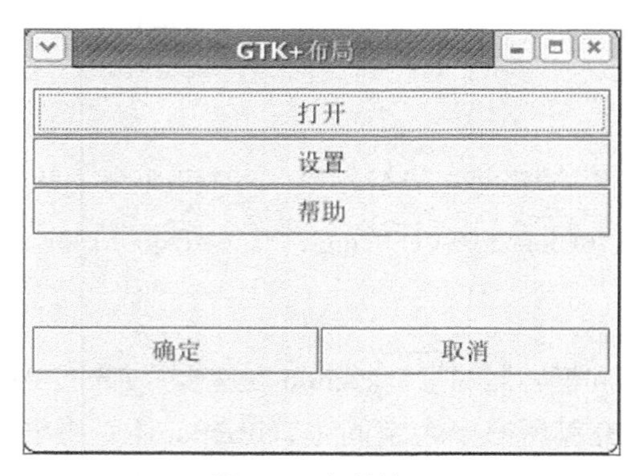

图 11-5 框的使用

在本例中，创建了两个垂直盒子和一个水平盒子，其中，vbox1 包含 vbox2 和 hbox，它们的包含关系如图 11-6 所示。

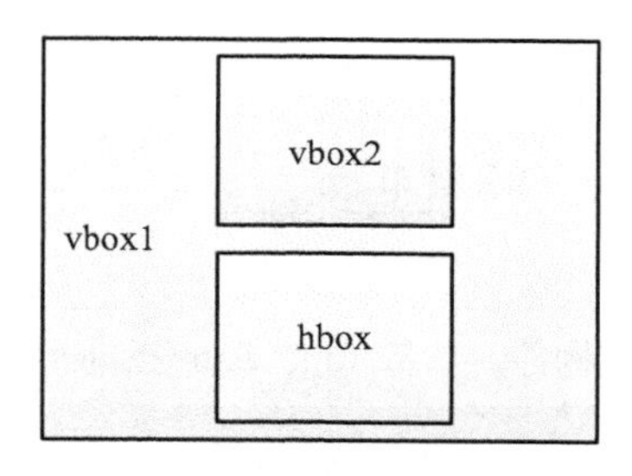

图 11-6 三个组装盒的包含关系

创建 5 个带标签的按钮方法如下。先把前三个按钮放在 vbox2 中，后两个按钮放在 hbox 中；然后，把 vbox2 和 hbox 放在 vbox1 中；最后，把 vbox1 放在程序窗口中。这里使用的 gtk_container_add 函数功能与 gtk_box_pack 函数功能相同。

11.5 信号与事件

在 GTK+中，程序进入 gtk_main 函数后，就一直循环等待事件的发生，一旦发生某个事件，便产生相应的信号。一个事件（Event）就是一个从 X-Window 传出来的消息。事件是通过信号来传递的。当一个事件（如单击鼠标）发生时，事件所作用的构件（如被单击的按钮）就会发出一个相应的信号（如 “clicked”）来通知应用程序。如果应用程序已将该信号与一个回调函数连接起来，GTK+会自动调用该回调函数来执行相关操作，从而完成一次由事件所引发的行为。与信号相连接的回调函数称为信号处理函数。当为事件所发出的信号连接了信号处理函数时，称响应了某个事件。

在 GTK+中要让应用程序响应某个事件，必须事先给该事件发出的信号连接一个信号处理函数。这需要用到 g_signal_connect 函数，其原型如下：

```
#include <gtk/gtk.h>
gulong  g_signal_connect(gpointer  *object,const  gchar  *name,gcallack  func,gpointer
func_data);
```

参数 object 是一个构件的指针，指向即将发出信号的构件；name 表示消息或信号的类型。一个按钮所有的事件类型与含义如下。

activate：激活的时候发生。

clicked：单击以后发生。

enter：鼠标指针进入这个按钮以后发生。

leave：鼠标指针离开按钮以后发生。

pressed：按下鼠标键以后发生。

released：鼠标键释放以后发生。

参数 func 表示信号产生后将调用的 “信号处理函数”；func_data 表示事件发生时传递给信号处理函数的 “用户数据”。

返回值：成功时返回信号处理函数的 ID（非 0 值）；失败时返回 0。

信号的作用是对一个元件添加一个用户交互功能。g_signal_connect 函数可以把一个信号处理函数添加到一个元件上。这个函数的使用方法如下所示。

在 g_signal_connect 函数中，使用事件的不同名称来区分不同事件。例如，下面的代码表示了在鼠标离开按钮以后将要发生的动作：

```
g_signal_connect(G_OBJECT(button),"leave", G_CALLBACK(on_clicked),window);
```

定义消息处理函数（回调函数）的原型如下：

```
#include <gtk/gtk.h>
void callback_func(GtkWidget *widget,gpointer func_data);
```

参数 widget 指向要接收消息的构件，参数 func_data 指向消息产生时传递给该函数的数据。该函数无返回值。

程序清单 signal_ex.c 给出了一个简单加法计算器的例子，在一个界面中用两个文本框输入数据，实现加法运算。在这个程序中，需要注意界面的实现方法和信号事件的处理。

要在程序中实现加法运算，首先要设计出程序的界面。需要新建一个窗口，窗口中添加一个四行一列的表格。表格中分别加入两个文本框、一个按钮、一个标签。两个文本框用于数据的输入，按钮用于实现用户单击，标签用以输出计算以后的结果。

程序清单 signal_ex.c：

```
#include <gtk/gtk.h>
#include <stdio.h>
#include <stdlib.h>

GtkWidget *window;
GtkWidget *txt1;
GtkWidget *txt2;
GtkWidget *table;
GtkWidget *button;
GtkWidget *label;

void on_clicked(GtkWidget *widget, gpointer data)
{
    char a1[10];
    char a2[10];
    char a3[10];
    float a,b,c;
    strcpy(a1,gtk_entry_get_text(GTK_ENTRY(txt1)));
    strcpy(a2,gtk_entry_get_text(GTK_ENTRY(txt2)));
    a=atof(a1);
    b=atof(a2);
    c=a+b;
    gcvt(c,7,a3);
    gtk_label_set_text(GTK_LABEL(label),a3);
}

int main(int argc, char **argv)
{
    char title[]="加法器";
    gtk_init(&argc, &argv);

    window=gtk_window_new(GTK_WINDOW_TOPLEVEL);
    gtk_window_set_title (GTK_WINDOW (window),title);
    gtk_window_set_default_size (GTK_WINDOW (window), 250, 300);
    g_signal_connect(G_OBJECT(window), "delete_event",G_CALLBACK(gtk_main_quit), NULL);
```

```
    txt1 = gtk_entry_new ();
    gtk_widget_show (txt1);
    txt2 = gtk_entry_new ();
    gtk_widget_show (txt2);
    button=gtk_button_new_with_label("相加");
    gtk_widget_show (button);
    label=gtk_label_new(" 结果 ");
    gtk_widget_show (label);

    table = gtk_table_new (4, 1, FALSE);
    gtk_widget_show (table);
    gtk_container_add (GTK_CONTAINER (window), table);

    gtk_table_attach (GTK_TABLE (table), txt1,0, 1,0, 1,(GtkAttachOptions) (GTK_FILL),
                (GtkAttachOptions) (0), 11, 11);

    gtk_table_attach (GTK_TABLE (table), txt2,0, 1,1, 2,(GtkAttachOptions) (GTK_FILL),
                (GtkAttachOptions) (0), 11,11);
    gtk_table_attach (GTK_TABLE (table), button,0, 1,2,3,(GtkAttachOptions) (GTK_FILL),
                (GtkAttachOptions) (0), 11,11);

    gtk_table_attach (GTK_TABLE (table), label,0, 1,3,4,(GtkAttachOptions) (GTK_FILL),
                (GtkAttachOptions) (0), 11,11);

    g_signal_connect(G_OBJECT(button), "clicked",  G_CALLBACK(on_clicked),NULL);
    gtk_widget_show_all(window);
    gtk_main ();
    return 0;
}
```

程序的运行界面如图 11-7 所示。在框中输入两个数字，然后单击“相加”按钮，程序会把这两个数相加，结果显示在标签中。

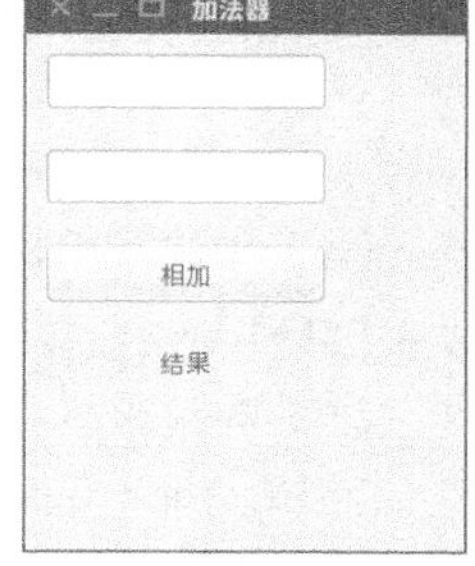

图 11-7　加法器的设计

11.6　常用构件

11.6.1　下拉菜单

1. 向窗口中添加菜单的步骤

在 GTK+中向窗口中添加菜单的步骤一般是：①创建菜单栏（GtkMenuBar）并加入窗口中；② 创建菜单（GtkMenu）并加入菜单栏中；③创建菜单项（GtkMenuItem）并加入菜单中。操作的前提是先创建一个快捷键集（GtkAccelGroup）加入到窗口中（注意，它是一个非可视对象）。

菜单栏（GtkMenuBar）是放置菜单构件的容器，它本身不显示任何内容，但会在窗体构件中占用一定面积的区域。在菜单栏中放置菜单构件后，菜单构件按照指定的顺序排列在菜单栏中，如图 11-8 所示。

文件(F)　编辑(E)　查看(V)　虚拟机(M)　选项卡(T)　帮助(H)

图 11-8　菜单栏

菜单（GtkMenu）构件与菜单栏一样是容器构件，并且同为 GtkMenuShell 类的子类。菜单构件用于存放菜单项。当菜单构件被按下时，菜单构件内的菜单项弹出。菜单项（GtkMenuItem）是组成菜单的基本元素，创建空白菜单项可使用 gtk_menu_item_new 函数实现。gtk_menu_new 函数用于创建菜单构件。菜单构件和菜单项如图 11-9 所示。

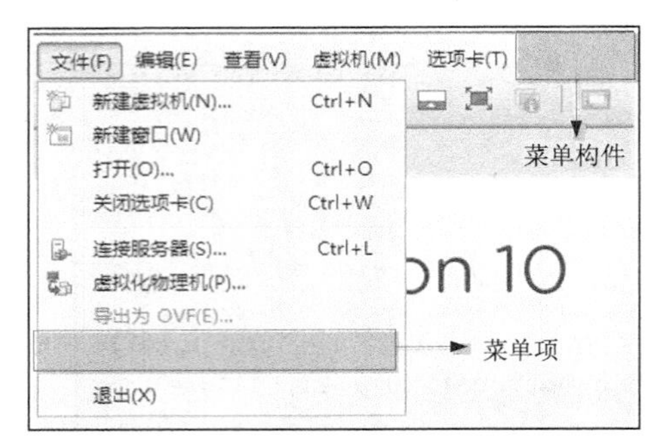

图 11-9　菜单构件和菜单项

2. 相关函数

（1）创建菜单

```
GtkWidget *gtk_menu_new();
GtkWidget *gtk_menu_new_with_label(gchar *label);
```

（2）生成菜单项

```
GtkWidget *gtk_menu_item_new();
GtkWidget *gtk_menu_item_new_with_label(gchar *label);
```

（3）插入菜单项

```
void *gtk_menu_append(Gtkmenu *menu,GtkWidget *child);
void *gtk_menu_set_submenu(GtkmenuItem *item,GtkMenu *menu);
```

（4）创建菜单栏

```
GtkWidget *gtk_menu_bar_new();
```

（5）向菜单栏中加入菜单

```
void  *gtk_menu_set_submenu(Gtkmenu *menu,GtkWidget *child);
```

3. 创建示例

```
#include<gtk/gtk.h>

int main(int argc,char **argv)
{
    GtkWidget *window;
    GtkWidget *menu;
    GtkWidget *menubar;
    GtkWidget *rootmenu;
    GtkWidget *menuitem;

    gtk_init(&argc,&argv);

    window = gtk_window_new(GTK_WINDOW_TOPLEVEL);
    gtk_window_set_title(GTK_WINDOW(window),"Menu Demo");
    g_signal_connect(GTK_OBJECT(window),"destroy",
```

```
                GTK_SIGNAL_FUNC(gtk_main_quit),NULL);
    gtk_container_border_width(GTK_CONTAINER(window),20);

    /*创建一个新菜单，然后创建 3 个菜单项，并把这 3 个菜单项加入菜单中*/
    menu = gtk_menu_new();

    menuitem = gtk_menu_item_new_with_label("New");
    gtk_menu_append(GTK_MENU(menu),menuitem);
    gtk_widget_show(menuitem);

    menuitem = gtk_menu_item_new_with_label("Open");
    gtk_menu_append(GTK_MENU(menu),menuitem);
    gtk_widget_show(menuitem);

    menuitem = gtk_menu_item_new_with_label("Close");
    gtk_menu_append(GTK_MENU(menu),menuitem);
    gtk_widget_show(menuitem);

    /*创建一个主菜单*/
    rootmenu = gtk_menu_item_new_with_label("File");
    gtk_widget_show(rootmenu);

    /*将菜单加入到主菜单中*/
    gtk_menu_item_set_submenu(GTK_MENU_ITEM(rootmenu),menu);
    /*创建菜单栏*/
    menubar = gtk_menu_bar_new();
    /*将主菜单加入到菜单栏中*/
    gtk_menu_bar_append(GTK_MENU_BAR(menubar),rootmenu);

    /*使用同样的方法，创建第二组菜单*/
    menu = gtk_menu_new();
    menuitem = gtk_menu_item_new_with_label("Cut");
    gtk_menu_append(GTK_MENU(menu),menuitem);
    gtk_widget_show(menuitem);

    menuitem = gtk_menu_item_new_with_label("Paste");
    gtk_menu_append(GTK_MENU(menu),menuitem);
    gtk_widget_show(menuitem);

    rootmenu = gtk_menu_item_new_with_label("Edit");
    gtk_widget_show(rootmenu);

    gtk_menu_item_set_submenu(GTK_MENU_ITEM(rootmenu),menu);
    gtk_menu_bar_append(GTK_MENU_BAR(menubar),rootmenu);

    /*将菜单栏加入到窗口中，并显示菜单栏和窗口*/
    gtk_container_add(GTK_CONTAINER(window),menubar);
    gtk_widget_show(menubar);
    gtk_widget_show(window);
    gtk_main();
    return 0;
}
```

11.6.2 对话框

对话框 GtkDialog 是 GtkWindow 的子类，它可以使用所有 GtkWindow 的函数。创建对话框的函数原型如下：

```
#include <gtk/gtk.h>
GtkWidget *gtk_dialog_new(void)
```

【例 11-8】创建对话框，程序名为 dialog.c。

```
#include<gtk/gtk.h>

void make_dialog()
{
    GtkWidget *dialog;
    GtkWidget *label;
    GtkWidget *button;
    GtkWidget *vbox;
    GtkWidget *hbox;
    dialog = gtk_dialog_new();

    /*向对话框中加入一个文本标签*/
    vbox = GTK_DIALOG(dialog)->vbox;
    label = gtk_label_new("This is a dialog");
    gtk_box_pack_start(GTK_BOX(vbox),label,TRUE,TRUE,30);

    /*向对话框中加入两个按钮*/
    hbox = GTK_DIALOG(dialog)->action_area;
    button = gtk_button_new_with_label("yes");
    gtk_box_pack_start(GTK_BOX(hbox),button,FALSE,FALSE,0);
    button = gtk_button_new_with_label("no");
    gtk_box_pack_start(GTK_BOX(hbox),button,FALSE,FALSE,0);
    gtk_widget_show_all(dialog);
}

void hello(GtkWidget *widget,gpointer *data)
{
        make_dialog();
}

int main(int argc,char **argv)
{
    GtkWidget *window;
    GtkWidget *button;

    gtk_init(&argc,&argv);

    window = gtk_window_new(GTK_WINDOW_TOPLEVEL);
    g_signal_connect(GTK_OBJECT(window),"destroy",GTK_SIGNAL_FUNC(gtk_main_quit),NULL);
    gtk_container_border_width(GTK_CONTAINER(window),20);

    button = gtk_button_new_with_label("Hello World");
    g_signal_connect(GTK_OBJECT(button),"clicked",
              GTK_SIGNAL_FUNC(hello),"I am from button");

    gtk_container_add(GTK_CONTAINER(window),button);
```

```
    gtk_widget_show(button);
    gtk_widget_show(window);

    gtk_main();

    return 0;
}
```

11.7　项目实训：贪吃蛇游戏

本节利用前面讲解的有关 Linux 环境下 C 语言的程序设计和 GTK+图形编程知识，编写一个小游戏——贪吃蛇，一方面对前面所学的知识进行总结，另一方面也可提升自己的编程能力，为今后的项目开发打好基础。

11.7.1　实训描述

基本功能：开始时小蛇向下方移动。按键盘上定义的上下左右键，小蛇将改变移动的方向，可以上下左右移动。小蛇不能碰到图中的灰色栅栏，如碰到则游戏结束。若小蛇碰到图中的一粒豆子，则豆子被小蛇吃掉，图中的豆子消失，小蛇变长。最终所有的豆子都被吃掉，游戏结束。

游戏规则：只要不死亡和尽量得分即可。小蛇撞墙或撞到自己身体时即死亡，小蛇进入传送点时从另一特定位置出来。

11.7.2　设计思路

（1）在数据结构上，小蛇及其运动区域存储在数组中。数组中每个元素有 4 个运动方向：LEFT、RIGHT、UP 和 DOWN。在没有蛇身的区域，数组的元素值为 0。在蛇身的每个节点，用一个数组元素存储当前小蛇节点的运动方向。通过改变数组中元素的值来表示蛇身的移动。在程序中运用定时器来保证小蛇的持续移动。每隔一定的时间间隔，小蛇移动 1 格。

（2）在设计界面时。在 Linux 的环境下，建立基于对话框的工程，在工程下设计游戏界面，实现贪吃蛇运行算法。在对话框中画出一个矩形，在大矩形中，用 40×60 像素表示小蛇的每一个节点。当数组节点的值不为 0 的时候，在大矩形中画出相应的小蛇的节点矩形，并在小蛇每移动 1 小格的时候，重绘整个窗口。在对蛇身进行绘画时，通过数组元素的值将蛇身在对话框的矩形中显示出来。

（3）在蛇身运动时，首先在蛇头位置让蛇身增长一个节点，然后判断蛇头是否到达豆子所在位置，若到达豆子所在位置，则蛇尾不减 1，蛇身继续移动；若蛇头不在豆子位置，则蛇尾减 1，蛇身继续移动；若蛇头越界或者蛇头与蛇身重叠，则游戏结束。

11.7.3　模块结构

理清程序设计思路之后，要将整个程序划分模块，这样便于分阶段的程序设计。根据流程图的思路，整个游戏可分为以下几个模块。

（1）main.c 主函数负责将各个部分连接起来生成最后的可执行的文件。

（2）interface.c 和 interface.h 用于创建各种窗口和按钮标签等。

（3）snake.c 和 snake.h 为小蛇的核心部分，主要包括小蛇的初始化和豆子位置的产生。

（4）global.h 文件定义了系统所用的全局变量。

11.7.4 界面设计

下面开始游戏的设计。在开始之前，要将程序的文件规划好，这样才能有条理地进行程序的设计。由于程序本身并没有太多的代码，因此程序文件的规划用函数来划分，可以将各个函数放在不同的源文件里，分开编写，最后统一编译，也可以将它们放在一个源文件里进行编译。

游戏设计的第一步是界面设计。首先要完成窗口绘制结构布局，如图 11-10 所示。把 label1 和 label2 放入 vbox3 中，把 btnStart、btnStop 和 vbox3 放入 vbox2 里，创建 table 和 vbox2 一起放入 hbox 里。菜单项创建游戏、开始游戏、结束游戏、退出 4 个按钮，放入 gamemenu 里；再创建帮助、内容、关于 3 个按钮，放入 helpmenu 里，然后把 gamemenu 和 helpmenu 放入 menubar 里，最后把 menubar 和 hbox 放入 vbox1 里。

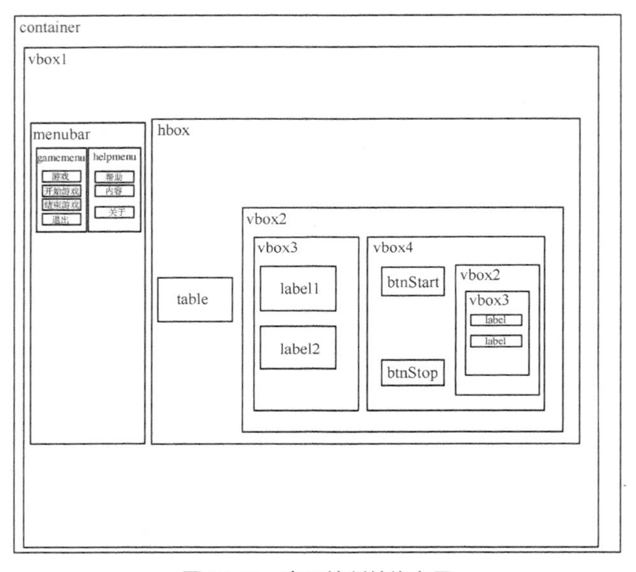

图 11-10 窗口绘制结构布局

在完成窗口绘制结构布局之后，游戏界面即可显示出来，其效果如图 11-11 所示。

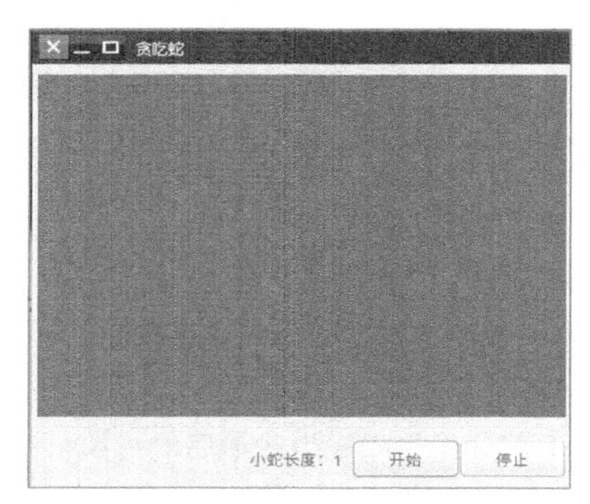

图 11-11 游戏界面

11.7.5　设计描述

完成了界面设计之后，界面里还没有小蛇，并不算什么游戏，还需要完成各事件函数的编写，这样才能完成完整的程序设计。本节主要完成小蛇的绘制、循环移动函数、方向控制函数和小蛇增长函数等。

1．事件处理

事件处理函数主要完成界面里各种元素的绘制，包括小蛇的绘制、豆子的绘制、吃豆时的小蛇绘制、清除小蛇、清除蛇尾、随机点的产生。

```
void init (gint length)
{
    gint i;
    gint x,y;
    for(i=0; i<length; i++)
    {
        locate[i][0] = 5;
        locate[i][1] = i;
        gtk_image_set_from_pixbuf(GTK_IMAGE(image[5][i]),pix1);
    }
    slength = length;
}
```

init 函数完成小蛇的绘制。在初始化位置将载入的像素文件绘制在相应位置，完成小蛇的绘制。

```
void bean ()
{
    point p;
    p = rand_point();
    if( p.x == 5 ) p.x++;
    gtk_image_set_from_pixbuf(GTK_IMAGE(image[p.x][p.y]),pix2);
    beanx = p.x;
    beany = p.y;
}
```

bean 函数完成豆子的绘制。由于豆子的位置要随机产生，因此需要调用 rand_ point 函数产生随机点，用同样的方法绘制豆子。

```
void rand_point ()
{
    point p;
    p.x = g_random_int_range(0,60);
    p.y = g_random_int_range(0,40);
    return p;
}
```

rand_point 函数主要调用 GTK+随机函数产生随机点，并返回点的位置。

```
void clean ()
{
    gint i,x,y;
    for(i=0; i<slength;i++)
    {
        x = locate[i][0];
        y = locate[i][1];
        gtk_image_set_from_pixbuf(GTK_IMAGE(image[x][y]),pixbuf);
    }
}
```

clean 函数主要是清除相应位置的像素文件，完成豆子点像素的清除。

```
void  erase ()
{
   gtk_image_set_from_pixbuf(GTK_IMAGE(image[tailx][taily]),pixbuf);
}
void  draw ()
{
   gtk_image_set_from_pixbuf(GTK_IMAGE(image[headx][heady]),pix1);
}
```

erase 和 draw 两个函数主要完成小蛇的绘制和清除，并重置小蛇的位置。

```
void  on_begin_clicked  (GtkButton *button, gpointer data)
{
   timer = gtk_timeout_add(500,(GtkFunction)game_run,NULL);
}

void  on_end_clicked  (GtkButton *button, gpointer data)
{
   gtk_timeout_remove(timer);
}
```

on_begin_clicked 和 on_end_clicked 两个函数完成按钮的功能实现。

2. 蛇的控制

在完成基本功能之后，小蛇出现了，但还是不能完成实际的功能，因为小蛇还不能移动。小蛇的移动主要靠移动函数和键盘方向判断函数。

```
void  move ()
{
        gint i,len;
        gchar buf[1024];
        len = slength - 1;
        tailx = locate[0][0];
        taily = locate[0][1];
        headx = locate[len][0];
        heady = locate[len][1];
   //根据不同的方向改变蛇的位置
        switch(forward)
        {
        case LEFT:  //左
            erase();
            headx--;
            if(headx == -1) headx = 59 ;
            for(i=0; i<len; i++)
            {
                 locate[i][0] = locate[i+1][0];
                 locate[i][1] = locate[i+1][1];
            }
            locate[len][0] = headx;
            locate[len][1] = heady;
            draw();
            break;
        case UP:         //上
            erase();
            heady--;
```

```
            if(heady == -1) heady = 39 ;
            for(i=0; i<len; i++)
            {
                locate[i][0] = locate[i+1][0];
                locate[i][1] = locate[i+1][1];
            }
            locate[len][0] = headx;
            locate[len][1] = heady;
            draw();
            break;
        case RIGHT: //右
            erase();
            headx++;
            if(headx == 60) headx = 0 ;
            for(i=0; i<len; i++)
            {
                locate[i][0] = locate[i+1][0];
                locate[i][1] = locate[i+1][1];
            }
            locate[len][0] = headx;
            locate[len][1] = heady;
            draw();
            break;
            case DOWN:   //下
            erase();
            heady++;
            if(heady == 40) heady = 0 ;
            for(i=0; i<len; i++)
            {
                locate[i][0] = locate[i+1][0];
                locate[i][1] = locate[i+1][1];
            }
            locate[len][0] = headx;
            locate[len][1] = heady;
            draw();
            break;
        }
        //判断是否吃到豆子
        if( (beanx == headx) && (beany == heady) )
        {
            level++;
            if(level == 7)   return;
            clean();
            sprintf(buf,"小蛇长度: %d  ",level);
            gtk_label_set_text(GTK_LABEL(label),buf);
            now_forward = forward = DOWN;
            init(level*5);
            bean();
        }
        timer = gtk_timeout_add(500,(GtkFunction)game_run,NULL);
    }
```

移动函数主要通过 case 函数来判断四个方向，从而完成小蛇的移动，并调用 draw 函数绘制小蛇。接着就是判断小蛇是否吃到了豆子。完成这项之后，要添加定时器，循环移动，这样才能使小蛇连续移动。

```
void  key_press (GtkWidget* widget,GdkEventKey *event,gpointer data)
{
     switch(event->keyval)
     {
       case GDK_Up :
           if(now_forward != DOWN)
                 forward = now_forward = UP;
           break;
       case GDK_Down :
           if(now_forward != UP)
                 forward = now_forward = DOWN;
           break;
       case GDK_Left :
           if(now_forward != RIGHT)
                 forward = now_forward = LEFT;
           break;
       case GDK_Right :
           if(now_forward != LEFT)
                 forward = now_forward = RIGHT;
           break;
        }
    }
```

key_press 函数主要接收按键按下的信号，并将方向信息写入相应的标志位，为后续的移动提供方向参考。

3. 死亡判断

当出现蛇头与墙的值相等时，小蛇就算死亡，代码如下：

```
Erase LEFT:
   Erase();
   Headx--;
   If(headx ==-1)
{
   Headx =59;
   Game end();
}
```

其他三个方向与此代码类似。

4. 小蛇的绘制

小蛇状态的初始化是由定义小蛇结构体时的初始化决定的，每一次小蛇开始的长度、出现位置和移动方向都是一样的，它们的长度都为 5，方向都向右，初始位置都是（3，3）。

无论是在游戏刚开始还是在进行中，豆子都是随机出现的。通过 rand 随机数产生函数随机产生豆子出现的坐标，在产生的随机坐标上画出豆子。

5. 运动设计

游戏中小蛇的运动是靠画面的不断清除与重画实现的。每一次运动时先用背景色擦除掉原有小蛇的图像，再将小蛇画在其新出现的位置，由于每一次擦除与重画间隔的时间非常短，利用人的视觉暂留性，小蛇看上去就像在连续不断地运动。豆子未被吃前，传送点和墙体被擦除后重画的位置与原来一样，所以我们会感觉其并没有变化。

游戏中小蛇运动速度的快慢主要是通过设置画面重画频率来实现的，具体是设置函数的调用频率，GTK+中用函数 g_timeout_add 来实现对函数的定时调用。游戏暂停通过 g_source_remove 函数中止对小蛇运行函数的定时调用，并通过 g_timeout_add 来实现游戏的继续。

11.7.6　游戏测试

完成游戏的编写后，为了方便，将各个函数写入主文件 snake.c 中。在终端输入命令，也可以编写 makefile 文件。执行 gcc -o snake snake.c 'pkg-config --cflags --libs gtk+-2.0'进行编译，生成 snake 文件，并执行./snake 运行游戏进行测试。游戏测试如图 11-12 所示。

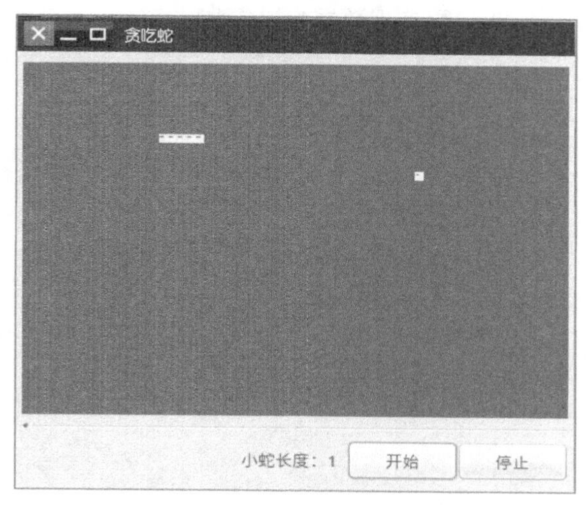

图 11-12　游戏测试

11.7.7　设计总结

在完成贪吃蛇程序的编写之后，基本的程序设计流程已经呈现出来。通过本次程序设计，旨在让读者复习 Linux 环境下的 C 程序设计和 GTK+程序编写，同时希望大家总结设计过程中的心得，为以后的程序设计打好基础。在做程序的时候先列框架，将这个程序所要达到的目的（功能）分析出来，然后选择正确的数据结构并将程序模块化，按照模块编写函数更加简单合理。函数定义做到顾名思义很重要，这对读程序的人正确认识程序十分重要，使其在修改程序的过程中也能很快找到程序各模块，大大增强了程序的可读性。

11.8　本章小结

本章介绍了 Linux 环境下基于 GTK+库的图形界面程序的开发，给出了示例代码，并在代码中进行了详细的注释。GTK+是一个跨平台的基于 C 语言的图形开发库，本章介绍了它的常用基本构件（窗口、标签、按钮和文本框）、布局构件（表格、垂直框和水平窗格）和其他的常用高级构件。通过这些构件的组合，用户能够设计出功能比较复杂且美观的 GUI。但是，只有图形界面，没有信号与事件处理机制，这样的程序毫无实际意义，所以，本章在最后介绍了 GTK+的信号与事件机制。通过本章的学习，读者应能掌握基于 GTK+库的图形界面编程技术，并设计出较复杂的界面。

习题

1. 简述 g_signal_connect 函数的参数所代表的含义。

2. 编写一个 C 程序，创建一个简单的 GTK+窗口界面，并设置窗口的标题为“GTK+图形界面开发”，窗口宽度为 230（单位为像素，下同），高度为 100，窗口的左边距为 100，上边距为 50。

3. 编写程序实现一个简单的加法计算器。在一个界面中用两个文本框输入数据，实现加法运算。

4. 编写一个计算器程序。用 GTK+的窗口、按钮、文本框、表格等元件建立一个计算器界面。用户用鼠标单击计算器上的按钮时，可实现数据的加减乘除运算。